皮朝纲 1934年10月生，四川南川县（现为重庆市南川区）人。1954年毕业于四川师范学院（四川师范大学前身）汉语言文学专业，后留校，曾任中文系党总支副书记、校党委办公室主任、副校长等职。四川轻化工大学特聘教授，禅宗诗书画乐研究所名誉所长兼学术委员会主任，四川师范大学文学院教授，四川大学文学与新闻学院博士生导师，四川省美学学会名誉会长。发表学术论文百余篇，出版著作十余部。主要有：《中国古典美学探索》、《中国美学沉思录》、《中国古代文艺美学概要》、《禅宗美学史稿》、《禅宗美学思想的嬗变轨迹》、《丹青妙香叩禅心：禅宗画学著述研究》、《墨海禅迹听新声：禅宗书学著述解读》、《游戏翰墨见本心——禅宗书画美学著述选释》、《中国禅宗书画美学思想史纲》、《禅宗音乐美学著述研究》、《禅宗的美学》（合著）、《审美心理学导引》（合著）、《中国古代审美心理学论纲》（合著）、《中国美学体系论》（主编）、《审美与生存——中国传统美学的人生意蕴及其现代意义》（主编）。其论著曾获省、部级优秀科研成果奖8项（荣誉奖1项、一等奖1项、二等奖2项、三等奖3项、优秀学术著作优秀奖1项）、优秀教学成果奖1项（二等奖），并获曾宪梓教育基金奖。1992年起享受国务院政府特殊津贴。

皮朝纲

中国美学研究系列

中国古典美学探索

（修订本）

皮朝纲 著

时代出版传媒股份有限公司
安徽教育出版社

图书在版编目(CIP)数据

中国古典美学探索 / 皮朝纲著. -- 修订本. -- 合肥：安徽教育出版社，2025.6

ISBN 978-7-5336-9823-2

Ⅰ.①中… Ⅱ.①皮… Ⅲ.①美学史—中国—古代 Ⅳ.①B83-092

中国版本图书馆CIP数据核字(2022)第181022号

中国古典美学探索

ZHONGGUO GUDIAN MEIXUE TANSUO

出 版 人：王能玉
策划编辑：王竞芬
责任编辑：王竞芬　罗翔宇
装帧设计：梅比安
责任印制：陈善军

出版发行：安徽教育出版社
地　　址：合肥市经开区繁华大道西路398号　邮编：230601
网　　址：http://www.ahep.com.cn
营销电话：(0551)63683012，63683013
排　　版：安徽时代华印出版服务有限责任公司
印　　刷：安徽新华印刷股份有限公司

开　　本：787毫米×1092毫米　1/16
印　　张：18.75
字　　数：311千字
版　　次：2025年6月第1版　2025年6月第1次印刷
定　　价：58.00元

(如发现印装质量问题,影响阅读,请与本社营销部联系调换)

目　录

001　"味"——具有我国民族特色的审美范畴

020　中国古典美学关于审美体验的探讨

035　论"悟"——中国古典美学札记

049　"意象"与审美

059　庄子美学思想管窥

077　恒谭美学思想发微

087　王弼美学思想蠡测

099　葛洪美学思想初探

118　谢灵运美学思想钩玄

135　从《文心雕龙·隐秀》篇看刘勰的美学观

147　《文心雕龙》与老庄思想

160　刘勰论形象思维

166　简论刘勰的"写真"说

176　试论刘昼的美学思想

194　司空图的韵味说及其审美理论

209 严羽审美理论三题

223 袁宏道美学思想片论

235 王士禛审美理论琐议

248 东方树《昭昧詹言》中的美学观点

264 附录　中国近代美学史话

274 主要参考文献

293 后记

294 修订本赘语

"味"——具有我国民族特色的审美范畴

在我国古代文艺理论和美学理论中,"味"这个概念曾被广泛地用来评价诗歌、小说、戏剧、音乐、绘画、书法等各种艺术部类的审美特征,是一个具有我国民族特色的审美范畴。

作为美学概念的"味",它的基本含义有两个方面:一是指审美主体的审美活动,其用语有"味"、"玩味"、"体味"、"研味"、"咀味"、"寻味",等等;① 二是指审美对象(文艺)的审美特征、美感力量,其用语有"味"、"滋味"、"真味"、"余

---

① 味:"味摩诘之诗,诗中有画。观摩诘之画,画中有诗。"(苏轼语,转引自:姚莫中,主编. 山西历代诗人选. 太原:山西人民出版社,1980:800.)玩味:"平原(颜真卿)、会稽(徐浩),各学之而得其性之所近,反覆玩味,绝无神奇,但见点画朴实,八面深稳,更无欠缺处耳。"(包世臣. 历下笔谭〈己卯〉//包世臣. 艺舟双楫. 上海:上海文艺书社,1926:114.)体味:"钟记室以士衡为晋代之英,严沧浪以士衡独在诸公之下,二语虽各举所知,咸自有谓。学者精心体味,而得其说乃佳。"(胡应麟,撰. 诗薮·外编:卷二. 上海:上海古籍出版社,1958:150.)研味:"因以历览遗编,研味前作,挹其芳润,发于希慕,更迭唱和,互相切劘。"(杨忆语,转引自:刘大杰. 中国文学发展史(中). 上海:古典文学出版社,1958:200.)咀味:"放翁诗明白如话,然浅中有深,平中有奇,故足令人咀味。"(刘熙载,撰. 艺概. 卷二. 上海:上海古籍出版社,1978:69.)寻味:"舒写胸襟,发挥景物,境皆独得,意自天成,能令人永言三叹,寻味不穷。"(叶燮,著. 原诗·外篇(上). 霍松林,校注. 北京:人民文学出版社,1979:45.)

味"、"回味"、"情味"、"韵味"、"趣味"、"神味"、"兴味"、"意味"、"风味"、"气味",等等。① 大致分别之,"滋味"、"真味"是指艺术形象和意境的各种因素融化在一起所产生的美感力量。"余味"、"回味"是指"滋味"、"真味"的深永悠长,耐人咀嚼。"情味"、"意味"、"风味"、"气味"的含义基本相同。范文澜曾说:"风情气意,其实一也,而四名之间,又有虚实之分。风虚而气实,风气虚而情意实。"②

---

① 味:"贯休曰:'庭花濛濛水泠泠,小儿啼索树上莺。'景实而无趣。太白曰:'燕山雪花大如席,片片吹落轩辕台。'景虚而有味。"(谢榛. 四溟诗话:卷一//丁福保,辑. 历代诗话续编. 下册. 北京:中华书局,1983:1149.) 滋味:"至于陶冶性灵,从容讽谏,入其滋味,亦乐事也。"(颜之推,撰. 颜氏家训集解:卷四. 王利器,集解. 上海:上海古籍出版社,1980:221.) 真味:"作诗之妙,全在意境融彻,出音声之外,乃得真味。"(朱存爵. 存余堂诗话//何文焕,辑. 历代诗话. 下册. 北京:中华书局,1981:792.) 余味:"南宋以语录议论为诗,故质实而多俚词;汉、魏以性情时事为诗,故质实而有余味。"(潘德舆. 养一斋诗话:卷二//郭绍虞,编选. 清诗话续编. 第4册. 富寿荪,校点. 上海:上海古籍出版社,1983:2044.) 回味:"谏果虽苦,味美於回。孟东野诗则苦涩而无回味,正是不鸣其善鸣者。不知韩何以独称之?"(翁方纲. 石洲诗话:卷二//郭绍虞,编选. 清诗话续编. 第3册. 富寿荪,校点. 上海:上海古籍出版社,1983:1389.) 情味:"(皇甫松)词,黄叔旸称其《摘得新》二首为有达观之见。余谓不若《忆江南》二阕,情味深长,在乐天、梦得上也。"(王国维,著. 人间词话·附录. 徐调孚,注//蕙风词话 人间词话. 北京:人民文学出版社,1960:246.) 韵味:"临写既多,变化无尽,方圆操纵,融冶自成体裁,韵味必可绝俗,学者固可自得之也。"(康有为. 广艺舟双楫:卷一//祝嘉,编. 艺舟双楫疏证 广艺舟双楫. 成都:巴蜀书社,1989:178.) 趣味:"画叠嶂层崖,其路径村落寺宇,能分得隐见明白,不但远近之理了然,且趣味无尽矣,更能藏处多于露处,而趣味愈无尽矣。"(唐志契. 绘事微言//于安澜,编. 画论丛刊. 上卷. 香港:中华书局香港分局,1977:116.) 神味:"彼其胎冥冥而息渊渊,而神味沈浓,而音节入微,友视《骚》、汉而奴畜唐、宋,吾未见古之非诗人能如是也。"(梁启超. 人境庐诗草跋//黄遵宪,著. 人境庐诗草笺注〈下〉. 钱仲联,笺注. 上海:上海古籍出版社,1981:1086.) 兴味:"严仪卿有言:'诗有别才,非关学也'。余甚疑之……汉魏以降,有《风》而无《雅》,比兴多而赋少,所赋者眼前景物。夫人而能知,而能言者也,不过言之有工拙;所谓有别才者,吐属稳,兴味足耳。"(陈衍. 瘦唫诗叙//陈衍,著. 石遗室诗话. 郑朝宗,石文英,校点. 北京:人民文学出版社,2004:806.) 意味:"大抵句中若无意味,譬之山无烟云,春无草树,岂复可观。"(张戒. 岁寒堂诗话:卷上//丁福保,辑. 历代诗话续编. 上册. 北京:中华书局,1983:450.) 风味:"李嘉祐'野棠自发空流水,江燕初归不见人',风味最佳。"(陆时雍. 诗境总论//丁福保,辑. 历代诗话续编. 下册. 北京:中华书局,1983:1418.) 气味:"曾文穷尽事理,其气味尔雅深厚,令人想见硕人之宽。"(刘熙载. 艺概:卷一. 上海:上海古籍出版社,1978:31.)

② 刘勰,著. 文心雕龙注:卷六. 范文澜,注. 北京:人民文学出版社,1958:516.

在我国古代美学理论中，情与意（理、志）是密不可分的。孔颖达曾说："此六志，《礼记》谓之六情。在己为情，情动为志，情志一也。"① 在文艺作品中，虽然情意是密不可分的，但又往往出现偏重抒发情感而有"情味"的作品，或偏重抒写理志而有"意味"的作品，而情和意都会表现出"风味"、"气味"、"韵味"、"趣味"、"兴味"和"神味"。总之，"味"是文艺作品具有的审美特征（或美感力量）。以上两方面的含义常常是密切结合在一起的。文艺创作要通过审美活动获得审美认识，才能将审美认识物态化为文艺作品；文艺欣赏要通过审美活动，才能感受和把握审美对象的审美特征（美感力量）。

本文拟就"味"这个美学概念的历史演变、构成因素和它的特点，做一个初步的探讨。

一

在我国古代文艺理论和美学理论发展史上，关于"味"这一美学概念，有一个逐步形成、丰富和发展的过程。

在先秦时代，《论语·述而》曾记载了孔子在齐国听了《韶》乐的演奏竟忘了"肉味"的故事："子在齐闻《韶》，三月不知肉味，曰：'不图为乐之至于斯也。'"显然，这是孔子为《韶》乐的美感力量所征服，"乐味"取代了"肉味"，因为《韶》乐是"尽美矣，又尽善也"② 的。这里孔子尚未直接用"味"这一概念来说明音乐的美感力量。而直接用"味"来比喻音乐的美感和教育作用的是晏子。他说："声亦如味，一气、二体、三类、四物、五声、六律、七音、八风、九歌，以相成也。清浊、大小、短长、疾徐、哀乐、刚柔、迟速、高下、出入、周疏，以相济也。君子

---

① 杜预，集解. 春秋左传正义：卷五十一. 孔颖达，等，正义//阮元，校刻. 十三经注疏. 北京：中华书局，1980：2108.
② 论语集注：卷二//朱熹，撰. 四书章句集注. 北京：中华书局，1983：68.

听之，以平其心，心平德和。"① 晏子借用"味"的调和来说明音乐只有"相济相成"才能产生美感力量。晏子是反对音乐上的单调，赞成多样统一的，"相济相成"就是讲音乐的和谐与统一。从这里可以窥见我国古代的审美观念是重视形式的和谐统一的，在一定程度上意识到文艺作品的"味"（美感）产生于和谐统一中。再以后，东汉时的王充说过："师旷调音，曲无不悲；狄牙和膳，肴无澹味。然则通人造书，文无瑕秽。"② 他用狄牙"和膳"使"肴无澹味"来比喻师旷"调音"使"曲无不悲"——音乐获得了强烈的感染力量。王充从多样统一的美学原则出发，用五味的调和来比喻文艺作品的审美作用。这种思想也影响到晋代的葛洪。葛洪也说："五味舛而并甘，众色乖而皆丽。"③ 他也是用五味的调和能产生美味来比喻五色的相互配合能产生美感的。

鲁迅说：魏晋是"文学的自觉时代"④。当时的文学艺术家和文艺理论批评家都开始注意对文艺特点进行研究和探讨。西晋陆机的《文赋》，对文学创作的很多重要问题进行了比较细致的探索和论述。他提出了"诗缘情而绮靡"的重要命题。这个论断，要求诗歌必须抒发诗人的感情，而且要求语言精美，即诗歌既要有强烈的感情色彩，又要有鲜明、生动的艺术形式。这就明确地强调了文学的两个基本特点：形象性与情感性。而且陆机是第一个直接把"味"这一概念引进文学理论的文学家，他在论述文章必须防止五种弊病时，指出要防止清空疏缓、缺少"遗味"的问题："或清虚以婉约，每除烦而去滥，阙大羹之遗味，同朱弦之清泛。虽一唱而三叹，固既雅而不艳。"⑤ 陆机提出了文学作品应该具有一种"遗味"，也就是美感力量。怎

---

① 杜预，集解. 春秋左传正义：卷四十九. 孔颖达，等，正义//阮元，校刻. 十三经注疏. 北京：中华书局，1980：2093—2094.
② 王充. 论衡//王充，撰. 论衡校释. 黄晖，校释. 北京：中华书局，1990：1199.
③ 葛洪. 抱朴子·外篇·辞义//葛洪，撰. 抱朴子外篇校笺（下）：卷四十. 杨明照，校笺. 北京：中华书局，1991：395.
④ 鲁迅. 魏晋风度及文章与药及酒之关系//鲁迅，撰. 魏晋风度及其他. 上海：上海古籍出版社，2000：188.
⑤ 陆机，撰. 文赋集释. 张少康，集释. 上海：上海古籍出版社，1984：130.

样才能使文学作品具有这种"遗味"呢？由于陆机未能把"遗味"问题与"缘情绮靡"问题直接联系起来论证，所以未能对此问题做出明确的回答。但是陆机用"味"来表明文学作品应该具有一种审美特征，使"味"这一概念具有了美学意义，这是对我国审美理论的一个贡献。

继陆机之后，齐梁时代的刘勰在《文心雕龙》中提出了"余味曲包"[①]说，主张文学作品应有含蓄蕴藉之美。他说："情在词外曰隐"[②]，"隐也者，文外之重旨者也"[③]。所谓"隐"就是含蓄，有余味，耐人咀嚼。所谓"余味曲包"就是在作品中尽量包孕言外的余味。如何使作品"余味曲包"？那就要"深文隐蔚"，"以复意为工"，"义主（生）文外，秘响傍通，伏采潜发，譬爻象之变互体，川渎之韫珠玉也"[④]，就是要使深刻的文辞含蓄而多彩，文辞表达出本身的意义之外，还需有另外的更多的意思，也就是要有弦外之音。总之，刘勰所说的"余味"，就是文学作品所塑造的艺术形象所产生的感染力。刘勰还说，文学创作应该做到"物色尽而情有余"[⑤]，也就是文学作品既要具有真实的、完满的艺术形象，又饱含着作家的真挚的、强烈的思想感情。这样的作品，必然"使味飘飘而轻举，情晔晔而更新"[⑥]，具有耐人寻味的艺术魅力。可见，刘勰的"余味"说已经触及文学作品所具有的两个基本特征（形象性与情感性）与文学作品的美感力量（"味"）的关系问题。

南北朝后期的钟嵘则明确地提出了"滋味"[⑦]说，并对此做了比较系统的论述，

[①] 刘勰. 文心雕龙·隐秀//刘勰，著. 文心雕龙注：卷八. 范文澜，注. 北京：人民文学出版社，1958：633.
[②] 张戒. 岁寒堂诗话：卷上//丁福保，辑. 历代诗话续编. 上册. 北京：中华书局，1983：456.
[③] 刘勰. 文心雕龙·隐秀//刘勰，著. 文心雕龙注：卷八. 范文澜，注. 北京：人民文学出版社，1958：632.
[④] 刘勰. 文心雕龙·隐秀//刘勰，著. 文心雕龙注：卷八. 范文澜，注. 北京：人民文学出版社，1958：632.
[⑤] 刘勰. 文心雕龙·物色//刘勰，著. 文心雕龙注：卷十. 范文澜，注. 北京：人民文学出版社，1958：694.
[⑥] 刘勰. 文心雕龙·物色//刘勰，著. 文心雕龙注：卷十. 范文澜，注. 北京：人民文学出版社，1958：694.
[⑦] 钟嵘，著. 诗品注. 陈延杰，注. 北京：人民文学出版社，1961：2.

指出了文学作品的两个基本特征（形象性和情感性）是产生美感力量（"味"）的基础。他在《诗品序》中说："五言居文词之要，是众作之有滋味者也；故云会于流俗。岂不以指事造形，穷情写物，最为详切者耶！"①他认为诗人根据自己耳闻目睹、亲身经历的事情（包括社会的、自然的）塑造形象，既充分抒发自己的感情和理想，又充分描写事物的形貌与神采；无论是"穷情"还是"写物"，都要细致而深刻。这样的作品就会有"滋味"，就会使"味之者无极，闻之者动心"②，具有强烈的美感。钟嵘根据前人的论述，把诗味作为一种审美标准，而且形成了比较系统的理论，这无疑对审美理论做了有益的探索和重要的贡献。

晚唐时代的司空图在总结和吸取前人论述的基础上，提出了著名的"韵味"说。他从艺术作品的形象性和情感性同艺术美感之间的必然联系出发，明确地提出了"辨于味而后可以言诗"③的重要原则，对前人的审美理论补充了新的内容。对于辨诗味的问题，他还提出了要明辨"醇美"之味与"全美"之味，并对两者之间的关系做了明确的论述。所谓"醇美"之味，就是"韵外之致"、"味外之旨"④。"韵"和"味"是指作品艺术形象或意境所包含的情趣、韵味；而韵外之"致"、味外之"旨"，是指在艺术形象或意境之外，别有余味。所谓"全美"之味，就是指优美的艺术形象或意境所包蕴着的无尽的神韵。关于"醇美"与"全美"之间的关系，司空图指出："近而不浮，远而不尽，然后可以言韵外之致"，"倘复以全美为上，即知味外之旨矣"。⑤这就是说，在艺术创作中，首先要使艺术形象做到"近而不浮，远而不尽"，从而包孕着无尽的神味，然后才能使作品具有"韵外之致"、"味外之旨"

---

① 钟嵘，著. 诗品注. 陈延杰，注. 北京：人民文学出版社，1961：2.
② 钟嵘，著. 诗品注. 陈延杰，注. 北京：人民文学出版社，1961：2.
③ 司空图. 与李生论诗书//司空图，著. 诗品集解. 郭绍虞，集解. 北京：人民文学出版社，1963：47.
④ 司空图. 与李生论诗书//司空图，著. 诗品集解. 郭绍虞，集解. 北京：人民文学出版社，1963：47、49.
⑤ 司空图. 与李生论诗书//司空图，著. 诗品集解. 郭绍虞，集解. 北京：人民文学出版社，1963：47、48.

从而具有无穷的余味。或者说，首先要使艺术形象做到"全美"（有"味内味"），然后才能使作品具有"醇美"（有"味外味"）。"味外味"是在"味内味"的基础上产生的。司空图实际上指出了艺术形象的美感力量不只是形象本身所呈现出来的作用，它还包括形象作用于欣赏者的感知、想象、情感等心理功能而诱发出来的作用。也就是说，由于作品的形象具体、生动、鲜明，情趣含蓄、蕴藉、深远，所以作品能够调动欣赏者的情感的能动性，使欣赏者用自己的生活经历、思想感情、文化修养、审美理想去补充、丰富文艺家所塑造的形象和意境。在中国文学理论批评史和美学思想史上，司空图是第一个标举"味外之旨"的。如果说他的"近而不浮，远而不尽"的主张，是受了刘勰"物色尽而情有余"和钟嵘"指事造形，穷情写物，最为详切"、"文已尽而意有余"[①]的影响（可以说"近而不浮"是"物色尽"和"文已尽"的引申，"远而不尽"是"情有余"和"意有余"的发展），那么司空图标举的"味外之旨"却是他的创见。刘勰的"余味"说和钟嵘的"滋味"说，都主要侧重讲作品的形象和意境本身所包含的神味，而司空图的"韵味"说则主要强调艺术形象和意境引起欣赏者的想象之后所获得的一种境界和情趣，重视在审美活动中调动欣赏者的主观能动性，这是司空图对审美理论作出的重要贡献。

在宋代，许多文艺理论家都曾采用"味"这一美学概念来论述文艺创作，评论文艺作品。欧阳修说："近诗尤古硬，咀嚼苦难嚼。又如食橄榄，真味久愈在。"[②]苏轼《送参寥师》说："阅世走人间，观身卧云岭。咸酸杂众好，中有至味永。"[③]黄庭坚说："子美诗妙处，乃在无意于文，夫无意而意已至，非广之以《国风》《雅》《颂》，深之以《离骚》《九歌》，安能咀嚼其意味，闯然入其门耶？"[④] 杨万里说：

---

① 钟嵘，著. 诗品注. 陈延杰，注. 北京：人民文学出版社，1961.
② 欧阳修，撰. 六一诗话. 郑文，校点. 北京：人民文学出版社，1962：10.
③ 苏轼，撰. 苏轼诗集. 卷十七. 王文诰，辑注. 孔凡礼，点校. 北京：中华书局，1982：906—907.
④ 黄庭坚. 大雅堂记//陈望衡，成立，樊维纲，主编. 中国历代美学文库·宋辽金卷（上）. 北京：北京：高等教育出版社，2003：369.

"读书必知味外之味，不知味外之味，而曰我能读书者，否也。"① 然而对"味"这一美学概念做了比较深入的论述，提出了新的见解的，则是严羽。

严羽论诗"宗法表圣"②。他在《沧浪诗话》中大力提倡"兴趣"说，这正是对司空图"韵味"说的继承和发展。他说："读《骚》之久，方识真味。"③ 严羽主张诗歌应该具有渊永的"真味"。他又说："夫诗有别材，非关书也；诗有别趣，非关理也。然非多读书，多穷理，则不能极其至。所谓不涉理路，不落言筌者，上也。诗者，吟咏情性也。盛唐诸人惟在兴趣，羚羊挂角，无迹可求。故其妙处透彻玲珑，不可凑泊，如空中之音，相中之色，水中之月，镜中之象，言有尽而意无穷。"④ 所谓"兴趣"就是作品的形象或意境所包含的兴味和趣味。严羽要求这种包含在艺术形象中的"兴趣"，"无迹可求"，"言有尽而意无穷"，使人在咀嚼回味之中获得强烈的美感享受。所谓水中之"月"、镜中之"花"，是指经过诗人艺术处理了的"月"和"花"。因此，它们既似天上月、园中花，又不似天上月、园中花。而包孕在诗歌形象和意境中的"兴趣"，正应该在这种"似与不似之间"去领会和把握。严羽不仅标举"盛唐诸人惟在兴趣"，而且推崇"唐人尚意兴而理在其中"⑤。"意兴"即"兴趣"。严羽是主张在"兴趣"中包孕着"理"的，而且他要求"词理意兴，无迹可求"⑥，也就是说，"理之在诗，如水中盐、蜜中花，体匿性存，无痕有味"⑦。水有咸味而不见盐，盐性虽存而形体却匿，这就是审美认识中的理解因素的特点。严羽的论述的启示在于：对于文艺创作来说，应该把情趣和理趣"无迹可求"地包孕在

---

① 杨万里. 习斋论语讲义序//杨万里, 撰. 杨万里集笺校第六册. 辛更儒, 笺校. 北京：中华书局, 2007：3176.
② 许印芳. 与王驾评诗书//司空图, 撰. 诗品集解. 郭绍虞, 集解. 北京：人民文学出版社, 1963：51.
③ 严羽, 著. 沧浪诗话校释. 郭绍虞, 校释. 北京：人民文学出版社, 1961：184.
④ 严羽, 著. 沧浪诗话校释. 郭绍虞, 校释. 北京：人民文学出版社, 1961：26.
⑤ 严羽, 著. 沧浪诗话校释. 郭绍虞, 校释. 北京：人民文学出版社, 1961：148.
⑥ 严羽, 著. 沧浪诗话校释. 郭绍虞, 校释. 北京：人民文学出版社, 1961：148.
⑦ 钱锺书, 著. 谈艺录（补订本）. 北京：中华书局, 1984：231.

艺术形象和意境中，才能使作品具有美感力量；对于文艺欣赏来说，对情趣和理趣的把握应该在"可解不可解间求之"①。总之，严羽的主张，给"味"这一美学理论补充了新的内容。

明清时期，不少文学艺术家和文艺批评家从不同的文艺主张出发，也采用"味"这一概念来评价文艺创作。在明代，包括前后七子、公安派在内的许多诗人和诗论家，都使用过"味"这一美学概念。李贽说："惟作者穷巧极工，不遗余力，是故语尽而意亦尽，词竭而味索然亦随以竭。"② 宋濂说陶元亮"高情远韵，殆犹大羹充铏，不假盐醯，而至味自存者也"③。李梦阳说："辞之畅者，其气也。中和者，气之最也。夫然，又华之以色，永之以味，溢之以香。是以古之文者，一挥而众善具也。"④ 谢榛说："大篇约为短章，涵蓄有味。"⑤ 胡应麟说杜甫"雄深浑朴，意味无穷"⑥。王世贞说陶渊明"清悠淡永，有自然之味"⑦。袁宏道说："世人所难得者唯趣。趣如山上之色，水中之味，花中之光，女中之态，虽善说者不能下一语，唯会心者知之。"⑧ 在清代，神韵说、格调说、肌理说、性灵说派的诗人和诗论家都采用过"味"这一美学概念。主神韵说的王士禛说乐府诗"本词'使君自有妇，罗敷自有夫'，绰有余味"⑨。主格调说的沈德潜说："七言绝句，以语近情遥，含吐不露为主。只眼前景、口头语，而有弦外音、味外味，使人神远，太白有焉。"⑩ 主肌理说

---

① 王世贞. 艺苑卮言：卷四//丁福保，辑. 历代诗话续编. 中册. 北京：中华书局，1983：1008.
② 李贽. 杂说//焚书：卷三//李贽，著. 焚书·续焚书. 北京：中华书局，1975：97.
③ 宋濂. 答章秀才论诗书//蔡景康，编选. 明代文论选. 北京：人民文学出版社，1993：8.
④ 李梦阳. 驳何氏论文书//蔡景康，编选. 明代文论选. 北京：人民文学出版社，1993：100.
⑤ 谢榛. 四溟诗话：卷二//丁福保，辑. 历代诗话续编. 下册. 北京：中华书局，1983：1157.
⑥ 胡应麟，撰. 诗薮·内编：卷五. 上海：上海古籍出版社，1979：88.
⑦ 王世贞. 艺苑卮言：卷三//丁福保，辑. 历代诗话续编. 中册. 北京：中华书局，1983：994.
⑧ 袁宏道. 叙陈正甫会心集//袁宏道，著. 袁宏道集笺校：卷十. 钱伯城，笺校. 上海：上海古籍出版社，1981：463.
⑨ 王士禛，著. 带经堂诗话：卷一. 张宗柟，纂集. 夏闳，校点. 北京：人民文学出版社，1963：25.
⑩ 沈德潜，著. 说诗晬语. 霍松林，校注. 北京：人民文学出版社，1979：219.

的翁方纲说:"韩子苍诗,平匀中自有神味。"① 主性灵说的袁枚说:"味欲其鲜,趣欲其真,人必知此,而后可与论诗。"② 总之,他们也用自己的创作经验和理论主张,在不同程度上丰富了"味"这一美学概念的内容。

二

我们在探讨"味"这一美学范畴的形成和发展的过程中,已经涉及构成"味"的因素问题。现在,让我们进一步探讨一下我国古代文艺理论和美学理论关于产生和构成"味"的因素的论述。

(一)"味"与情

在我国古代美学思想史上,不少文艺理论家十分明确地指出了情是产生"味"的基础。我们古代美学理论,十分强调表现和抒发情感。明人焦竑曾指出:"诗非他,人之性灵之所寄也。苟其感不至,则情不深,情不深,则无以惊心而动魄,垂世而行远。"③ 清人黄宗羲说:"诗以道性情"④,"诗之为道,从性情而出⑤。"清人谢章铤指出:"诗无性情,不可谓诗。"⑥ 清人刘鹗更明确地讲清了无情不成书的道理:"盖哭泣者,灵性之现象也","其感情愈深者,其哭泣愈痛","《离骚》为屈大夫之哭泣,《庄子》为蒙叟之哭泣,《史记》为太史公之哭泣,《草堂诗集》为杜工部之哭泣;李后主以词哭,八大山人以画哭,王实甫寄哭泣于《西厢》,曹雪芹寄哭泣

---

① 翁方纲,著. 石洲诗话:卷四. 陈迩冬,校点. 北京:人民文学出版社,1981:123.
② 袁枚,著. 随园诗话:卷一. 顾学颉,校点. 北京:人民文学出版社,1982:20.
③ 焦竑. 雅娱阁集序(节录)//蔡景康,编选. 明代文论选. 北京:人民文学出版社,1993:246.
④ 黄宗羲. 马雪航诗序//王运熙,顾易生,主编. 清代文论选. 北京:人民文学出版社,1999:91.
⑤ 黄宗羲. 陈苇庵年伯诗序//王运熙,顾易生,主编. 清代文论选. 北京:人民文学出版社,1999:83.
⑥ 谢章铤. 赌棋山庄词话:卷五//唐圭璋,编. 词话丛编. 北京:中华书局,1986:3387.

于《红楼梦》"①。我国古代美学理论不仅强调艺术要抒发情感,而且明确指出有情才有味,情真才味长。明人胡应麟指出,诗"以情真为得体","情真则意远"(《诗薮》引顾华玉语)。② 钱振锽指出:"真则亲切有味矣。"③ 明人陆时雍说:"古人善于言情,转意象于虚圆之中,故觉其味之长而言之美也。"④ 清人潘德舆更以南宋与汉、魏对比,指出"性情"是产生"余味"的基础:"南宋以语录议论为诗,故质实而多俚词;汉、魏以性情时事为诗,故质实而有余味。"⑤ 王士禛明确指出"兴会发于性情"⑥,就是说"兴趣"("兴会")来源于诗人的情感,只有在诗中表现了诗人的真性情,诗歌才会具有动人的美感力量("味")。

(二)"味"与意境

意境是我国传统美学中一个重要的美学范畴。意境既是客观景物精粹部分的集中反映和再现,又是艺术家思想情感凝练的化身和抒发。它是审美主体的审美感受与审美对象的审美特性互相交融的产物。我国古代文艺理论家都很重视在意境创造中主观的"情"与客观的"境"之间的相互交融关系,认识到"情景相触而莫分","景无情不发,情无景不生"⑦。诸如"思与境偕"⑧、"神与境合"⑨、"意与境会"⑩、

---

① 刘鹗. 老残游记自叙//丁锡根,编著. 中国历代小说序跋集. 下册. 北京:人民文学出版社,1996:1740—1741.
② 胡应麟,撰. 诗薮·内编:卷六. 上海:上海古籍出版社,1979:115、116.
③ 钱振锽. 词话(选录)//郭绍虞,主编. 中国历代文论选. 第4册. 上海:上海古籍出版社,1980:386.
④ 陆时雍. 诗镜总论//丁福保,辑. 历代诗话续编. 下册. 北京:中华书局,1983:1403.
⑤ 潘德舆. 养一斋诗话:卷三//郭绍虞,编选. 清诗话续编. 第4册. 富寿荪,校点. 上海:上海古籍出版社,1983:2044.
⑥ 王士禛,著. 张宗柟,纂集. 带经堂诗话:卷三. 夏闳,校点. 北京:人民文学出版社,1963:78.
⑦ 范晞文. 对床夜语:卷二//丁福保,辑. 历代诗话续编. 上册. 北京:中华书局,1983:417.
⑧ 与王驾评诗书//司空图,著. 诗品集解. 郭绍虞,集译. 北京:人民文学出版社,1963:51.
⑨ 王世贞. 艺苑卮言:卷一//丁福保,辑. 历代诗话续编. 中册. 北京:中华书局,1983:964.
⑩ 叶梦得. 石林诗话:卷中//何文焕,辑. 历代诗话. 上册. 北京:中华书局,1981:421.

"情景混融"①、"情景交炼"② 等，都是讲的这个问题。

我国古代的文艺家十分重视在艺术意境中包孕无穷的情趣，强调在塑造艺术形象、开拓意境时有所保留，不把自己要告诉读者的景和情全部都表现在作品之中，而是让读者自行领悟没有在作品中表现出来的那一部分，也就是充分调动欣赏者的想象力去领略那无尽的余味。司空图说："长于思与境偕，乃诗家所尚。"③ 他的《诗品》就特别强调意境的创造，强调情景相浃。在《诗品》二十四则中，都贯穿了"思"与"境"之间的交融作用；而他重视"思与境偕"是为了使艺术意境能包蕴无尽的神韵。

《文镜秘府论》论及情与景的关系问题，而且指出了只有情景相惬才能产生"味"："夫置意作诗，即须凝心，目击其物，便以心击之，深穿其境。"④ "理入景势者，诗不可一向把理，皆须入景，语始清味……其景与理不相惬，理通无味。"⑤ "景入理势者，诗一向言意，则不清及无味；一向言景，亦无味。事须景与意相兼始好。"⑥ 张炎在评姜白石《琵琶仙·双桨来时》、秦观《八六子·倚危亭》诸词时说："离情当如此作，全在情景交炼，得言外意。"⑦ 朱存爵说："作诗之妙，全在意境融彻，出音声之外，乃得真味。"⑧ 这些论述说明，艺术作品的思想不是抽象的说理，它必须融合在具体景物的描绘之中；具体景物的描写，又必须注入作者的思想感情。只有寓情于景，托景抒情，"情景交炼"，"情景双绘"，艺术形象和意境才会"得言外意"而"趣味无穷"。标举"境界"说的王国维认为"词以境界为最上。有境界则

---

① 胡应麟，撰. 诗薮·内编：卷四. 上海：上海：上海古籍出版社，1979：64.
② 张炎. 词源：卷下//唐圭璋，编. 词话丛编. 北京：中华书局，1986：264.
③ 与王驾评诗书//司空图，著. 诗品集解. 郭绍虞，集译. 北京：人民文学出版社，1963：51.
④〔日〕弘法大师，原撰. 文镜秘府论校注. 王利器，校注. 中国社会科学出版社，1983：285.
⑤〔日〕弘法大师，原撰. 文镜秘府论校注. 王利器，校注. 中国社会科学出版社，1983：131.
⑥〔日〕弘法大师，原撰. 文镜秘府论校注. 王利器，校注. 中国社会科学出版社，1983：132.
⑦ 张炎. 词源：卷下//唐圭璋，编. 词话丛编. 北京：中华书局，1986：264.
⑧ 朱承爵. 存余堂诗话//何文焕，辑. 历代诗话. 下册. 北京：中华书局，1981：792.

自成高格，自有名句"①。如果不重视艺术意境的塑造和开拓，则作品的意味就会浅薄："至乾、嘉以降，审乎体格韵律之间者愈微，而意味之溢于字句之表者愈浅。岂非拘泥文字，而不求诸意境之失欤？"②

（三）"味"与风格及表现方法

我国古典美学思想很重视含蓄蕴藉之美。不少文艺理论家认为，含蓄就有余味。刘勰的"余味"说就是主含蓄蕴藉之美的，唐人皎然也承继刘勰关于"隐也者，文外之重旨者也"之说，认为"两重意已上，皆文外之旨。若遇高手，如康乐公，览而察之，但见情性，不睹文字，盖诣道之极也"③。清人袁枚也说："惟我诗人，众妙扶智。但见性情，不著文字。"④ "但见情性，不睹文字"，"但见性情，不著文字"，"不著一字，尽得风流"⑤，"羚羊挂角，无迹可求"，等等，乃是对含蓄这一美学范畴、艺术风格、表现方法的概括，都是要求艺术作品含蓄蕴藉，以包蕴无穷的情味。

我国传统的文艺理论和美学理论都很重视含蓄。狄葆贤说："文学之中，诗词等韵文，最以蓄为贵者也。"⑥ 沈祥龙说："含蓄无穷，词之要诀。含蓄者意不浅露，语不穷尽，句中有余味，篇中有余意，其妙不外寄言而已。"⑦ 胡应麟说："绝句最贵含蓄。"⑧ 陆时雍说："少陵七言律，蕴藉最深。有余地，有余情。情中有景，景

---

① 王国维，著. 人间词话. 徐调孚，注. 北京：人民文学出版社，1960：191.
② 樊志厚. 人间词乙稿序//郭绍虞，主编. 中国历代文论选. 第4册. 上海：上海古籍出版社，1980：387.
③ 释皎然. 诗式//何文焕，辑. 历代诗话. 上册. 北京：中华书局，1981：31.
④ 袁枚，著. 续诗品注. 郭绍虞，注. 北京：人民文学出版社，1963：171.
⑤ 司空图，著. 诗品集解. 郭绍虞，集解. 北京：人民文学出版社，1963：21.
⑥ 狄葆贤. 论文学上小说之位置//郭绍虞，主编. 中国历代文论选. 第4册. 上海：上海古籍出版社，1980：237.
⑦ 沈祥龙. 论词随笔//唐圭璋，编. 词话丛编. 北京：中华书局，1986：4055.
⑧ 胡应麟，撰. 诗薮·内编：卷六. 上海：上海古籍出版社，1979：117.

外含情。一咏三讽,味之不尽。"① 唐志契也说:"更能藏处多于露处,而趣味愈无尽矣。"② 我国古代美学理论之所以重视含蓄,是由于懂得了一条重要的艺术创作和鉴赏规律:艺术家通过高度概括的艺术形象、高度凝练的思想感情,用"以少总多"的表现方法去表达丰富深刻的内容,也就是以有限的形式表现无限的内容。这样艺术家写出的虽然只是具体的有限的艺术形象,然而他希求的却是比写出的形象更为宽广的艺术境界。从欣赏者来说,在艺术家所塑造的形象和开拓的意境的启示下,展开自己的想象力,依据自己的生活经验、思想感情、审美理想去补充、再造艺术家所塑造的艺术境界,从而获得比艺术家所塑造的形象更为宽广而丰富的艺术境界,这正像清人谭献所说的:"作者之用心未必然,而读者之用心何必不然。"③

有一些文艺家和文艺理论家在重视和强调含蓄蕴藉时,却走向了另一个极端,认为直陈径说就无余味。宋代魏泰非常强调"情贵隐",认为"如将盛气直述,更无余味,则感人也浅,乌能使其不知手舞足蹈"④。但艺术创作实践证明,含蓄的作品固然有味,有些直陈径说之作也具有动人的情趣和理趣。袁枚指出,含蓄"然不过诗中一格耳","诗不必首首如是"⑤。宋人张戒是主张诗歌必须有"余蕴"的,因为有"余蕴"才有"意味"⑥。但他也指出:"诗人之工,特在一时情味,固不可预设法式也。"⑦ 大凡一些流连光景之作、半吞半吐之辞,大都采用暗示衬托的方法,此即白乐天所谓"说喜不得言喜,说怨不得言怨"之意。而张戒则认为不一定必须如此。他说:"古诗'白杨多悲风,萧萧愁杀人','萧萧'两字,处处可用,然惟坟墓

---

① 陆时雍. 诗镜总论//丁福保,辑. 历代诗话续编. 下册. 北京:中华书局,1983:1416.
② 唐志契. 绘事微言//于安澜,编. 画论丛刊. 上卷. 香港:中华书局香港分局,1977:116.
③ 谭献. 复堂词录序//复堂词话·唐圭璋,编. 词话丛编. 北京:中华书局,1986:3987.
④ 魏泰. 临汉隐居诗话//何文焕,辑. 历代诗话. 上册. 北京:中华书局,1981:322.
⑤ 袁枚,著. 随园诗话:卷八. 顾学颉,校点. 北京:人民文学出版社,1982:273.
⑥ 张戒. 岁寒堂诗话:卷上//丁福保,辑. 历代诗话续编. 上册. 北京:中华书局,1983:454、457.
⑦ 张戒. 岁寒堂诗话:卷上//丁福保,辑. 历代诗话续编. 上册. 北京:中华书局,1983:453.

之间，白杨悲风，尤为至切，所以为奇。乐天云：'说喜不得言喜，说怨不得言怨。'乐天特得其粗尔。此句用'悲''愁'字，乃愈见其亲切处，何可少耶？"① 总之，"诗无定式，有以暗示衬托而妙者，有以直陈径说而妙者，总之要见一时情味乃见其工"②。

三

我国古代文艺理论和美学理论曾对"味"（美感）的特点进行过探讨，提出过许多富有启发性的见解。

（一）无理而妙

贺黄公《皱水轩词筌》："唐李益诗云：'嫁得瞿塘贾，朝朝误妾期。早知潮有信，嫁与弄潮儿。'子野《一丛花》末句云：'不如桃杏，犹解嫁东风。'此皆无理而妙。"（《诗词无理而妙》引贺黄公《皱水轩词筌》）③ 邹程村云："张子野'不如桃杏，犹解嫁东风'，《词筌》谓其无理而妙。羡门'落花一夜嫁东风，无情蜂蝶轻相许'，愈无理而愈妙。"（《彭羡门词袭张生》引邹程村语）④ "百般滋味曰妙。"⑤ 所谓"无理"，乃是指违反一般的生活情况以及思维逻辑而言的；所谓"妙"，则是指其通过这种看似"无理"的描写，反而更深刻地表现了人的感情而富有意味。文艺创作中常有这种情况，文艺家在一种特定的环境之中，对事物可能产生某种特殊的反常的感受，因而在创作兴会的冲动之下所塑造出来的形象，其表现可能是反常的、无理的，而欣赏者却可以借助自己的生活经验，通过想象去领悟、理会这种艺术意

---

① 张戒. 岁寒堂诗话：卷上//丁福保，辑. 历代诗话续编. 上册. 北京：中华书局，1983：453.
② 郭绍虞. 中国文学批评史. 上海：上海古籍出版社，1979：265.
③ 冯金伯，辑. 词苑萃编：卷二//唐圭璋，编. 词话丛编. 北京：中华书局，1986：1792.
④ 冯金伯，辑. 词苑萃编：卷二//唐圭璋，编. 词话丛编. 北京：中华书局，1986：1792.
⑤ 窦蒙. 《述书赋》语例字格//上海书画出版社，华东师范大学古籍整理研究室，选编、校点. 历代书法论文选. 上册. 上海：上海书画出版社，1979：266.

境的真实性与合理性。在文艺创作中，这种无理和有理常常成为一对统一的矛盾，这种既无理而又有理的审美现象，常给人一种强烈的美感享受。张先《一丛花令》（"伤高怀远几时穷"）的最末一句，通过一个具体而新奇的比喻，表达了一位女子在她的情人离开之后，独处深闺的极其细致的内心活动：对爱情的执着、对青春的珍惜、对幸福的向往、对无聊生活的抗议、对美好事物的追求，全都透露出来了。它的美感力量——"妙"（"百般滋味"）就在这里。

"无理而妙"概括了美感认识的某些特点。审美判断不是如逻辑判断那样由确定的概念来规范束缚想象，产生抽象的概念认识；而是想象力与理解力处在一种协调的自由的运动中，超越感性而又不离开感性，趋向概念而又无确定的概念，这就是产生审美愉快的一种原因。①"无理"既然是指违反一般的生活常规和思想逻辑，也就是没有客观的普遍性，也就是说，"无概念"、"妙"乃是欣赏者借助自己的生活经验，通过想象力与理解力的协调自由的活动，去领会这种似乎"无理"却有合理性的艺术境界，引起主观感受上的愉悦。这种"无理"而又"妙"的审美现象，正好反映了审美认识的基本特点。（苏轼提出的"反常合道为趣"②的命题，其基本含义是同"无理而妙"相似的，它表明了审美认识不是概念认识，而是一种"无概念而趋于认识"③。）

（二）其趣在有意无意之间

明人王世懋云："绝句之源，出于乐府，贵有风人之致。其声可歌，其趣在有意

---

① 参阅：李泽厚. 批判哲学的批判——康德述评. 修订本. 北京：人民出版社，1984：378、389、392.
② 惠洪《冷斋夜话》卷五《柳诗有奇趣》云："柳子厚诗曰：'渔翁夜傍西岩宿，晓汲清湘燃楚竹。烟消日出不见人，欸（音奥）乃一声山水绿。回看天际下中流，岩上无心云相逐。'东坡云："诗以奇趣为宗，反常合道为趣，熟味此诗，有奇趣。"（惠洪. 冷斋夜话. 北京：中华书局，1988：43—44.）又见：诗趣·奇趣//魏庆之，编. 诗人玉屑：卷十. 上册. 上海：上海古籍出版社，1978：212. 文字略有出入
③ 李泽厚. 批判哲学的批判——康德述评. 修订本. 北京：人民出版社，1984：378、389、392.

无意之间，使人莫可捉着。"① 陆时雍说："盛唐人寄趣，在有无之间。"② 王世贞说"秦时明月汉时关"一诗，"若以有意无意可解不可解间求之，不免此诗第一耳"③。陈廷焯云："托讽于有意无意之间，可谓精于比义。"④ 清人叶燮指出："诗之至处，妙在含蓄无垠，思致微渺，其寄托在可言不可言之间，其指归在可解不可解之会，言在此而意在彼，泯端倪而离形象，绝议论而穷思维，引人于冥漠恍惚之境，所以为至也。"⑤ "可言不可言"、"可解不可解"、"有意无意"等都是讲的文艺作品的"趣味"、"指归"、"寄托"的特点——审美认识（"味"）的特点。叶燮曾对杜甫的"碧瓦初寒外"、"月傍九霄多"、"晨钟云外湿"以及其他唐代诗人的名句，做过十分精辟的分析。比如他在辨析"碧瓦初寒外"之后指出，只要"设身而处当时之境会，觉此五字之情景，恍如天造地设"，"划然示我以默会想象之表，竟若有内、有外，有寒、有初寒。特借'碧瓦'一实相发之"。⑥ 虽然"意中之言，而口不能言；口能言之，而意又不可解"，但"其理昭然，其事的然"，"其事如是，其理不能不如是也"。⑦ 所谓"意中之言，而口不能言；口能言之，而意又不可解"，就是指审美认识不是概念认识，是不能用概念语言来表达的。然而欣赏者"设身处地"，展开想象的翅膀，在想象力与理解力的和谐而自由的运动中，则能使想象趋向于某种不确定的认识，而领会某种"可言"、"可解"的"意"、"趣"、"寄托"、"指归"。审美愉快正是在这种"有意无意"、"可言不可言"、"可解不可解"之间获得的。

---

① 王世懋. 艺圃撷余//何文焕，辑. 历代诗话. 下册. 北京：中华书局，1981：779.
② 陆时雍. 诗镜总论//丁福保，辑. 历代诗话续编. 下册. 北京：中华书局，1983：1417.
③ 王世贞. 艺苑卮言：卷四//丁福保，辑. 历代诗话续编. 中册. 北京：中华书局，1983：1008.
④ 陈廷焯，著，白雨斋词话：卷六. 杜维沫，校点. 北京：人民文学出版社，1959：158.
⑤ 叶燮，著. 原诗·内篇（下）. 霍松林，校注. 北京：人民文学出版社，1979：30.
⑥ 叶燮，著. 原诗·内篇（下）. 霍松林，校注. 北京：人民文学出版社，1979：30—31.
⑦ 叶燮，著. 原诗·内篇（下）. 霍松林，校注. 北京：人民文学出版社，1979：31.

（三）无迹之迹诗始神

元代戴表元说："无迹之迹诗始神也。"① 胡应麟说："婉转清空，了无痕迹，纵横变幻，莫测端倪。"② 明代书画家董其昌说："《兰亭》非不正，其纵宕用笔处，无迹可寻。"③ 王士祯说："语中无语，名为活句。"④（引洞山语）"解识无声弦指妙，柳州那得并苏州？"⑤ 王夫之说："无字处皆其意"⑥，"小雅鹤鸣之诗，全用比体，不道破一句"⑦。陈廷焯说："若隐若见，欲露不露，反复缠绵，终不许一语道破。"⑧ "无迹之迹诗始神"一直是中国古典美学的重要原则之一。所谓"羚羊挂角，无迹可求"，"不著一字，尽得风流"，"了无痕迹"，"语中无语"，"无声弦"，"无字处皆其意"，"不道破一句"，"终不许一语道破"，等等，都是指艺术审美特征，指审美认识中有一种理解因素（"意味"）。这种因素是融化在感知、想象、情感等因素之中的，特别是同情感密切融合在一起的。这种理解因素如同盐溶于水，是"无迹"的；而盐味是存在于水中的，所以它又是有"迹"的。这种理解因素是不能够用概念把它讲出来的，这就是"无迹"、"无字"、"无声弦"、"不著一字"、"不道破一句"。但是，不用概念性的字词而又能把要表达的感情、意蕴表达出来，这就是无迹之"迹"、无字处"皆其意"、"尽得风流"。

---

① 戴表元. 许长卿诗序（节录）//郭绍虞，主编. 中国历代文论选. 第2册. 上海：上海古籍出版社，1979：305.
② 胡应麟，撰. 诗薮·内编：卷四. 上海：上海古籍出版社，1979：65.
③ 董其昌《画禅室箱笔·论用笔》："古人作书，必不作正局。盖以奇为正，此赵吴兴所以不入晋、唐门室也。《兰亭》非不正，其纵宕用笔处，无迹可寻。"（上海书画出版社，华东师范大学古籍整理研究室，选编、校点. 历代书法论文选. 上册. 上海：上海书画出版社，1979：541.）
④ 王士祯，著. 带经堂诗话：卷三. 张宗柟，纂集，夏闳，校点. 北京：人民文学出版社，1963：82.
⑤ 王士祯，著. 带经堂诗话：卷一. 张宗柟，纂集，夏闳，校点. 北京：人民文学出版社，1963：40.
⑥ 王夫之，著. 姜斋诗话笺注：卷二. 戴鸿森，笺注. 北京：人民文学出版社，1981：138.
⑦ 王夫之，著. 姜斋诗话笺注：卷二. 戴鸿森，笺注. 北京：人民文学出版社，1981：127.
⑧ 陈廷焯，著. 白雨斋词话：卷一. 杜维沫，校点. 北京：人民文学出版社，1959：5.

综上所述，我国古代美学理论对于"味"（美感）的论述和分析，涉及了审美的心理功能。"无理而妙"、"其趣在有意无意之间"、"无迹之迹诗始神"等具有我国传统文化特色的论断，抓住了审美心理的特征，这些特殊性正是构成艺术创作和欣赏的中心和关键。

1981年10月1日

（原载《美的研究与欣赏》丛刊第2辑，重庆出版社，1983年5月版）

中国古典美学关于审美体验的探讨

在中国古典美学思想体系中，概念（范畴）是十分丰富的。这些概念从不同的方面总结、概括了人们对审美现象、审美经验的认识成果，它们具有鲜明的民族特色，反映出我国民族的审美心理特征和审美倾向。而且整个概念体系的内部结构也有自己独特的模式。如果粗略地勾画一下中国古典美学的概念系统的内部结构，大致包括三个方面：关于美的哲学（对美和审美现象做哲学的本质探讨）的概念；关于审美心理学（对由审美对象引起的美感做心理的分析）的概念；关于艺术社会学（以艺术为主要对象做社会历史的分析）的概念，这些概念又与审美经验的分析研究有着非常密切的联系。在中国古典美学思想体系中，关于审美心理学的概念也是十分丰富的，它们是中国古典美学的重要组成部分，甚至是它的中心部分。因为中国古典美学除少数美学著作和文艺理论批评家的美学论述带有内在体系，因而具有分析性和系统性外，多数属于经验形态，是文学艺术家的创作实践和欣赏经验的总结，并且常常是一种描述性的，因而更带有直观性。同时，中国古典美学的基本特点之一，是它偏重于表现的美学思想体系，因而它突出地表现出重审美中的体悟的倾向，而这种体悟更多的是同表象、情感、想象紧密地融合在一起的。艺术家在进行创作时，虽然重视用语言等物质手段塑造艺术形象，但是绝不满足于作品所塑造的形象实境本身，还要求实境必须富有启示性和诱发力，以便最大限度地激发欣赏者的想象力与理解力，去领会艺术形象的"味外之旨"、"象外之象"。因而中国古代艺术和美学就很重视艺术创作和审美活动中审美主体的那种独特的审美体验和感受。因此，不少美学论著和言论都涉及审美心理学的内容。认真研究探讨中国古代审美心理学的基本范畴，有助于更深入地研究中国古代美学的概念体系。

在中国古代审美心理学思想中，审美体验是一个重要的组成部分，它广泛涉及审美知觉、审美注意、审美想象、审美意象、审美直觉等各方面的内容，是研究中国古代审美心理学的重要环节。

什么是审美体验？它是指审美主体对审美对象进行聚精会神的审美观照时在内心所经历的感受。审美体验的成果，就是审美感受的获得；审美体验的深入，引起审美感受的深化。这样，审美体验的发生和反映，必然涉及审美客体与审美主体两个方面。只有当审美对象具有审美特征、富于美感力量，从而能投合人们的审美需要、激发人们的审美情感的时候，它才能成为人们注意的中心，引起强烈的审美体验。另一方面，只有当审美主体具有审美能力和审美需要时，他才能对审美对象进行聚精会神的观照，从而产生审美体验。

中国古典美学对审美体验的探讨，是比较详细而深刻的，表现了中国古典美学理论思维的民族特色。

关于审美体验，中国古典美学是用"味"这个概念来表述的。作为美学概念的"味"，它的基本含义有两个方面：一是指审美主体的审美活动（主要指审美体验），二是指审美对象（主要是文艺）的审美特征、美感力量。这两方面的含义常常是密切结合在一起的。文艺创作要通过审美体验获得审美认识，才能将审美认识物态化为文艺作品；文艺欣赏要通过审美体验，才能感受和把握审美对象的审美特征、美感力量。关于后者，我已在《"味"——具有我国民族特色的审美范畴》一文中作了初步的探讨，兹不赘述。

用"味"这个概念来指审美主体的审美活动，主要针对审美体验，其用语有："味"、"体味"、"玩味"、"咀味"、"寻味"、"研味"、"讽味"、"吟味"、"熟味"、"细味"、"深味"①，等等。"体味"、"玩味"、"咀味"、"寻味"、"研味"从性质上表明审美体验是一种欣赏和领悟，而不是说理和推论。"熟味"、"细味"、"深味"表明审美体验的深度和广度。"讽味"、"吟味"表明进行审美体验的某种方式。

中国古典美学在探讨审美体验的时候，尤其注意对下述审美体验的三个重要环节的研究。

---

① 味："余志学之年，留心翰墨，味钟、张之余烈，挹羲、献之前规，极虑专精，时逾二纪，有乖入木之术，无间临池之志。"（孙过庭. 书谱//上海书画出版社，华东师范大学古籍整理研究室选编、校点. 历代书法论文选. 上册. 上海：上海书画出版社，1979：125.）体味："钟记室以士衡为晋代之英，严沧浪以士衡独在诸公之下，二语虽各举所知，咸自有谓。学者精心体味，两得其说乃佳。"（胡应麟，撰. 诗薮·外编：卷二. 上海：上海古籍出版社，1979：150.）玩味："临摹古画，先须会得古人精神命脉处。玩味思索，心有所得，落笔摹之；摹之再四，便见逐次改观之效。若徒以仿佛为之，则掩卷辄忘，虽终日摹仿，与古人全无相涉。"（方薰. 山静居画论//于安澜，编. 画论丛刊. 上卷. 香港：中华书局香港分局，1977：438.）咀味："放翁诗明白如话，然浅中有深，平中有奇，故足令人咀味。"（刘熙载，撰. 艺概：卷二. 上海：上海古籍出版社，1978：69.）寻味："舒写胸襟，发挥景物，境皆独得，意自天成，能令人永言三叹，寻味不穷。"（叶燮，著. 原诗·外篇〈上〉. 霍松林，校注. 北京：人民文学出版社，1979：45.）研味："研味李（孝）老，则知文质附乎性情；详览庄韩，则见华实过乎淫侈。"（刘勰，撰. 文心雕龙注：卷七. 范文澜，注. 北京：人民文学出版社，1958：537—538.）讽味："王籍《入若耶溪》诗云：'蝉噪林逾静，鸟鸣山更幽。'江南以为文外断绝，物无异议。简文吟咏，不能忘之，孝元讽味，以为不可复得，至《怀旧志》载于籍传。"（颜之推，撰. 颜氏家训集解：卷四. 王利器，集解. 上海：上海古籍出版社，2013：273.）吟味："魏晋南北朝乐府，虽未极淳，而亦能隐约意思，有足吟味之者。"（魏泰. 临汉隐居诗话//何文焕，辑. 历代诗话. 上册. 北京：中华书局，1981：322.）熟味："凡作诗，须知道紧要下手处，便了当得快也。其法有三：曰事，曰情，曰景。若得紧要一句，则全篇立成。熟味唐诗，其枢机自见矣。"（谢榛. 四溟诗话：卷四//丁福保，辑. 历代诗话续编. 下册. 北京：中华书局，1983：1208.）细味："林逋'疏影横斜水清浅，暗香浮动月黄昏'之句，古今诗人尚不曾道得到，第恐未易压倒耳。后人不细味太虚诗，遂谓诚然，过矣。"（胡仔，纂集. 苕溪渔隐丛话（后集）：卷二十一. 廖德明，校点. 北京：人民文学出版社，1962：145.）深味："半山尝于江上人家壁间见一绝云：'一江春水碧揉蓝，船趁归潮未上帆。渡口酒家赊不得，问人何处典春衫。'深味其首句，为踌躇久之而去。"（吴聿. 观林诗话//丁福保，辑. 历代诗话续编. 上册. 北京：中华书局，1983：125.）

(一) 用志不分，乃凝于神

审美体验既然是审美主体在对审美对象的聚精会神的观照中所经历的感受，那么，审美注意在审美中就处于十分重要的地位。按照心理学的解释："注意是心理活动对一定事物的指向和集中。由于这种指向和集中，人才能够清晰地反映周围现实中的一定事物，而离开其余事物。"① 审美注意最重要的特征，就是指向性（有选择的指向）。由于这种有选择的指向，在每一瞬间，人的审美心理活动就只能指向一定的审美对象（审美主体只能运用相应的审美感官诸如视觉或听觉去注意特定的审美对象），而离开其余的对象。这样，审美注意的指向性，就使审美者能够清晰地反映特定的审美对象，从而获得审美体验。

中国古典美学对审美注意的特点及其在审美活动中的重要性，做了形象化的描述和精彩的论证。《庄子·达生》篇中关于"佝偻者承蜩"② 和"梓庆削木为鐻"③ 的寓言，说明掌握一种技艺应该"用志不分，乃凝于神"④，佝偻者"虽天地之大，万物之多，而唯蜩翼之知"⑤；梓庆"斋以静心"，"未尝敢以耗气也"，甚至忘记自己的"四枝形体"⑥，不分心于外界事物，心中只有"鐻"的形象。"用志不分，乃凝于神"概括了审美注意的特点。而审美注意就是凝神的境界，就是一种聚精会神的心理状态（虽然注意本身并不是一种独立的心理过程，而是感觉、知觉、记忆、思维、想象等心理过程的一种共同特性，但审美体验是审美注意的积极的成果）。晋

---

① 曹日昌，主编. 普通心理学. 上册. 北京：人民教育出版社，1980：188.
② 庄子·达生//郭庆藩，撰. 庄子集释：卷七（上）. 王孝鱼，点校. 北京：中华书局，1961：639.
③ 庄子·达生//郭庆藩，撰. 庄子集释：卷七（上）. 王孝鱼，点校. 北京：中华书局，1961：658.
④ 庄子·达生//郭庆藩，撰. 庄子集释：卷七（上）. 王孝鱼，点校. 北京：中华书局，1961：641.
⑤ 庄子·达生//郭庆藩，撰. 庄子集释：卷七（上）. 王孝鱼，点校. 北京：中华书局，1961：640.
⑥ 庄子·达生//郭庆藩，撰. 庄子集释：卷七（上）. 王孝鱼，点校. 北京：中华书局，1961：659.

代陆机提出了在艺术构思中"其始也,皆收视反听,耽思傍讯"①,齐梁时代的刘勰提出了"陶钧文思,贵在虚静,疏瀹五藏,澡雪精神"②,都是强调作家进行艺术构思时,只有将全部注意力集中在所认识、观察的客观事物上,才能使"情瞳昽而弥鲜,物昭晰而互进"③,形成鲜明、清晰的审美意象,引起审美体验,获得审美感受,然后才能"窥意象而运斤"④,把审美意象转化成为艺术形象。

中国古典美学与艺术,不仅在文学创作和欣赏中重视审美注意,而且在绘画、书法等艺术创作和欣赏中也重视审美注意。唐代画论家张彦远指出:"守其神,专其一,合造化之功,假吴生之笔。向所谓意存笔先,画尽意在也。凡事之臻妙者,皆如是乎,岂止画也!"⑤ 宋代画论家刘道醇指出"观画""要当澄神静虑,纵目以观之"⑥。他还指出画家傅文用"每见禽鸟飞立,必凝神详视,都忘他好,遂精于画"⑦。"赵光辅,尤善画番马。凡欲为之,必心潜虑密,视听皆断,方肯草本;然后点窜增减,求其完备,始上缣素。"⑧ 汉代书法家蔡邕指出:"夫书,先默坐静思,随意所适,言不出口,气不盈息,沉密神彩,如对至尊,则无不善矣。"⑨ 唐代书法家虞世南指出:"欲书之时,当收视反听,绝虑凝神,心正气和,则契于妙。"⑩ 上述所谓"守其神,专其一","澄神静虑","凝神详观,都忘他好","心潜虑密,视听皆断","默坐静思","收视反听,绝虑凝神",都是强调"虚静",强调"用志不

---

① 陆机. 文赋//萧统,编. 文选:卷十七. 李善,注. 北京:中华书局,1977:240.
② 刘勰,著. 文心雕龙注:卷六. 范文澜,注. 北京:人民文学出版社,1958:493.
③ 陆机. 文赋//萧统,编. 文选:卷十七. 李善,注. 北京:中华书局,1977:240.
④ 刘勰,著. 范文澜,注. 文心雕龙注:卷六. 北京:人民文学出版社,1958:493.
⑤ 论顾陆张吴用笔/张彦远. 历代名画记:卷二. 上海:上海人民美术出版社,1964:35.
⑥ 刘道醇. 圣朝名画评序//于安澜,编. 画品丛书. 上海人民美术出版社,1982:111.
⑦ 刘道醇. 圣朝名画评:卷三//于安澜,编. 画品丛书. 上海人民美术出版社,1982:143.
⑧ 刘道醇. 圣朝名画评:卷二//于安澜,编. 画品丛书. 上海人民美术出版社,1982:136.
⑨ 蔡邕. 笔论//上海书画出版社,华东师范大学古籍整理研究室,选编、校点. 历代书法论文选. 上册. 上海:上海书画出版社,1979:5—6.
⑩ 虞世南. 笔髓论·契妙//上海书画出版社,华东师范大学古籍整理研究室,选编、校点. 历代书法论文选. 上册. 上海:上海书画出版社,1979:113.

分，乃凝于神"在艺术创作和欣赏中的重要作用。无论是在文艺创作中，还是在文艺欣赏中，只有注意力高度集中，才能对所描绘和欣赏的审美对象做深入的观照，才有可能在头脑中形成鲜明而清晰的审美意象，因为"神凝则象滋，无意而皆意，不法而皆法"①，从而引起审美体验，获得审美感受。在自然美的欣赏中，也需要收视反听，凝神观照。明代文学家袁中道在《爽籁亭记》一文中，生动地记叙和描绘了他欣赏大自然美景时凝神观照的经验：

> 玉泉初如溅珠，注为修渠，至此忽有大石横峙，去地丈余，邮泉而下，忽落地作大声，闻数里。予来山中，常爱听之。泉畔有石，可敷蒲，至则跌坐终日。其初至也，气浮意嚣，耳与泉不深入，风柯谷鸟，犹得而乱之。及暝而息焉，收吾视，返吾听，万缘俱却，嗒焉丧偶，而后泉之变态百出。初如哀松碎玉，已如鹍弦铁拨，已如疾雷震霆，摇荡川岳。故予神愈静，则泉愈喧也。泉之喧者，入吾耳，而注吾心，萧然泠然，浣濯肺腑，疏瀹尘垢，洒洒乎忘身世而一死生。故泉愈喧，则吾神愈静也。②

可见，在审美时，如果审美感官不能集中在审美对象身上，就不能发生审美感知（"耳与泉不深入"），甚至导致审美知觉受到干扰（"风柯谷鸟，犹得而乱之"），不能引起审美体验。只有审美注意高度集中，收视返听，"万缘俱却，嗒焉丧偶，而后泉之变态百出"，在头脑中涌现出千姿百态的审美意象，当美妙的泉声入耳注心，

---

① 周星莲在《临池管见》中说："所谓落笔先提得笔起者，总不外凌空起步，意在笔先，一到著纸，便如兔起鹘落，令人不可思议。笔机到则笔势劲、笔锋出，随倒随起，自无僵卧之病矣。古人谓心正则气定，气定则腕活，腕活则笔端，笔端则墨注，墨注则神凝，神凝则象滋，无意而皆意，不法而皆法。此正是先天一著工夫，省却多少言思拟议，所谓一了百了也。"（周星莲. 临池管见//上海：上海书画出版社，华东师范大学古籍整理研究室，选编、校点. 历代书法论文选. 下册. 上海：上海书画出版社，1979：726.）

② 袁中道. 爽籁亭记//珂雪斋前集：卷十四. 台湾：台湾伟文图书出版社有限公司，1976：1452—1453.

使审美者的心胸为之"浣濯","萧然泠然",从而经受强烈的审美体验。总之,对自然美的审美观照,应当"澄怀观道,静以求之"①。

一些古代文艺理论批评家和美学家还指出,在对审美对象的凝神观照中,应该做到物我两忘,以便进入最高的审美境界,引起强烈的审美体验。张彦远指出:"凝神遐想,妙悟自然,物我两忘,离形去智,身固可使如槁木,心固可使如死灰,不亦臻于妙理哉!所谓画之道也。"② 宋人罗大经记述了曾云巢工画草虫的创作经验:"曾云巢无疑工画草虫,年迈愈精。余尝问其有所传乎,无疑笑曰:'是岂有法可传哉?某自少时,取草虫笼而观之,穷昼夜不厌。又恐其神之不完也,复就草地之间观之,于是始得其天。方其落笔之际,不知我之为草虫耶,草虫之为我也。此与造化生物之机缄盖无以异,岂有可传之法哉!'"③ 宋人陈师道记述了包鼎画虎的情况:"宣城包鼎画虎,埽溉一室,屏人声,塞门涂牖,穴屋取明。一饮斗酒,脱衣据地,卧起行顾,自视真虎也,复饮斗酒,取笔一挥,意尽而去,不待成也。"④ 所谓"不知我之为草虫耶,草虫之为我也",所谓"卧起行顾,自视真虎",都是指艺术家在艺术构思和审美照观中进入了物我两忘的极境,经受了最大的审美体验。

(二) 咀嚼既久,乃得其意

中国古典美学和艺术,十分强调在审美活动中对审美对象进行观察、欣赏,要求精心体察、反复玩味,以便由表及里、由浅入深地捕捉、领悟和把握审美对象的审美特征,揭示更深的意蕴,以便审美体验逐步深化。文艺创作和欣赏的实践证明,对艺术作品的鉴赏和体验,只有"咀嚼既久,乃得其意"⑤。只要"精加玩味"⑥,

---

① 恽正叔在《南田画跋》中云:"川濑氤氲之气,林岚苍翠之色,正须澄怀观道,静以求之。若徒索于毫末间者,离矣。"(于安澜,编. 画论丛刊. 上卷. 香港:中华书局香港分局,1977:178.)
② 论画体工用拓写//张彦远. 历代名画记:卷二. 上海:上海人民美术出版社,1964:40—41.
③ 罗大经. 鹤林玉露. 丙编:卷六. 北京:中华书局,1983:343.
④ 陈师道. 论画马虎//俞剑华,编. 中国画论类编. 下卷. 北京:人民美术出版社,1986:1029.
⑤ 范晞文. 对床夜语:卷三//丁福保,辑. 历代诗话续编. 上册. 北京:中华书局,1983:429.
⑥ 张炎. 词源:卷下//唐圭璋,编. 词话丛编. 北京:中华书局,1986:255.

往往是"咀之而味愈长"①，在审美体验的深入中领悟作品包容的深永的意味和情趣。元人杨载指出："观汉魏古诗，蔼然有感动人处，如《古诗十九首》，皆当熟读玩味，自见其趣。"② 宋代文学家、书法家欧阳修在《试笔·李邕书》中说："余始得李邕书，不甚好之，然疑邕以书自名，必有深趣。及看之久，遂谓他书少及者。得之最晚，好之尤笃。"③ 宋代画论家郭若虚的《国画见闻志》和画论家董逌的《广川画跋·阎立本渭桥图》都记载了唐代画家阎立本鉴赏张僧繇的绘画时那种由浅入深，反复咀嚼，从而把握了审美对象的审美特征，领悟了作品的意蕴的情景："立本世以画显，当在荆州时，得张僧繇画，初犹未解，曰：'定虚得名耳。'明日又往，曰：'犹是近代妙手。'明日又往，曰：'名下定无虚士。'十日不能去，寝卧其下对之。夫画至于去辙迹者，其难悟如此。后人画未能辨笔画，而学不知形象所主，见解又非得若立本极其功用。至于论画一望而悬断是非得失者，妄也。"④ 阎立本对张僧繇绘画的欣赏，从"初犹未解"，认为张氏"虚得名耳"，到认为张氏"名下定无虚士"，因而"十日不能去，寝卧其下对之"，为张氏之画所吸引。这说明对优秀作品要做到"去辙迹"而把握它的意蕴，是十分"难悟"的，只有反复揣摩，才能使审美体验逐渐深入。

（三）彻悟到家，一了百了

中国古典美学和艺术强调审美体验要追求一种"味外之旨"、"韵外之致"⑤ 和"象外之象，景外之景"⑥。优秀艺术作品的底蕴是十分丰富的，它能让你在有限的形式中领略无穷的意味。审美体验总是不断深入的，因而对审美对象的审美特征和

---

①魏泰. 临汉隐居诗话//何文焕，辑. 历代诗话. 上册. 北京：中华书局，1981：323.
②杨载. 诗法家数//何文焕，辑. 历代诗话. 下册. 北京：中华书局，1981：731.
③欧阳修，著. 李逸安，点校. 欧阳修全集：卷一百三十. 北京：中华书局，2001：1980.
④董逌. 广川画跋：卷四. 于安澜，编. 画品丛书. 上海：上海人民美术出版社，1982：278.
⑤与李生论诗书//司空图，著. 诗品集解. 郭绍虞，集译. 北京：人民文学出版社，1963：47.
⑥与极浦谈诗书//司空图，著. 诗品集解. 郭绍虞，集译. 北京：人民文学出版社，1963：52.

意蕴的领悟和把握也总是不断深入的。一些文艺理论批评家和美学家用"寻味不穷"①、"味之不尽"②、"味之无极"③，来概括审美体验的这一重要特点。虽然优秀艺术作品的"滋味无穷"，审美者的审美体验是"咀嚼不尽"④的。但是，审美体验总会达到一种豁然开朗、心领神解、令人赏心怡神的境界。这正像清代画家王时敏所说的"犹如禅者彻悟到家，一了百了，所谓一超直入如来地，非一知半解者所能望其尘影也"⑤。中国古典美学常用"悟"这个概念来表述审美体验所达到的这种境界。

"悟"是审美活动中的一个特殊的阶段，是审美体验所达到的一种境界，它的表现形态就是"兴会"的爆发、审美感受的获得、审美意象的产生。我国古代文艺理论家和美学家曾经探讨过"兴会"问题。有的指出文艺创作离不开"兴会"："艺事必藉兴会，乃得淋漓尽致，催租之罢，时或憾之。"⑥还有许多人对"兴会"的状态做过生动的形象的描绘，有的还曾指出"兴会"的获得是以大量的生活经验、丰富的学识、长期的艺术实践、专心致志的思索为基础的，其"遭际兴会"，"得之在俄顷，积之在平日"⑦，因而它并非神秘主义。必须指出，"兴会"的获得，要靠审美主体的"悟"，要靠审美体验达到"妙悟"⑧的境界。明代诗论家谢榛说："诗有天

---

① 叶燮，著. 原诗·外篇（上）. 霍松林，校注. 北京：人民文学出版社，1979：45.
② 王士禛，撰. 带经堂诗话：卷一. 张宗柟，纂集. 夏闳，校点. 北京：人民文学出版社，1963：29.
③ 刘熙载，撰. 艺概：卷五. 上海：上海古籍出版社，1978：158.
④ 贺贻孙. 诗筏//郭绍虞，编选. 清诗话续编. 第1册. 富寿荪，校点. 上海：上海古籍出版社，1983：135.
⑤ 王时敏. 西庐画跋//沈子丞，编. 历代论画名著汇编. 北京：文物出版社，1982：285.
⑥ 方薰. 山静居画论：卷上//于安澜，编. 画论丛刊. 下卷. 香港：中华书局香港分局，1977：445.
⑦ 袁守定《占毕丛谈》卷五《谈文》："文章之道，遭际兴会，撼发性灵，生于临文之顷者也。然须平日餐经馈史，霍然有怀；对景感物，旷然有会；尝有欲吐之言，难遏之意，然后拈题泚笔，忽忽相遭，得之在俄顷，积之在平日，昌黎所谓有诸其中是也。"（胡经之，主编. 中国古典美学丛编. 中册. 北京：中华书局，1988：340.）
⑧ 严羽，著. 沧浪诗话校释. 郭绍虞，校释. 北京：人民文学出版社，1961：10.

机，待时而发，触物而成，虽幽寻苦索，不易得也。"① 对"兴会"的获得"非悟无以入其妙"②，"悟者得之，庸心以求，或失之矣"③。清代诗论家叶燮指出审美感受（"兴会"）的获得，只有"妙悟天开，从至理实事中领悟，乃得此境界也"④。

上述几个环节，实际上涉及了审美体验的主要内容和基本特点。那么，审美主体的审美体验怎样才能深入呢？中国古典美学对此做了多方面的探讨，提出了一些有参考价值的意见。

首先，审美体验的深入，需要有丰富的审美经验和较强的审美感受力。不少文艺家和文艺理论批评家指出，在审美活动中，要想使审美体验逐步深入，获得审美感受，必须使人们主要的审美感官（视觉和听觉）具有较强的审美感受力。汉代文学家王褒指出，对于洞箫演奏的欣赏，"知音者，乐而悲之；不知音者，怪而伟之。故闻其悲声，则莫不怆然累欷，撆涕抆泪。其奏欢娱，则莫不惮漫衍凯，阿那腲腇者已"⑤。《淮南子》指出："六律具存，而莫能听者，无师旷之耳也。……律虽具，必待耳而后听。"⑥ 宋代画家韩纯全指出："琼瑰琬琰，天下皆知其为玉也，非卞氏三献，孰别其荆山之姿而为美？"⑦ 他们在实际上指明了一个道理，要能欣赏音乐与绘画之美，获得审美体验与感受，必须要有能感受音乐的耳朵和感受形式美的眼睛，对于不辨音律的

---

① 谢榛. 四溟诗话：卷二//丁福保，辑. 历代诗话续编. 下册. 北京：中华书局，1983：1161.
② 谢榛. 四溟诗话：卷一//丁福保，辑. 历代诗话续编. 下册. 北京：中华书局，1983：1141.
③ 谢榛. 四溟诗话：卷二//丁福保，辑. 历代诗话续编. 下册. 北京：中华书局，1983：1163.
④ 叶燮，著. 原诗·内篇（下）. 霍松林，校注. 北京：人民文学出版社，1979：32.
⑤ 王褒. 洞箫赋. 萧统，编. 文选：卷十七. 李善，注. 北京：中华书局，1977：246.
⑥ 刘安. 淮南子·泰族训//何宁，撰. 淮南子集释：卷二十. 北京：中华书局，1998：1403—1404.
⑦ 韩拙《山水纯全集·论观画别识》："琼瑰琬琰，天下皆知其为玉也。非卞氏三献，孰别其荆山之姿而为美。骅骝騄骥，天下皆知其为马也。非伯乐一顾，孰别冀北之骏而为良。若玉之无别，安得琼瑰琬琰之名；马之无别，岂分骅骝騄骥之骏。别玉者卞氏耳，识马者伯乐耳。天下后世亦无复以加诸。是犹画山水之流于世也。隐造化之情实，论古今之赜奥。发挥天地之形容，蕴藉圣贤之艺业，岂贱隶俗人得以易窥其端倪。盖有不测之神思，难名之妙意，寓于其间矣。"（韩拙. 山水纯全集//于安澜，编. 画论丛刊. 上卷. 香港：中华书局香港分局，1977：44.）

耳朵和不能欣赏形式美的眼睛说来,再美的音乐和绘画也是毫无意义的,因为这"何异奏雅乐于木梗之侧,陈玄黄于土偶之前哉"①。一些文艺理论批评家明确提出欣赏者必须有"具眼"、"具耳",必须"有独闻之听,独见之明",方能对审美对象做深入的观照、体验。明代诗论家李东阳指出:"诗必有具眼,亦必有具耳。眼主格,耳主声。闻琴断,知为第几弦,此具耳也;月下隔窗辨五色线,此具眼也。"② 唐代书论家张怀瓘指出:"玄妙之意,出于物类之表;幽深之理,伏于杳冥之间;岂常情之所能言,世智之所能测。非有独闻之听,独见之明,不可议无声之音,无形之相。……有千年明镜,可以照之不陂;琉璃屏风,可以洞彻无碍。"③

其次,审美体验的深入,需要有丰富的生活经验。许多艺术家和文艺理论家十分强调生活阅历以及对生活的深入观察、研究对于文艺创作和审美欣赏的重大意义。他们说"读万卷书,行万里路,胸中脱去尘浊,自然邱壑内营,立成鄞鄂,随手写出,皆为山水传神"④。他们说应以大自然为师,"应知古人稿本在大块内"⑤。元代画家李澄叟指出:"画山水者,须要遍历广观,然后方知著笔去处。"⑥ 清代画家盛大士说:"诗画均有江山之助,若局促里门,踪迹不出百里外,天下名山大川之奇胜,未经寓目,胸襟何由而开拓。"⑦ 宋代著名山水画家范宽"居山林间,常危坐终日,纵目四顾,以求其趣。虽雪月之际,必徘徊凝览,以发思虑"⑧。

一些文艺理论批评家还指出,审美者与艺术作品所表现的生活内容有相似或相

---

① 葛洪. 抱朴子·外篇·知止//葛洪,撰. 抱朴子外篇校笺. 杨明照,校笺. 下册. 北京:中华书局,1991:640.
② 李东阳. 麓堂诗话//丁福保,辑. 历代诗话续编. 下册. 北京:中华书局,1983:1371.
③ 张怀瓘. 书议//上海书画出版社,华东师范大学古籍整理研究室,选编、校点. 历代书法论文选. 上册. 上海:上海书画出版社,1979:146.
④ 董其昌. 画禅室随笔//沈子丞,编. 历代论画名著汇编. 北京:文物出版社,1982:249.
⑤ 沈颢. 画麈·临摹/于安澜,编. 画论丛刊. 上卷. 香港:中华书局香港分局,1977:139.
⑥ 李澄叟. 画说//沈子丞,编. 历代论画名著汇编. 北京:文物出版社,1982:166.
⑦ 盛大士. 溪山卧游录:卷一//于安澜,编. 画论丛刊. 上卷. 香港:中华书局香港分局,1977:403.
⑧ 刘道醇. 圣朝名画评:卷二//于安澜,编. 画品丛书. 上海:上海人民美术出版社,1982:132.

同的生活经历或心境时，就能够比较深入地领悟和把握艺术的审美特征，获得深切的审美体验与感受。宋人董逌说："李咸熙作营邱山水图，写象赋景，得其全胜。溪山萦带，林屋映蔽，烟云出没，求其图者可以知其处也。余去国十年矣，官系于朝不得归。每升高东顾，想在家山，而神驰意到，自有见闻。宾想既悟，而悲悼随之。及观正夫所示图真得乡路矣。反若不敢识者，亦似失其悲心者矣，咸熙画手妙绝，今世共知之。至营邱之寓于画者，余独知之，他人恐不能尽识也。"① 李咸熙把"营邱之寓于画"，为什么董逌"独知之"，而"他人恐不能尽识"？因为李氏的营邱山水图，勾起了董逌"去国十年"的思乡之情，引起了他对家乡山水的深切怀念，他的生活经历及其对生活的体验与作品所表现的生活内容及其思想感情有相通之处，因而董逌能"独知"画中之意，从而能获得强烈的审美体验与感受。明代画论家董其昌介绍他自己的审美经验时说："古人诗语之妙，有不可与册子参者，唯当境方知之。长沙两岸皆山，予以牙樯游行其中，望之地皆作金色。因忆水碧沙明之语。又自岳州顺流而下，绝无高山，至九江则匡庐兀突，出樯帆外。因忆孟襄阳所谓'挂席几千里，名都山未逢，泊舟浔阳郭，始见香炉峰。'真人语千载不可复值也。"② 董氏关于"唯当境方知"、"古人诗语之妙"之说，相当深刻地说明了当欣赏者的生活经历与艺术作品的思想内容相似和相通时，就能产生亲切的审美体验。总之，对优秀艺术作品的欣赏与体验，"然须实历此境，方见其奇妙"③。一些文艺批评家曾指出了心境、情绪对审美体验的影响。章炳麟说："凡感于文言者，在其得我心。是故饮食移味，居处缊愉者，闻劳人之歌，心犹怕然。大愚不灵，无所愤悱者，睹眇论则以为恒言也。身有疾痛，闻幼眇之音，则感慨随之矣。心有疑滞，睹辨析之论，

---

① 董逌. 广川画跋：卷四//于安澜，编. 画品丛书. 上海人民美术出版社，1982：279.
② 董其昌. 画禅室随笔//沈子丞，编. 历代论画名著汇编. 北京：文物出版社，1982：266.
③ 瞿佑《归田诗话》卷中《戴石屏奇对》："戴式之尝见夕照映山，峰峦重叠，得句云：'夕阳山外山。'自以为奇，欲以'尘世梦中梦'对之，而不惬意。后行村中，春雨方霁，行潦纵横，得'春水渡傍渡'之句，以对，上下始相称。然须实历此境，方见其奇妙。"（瞿佑. 归田诗话//丁福保，辑. 历代诗话续编. 下册. 北京：中华书局，1983：1264.）

则悦怿随之矣。"① 明代文学家袁宏道更明确指出:"人有真苦,虽至乐不能使之不苦;人有真乐,虽至苦亦不能使之不乐。"②

再次,审美体验的深入,需要有丰富的想象力。对艺术的鉴赏与体验,必须借助于联想,把艺术形象转化成为审美者头脑中的生动的审美意象,并用自己的生活经历及其体验、思想情感、审美理想和情趣去补充再造这种审美意象,使之进入艺术家所创造的艺术境界,经受强烈的审美体验。我国古代许多文艺家和文艺理论家都十分重视联想和想象在审美欣赏和体验中的作用。刘勰明确指出,艺术家在创作时,必须进行"神思"(艺术构思中的创造性想象活动),才能把从生活中观察得来的生活形象转化成为审美意象,然后"窥意象而运斤"③,把审美意象迹化成为艺术形象。在通过审美想象形成审美意象的过程中,艺术家的审美情感、审美体验随着意象的逐渐鲜明与稳定而逐渐强烈与深化,"神用象通,情变所孕","登山则情满于山,观海则意溢于海,我才之多少,将与风云而并驱矣"④。清代画论家沈宗骞说:"学画者必须临摹旧迹,犹学文之必揣摩传作,能于精神意象之间,如我意之所欲出,方为学之有获。"⑤要想真正进入文艺家所创造的艺术境界,获得深切的审美体验与感受,就必须借助想象,把艺术形象转化成为自己头脑中的生动的意象,真正"如我意之所欲出"。刘氏与沈氏虽然讲的是文学创作与学画,但其理可通于审美欣赏。许多文艺家还用自己的创作实践和审美经验说明了想象在文艺创作和欣赏中所起的作用。清人廖燕说:"意也者,岂非为万形之始,而亦图画之所从出者欤?予尝闭目坐忘,嗒然若丧,斯时我尚不知其为我,何况于物。迨意念既萌,则舍我而逐于物,或为鼠肝,或为虫臂,其形

---

①文学总略//章炳麟. 国故论衡:卷中//舒芜,等,编选. 中国近代文论选. 下册. 北京:人民文学出版社,1981:425.
②袁宏道,著. 袁宏道集笺校:卷五. 钱伯城,笺校. 上海:上海古籍出版社,1981:240.
③刘勰,著. 文心雕龙注:卷六. 范文澜,注. 北京:人民文学出版社,1958:493.
④刘勰,著. 文心雕龙注:卷六. 范文澜,注. 北京:人民文学出版社,1958:493—494.
⑤沈宗骞. 芥舟学画编:卷二//于安澜,编. 画论丛刊. 上卷. 香港:中华书局香港分局,1977:349.

状又安可胜穷也耶？传称赵子昂善画马，一日倦而寝，其妻窗隙窥之，偃仰鼾呼，俨然一马也。妻惧，醒以告，子昂因而改画大士像。未几复窥之，则慈悲庄严，又俨然一大士。非子昂能为大士也，意在而形因之矣。万物在天地中，天地在我意中，即以意为造物，收烟云、丘壑、楼台、人物于一卷之内，皆以一意为之而有余。"① 这说明在艺术构思中，艺术家是生活在想象世界里，生活在意象之中的，当意象产生（"意念既萌"）之时，常常是审美体验和感受获得之时。清代戏曲理论家李渔曾说："予生忧患之中，处落魄之境，自幼至长，自长至老，总无一刻舒眉。惟于制曲填词之顷，非但郁藉以舒愠为之解，且尝僭作两间最乐之人，觉富贵荣华，其受用不过如此，未有真境之为所欲为，能出幻境纵横之上者——我欲做官，则顷刻之间便臻荣贵；我欲致仕，则转盼之际又入山林；我欲作人间才子，即为杜甫、李白之后身；我欲娶绝代佳人，即作王嫱、西施之元配；我欲成仙、作佛，则西天、蓬岛，即在砚池笔架之前；……若非梦往神游，何谓设身处地。无论立心端正者，我当设身处地，代生端正之想，即遇立心邪辟者，我亦当舍经从权，暂为邪辟之思。"② 李渔也生动而深刻地说明了艺术家在进行艺术构思时，是生活在"幻想纵横"、"梦往神游"之中，常常"设身处地"亲身领受自己所创造的人物的命运和情景的。在这之中，艺术家经历了强烈的审美体验，获得了最大的审美享受。

我们从上面关于中国古典美学对审美体验的几个重要环节和审美体验如何深入的几个方面的探讨中，可以看到，中国古代审美心理学是以探讨审美体验为中心环节来探讨审美心理结构的其他层次的；在涉及古典美学的基本范畴时，是以探讨"味"（体味）这个概念为主来探讨其他概念以及它们之间的层次关系的，这些美学概念之间的层次关系大致如次："味"（审美主体的审美体验）与"悟"——"悟"与"兴"——"兴"与"意象"——"意象"与"神思"——"神思"与"情"

---

① 意园图序//廖燕, 撰. 廖燕全集：卷四. 林子雄, 点校. 上海：上海古籍出版社, 2005：82.
② 李渔. 闲情偶寄：卷三//中国戏曲研究所, 编. 中国古典戏曲论著集成. 第7集. 北京：中国戏剧出版社, 1959：53—54..

"理"……——"味"(审美对象的审美特征)。"味"(体味)作为美学概念是对审美体验的概括。"悟"是审美活动中的一个特殊的阶段,是审美体验所达到的一种境界,它的表现形态就是"兴会"(审美直觉)的爆发、审美感受的获得、审美意象的萌生。"兴"是指审美活动所获得的一种感受,它是一种复杂的心理活动与心理过程,是感知、想象、情感、理解等诸种心理功能和谐的自由的结合(特别是想象力与理解力和谐自由的统一,是情与理和谐自由的统一),它们的和谐统一尤以情感为中介和联络点,而情感的深化,必然导致对事物的本质的认识;这种认识却不以明确的概念为中介,它是深深地渗透在情感之中的。"兴"的构成因素离不开审美意象。"意象"即意中之象。在审美活动中,审美意象与审美感受往往是同时产生的,当审美意象产生之时,就是审美感受获得之时,意象的酝酿、组合、凝聚和扩大,就是美感的捕捉、撷取、发展与深化,意象具体体现和凝结着审美感受。① 审美意象的产生、形成,离不开"神思"(创造性想象活动)。在"神思"中,想象力推动理解力的深化,理解力促进想象力的发展,而理解融化在想象之中,从而实现情理的和谐统一。(《文心雕龙·神思》所说的"神用象通,情变所孕。物以貌求,心以理应",就是把神与貌、情与理、心与物都和谐自由地统一起来。)艺术作品是审美感受和审美意象的物化形态,而作为艺术作品的审美特征("味")是审美感受的具体体现。因此,从作为审美客体(艺术品)的审美特征的"味"来说,它既是审美主体的审美意识的客观化、对象化,它又同艺术作品的"意境"等因素紧密地联系在一起。这样,作为美学范畴的"味"(它包括两方面的含义),就成为联系审美主体的审美意识与审美客体的审美特征的重要纽带;它的两方面的含义,分别联系着有关审美意识和审美特征的一系列美学范畴(概念)。中国古典美学的基本范畴的内在的多层次关系问题,是值得深入探讨的。

(原载《四川师范大学学报》1984 年第 4 期)

---

① 参见:皮朝纲."意象"与审美. 四川师范大学学报:社会科学版,1983 (1):35—38.

论"悟"——中国古典美学札记

在中国古典美学理论中,"悟"是一个重要的美学概念,它涉及审美活动和审美认识中一系列重要问题。

"悟"(以及与之相关的"悟入"、"悟门"、"顿悟"等)本是佛教用语,特别是佛教禅宗的用语。禅宗是中国佛教史上重要流派之一,按照传统说法,认为它创建于北朝(实际上佛教传入中国是在东汉时期),但它作为一个有力的佛教宗派出现,却是从唐代开始,并在唐末五代达到了极盛时期的。宋、元以后继续流传,没有断绝。①

"悟"的本义是心解神领。《文选·游西池》诗"悟彼蟋蟀唱"注引《声类》:"悟,心解也。"②《素问·八正神明论》:"慧然独悟。"注:"悟,犹了达也。"③元

---

① 参见:任继愈,主编.中国哲学史.第三册.北京:人民出版社,1979:79.
② 谢叔源.游西池//萧统,编.文选:卷二二.李善,注.北京:中华书局,1977:312.
③ 《黄帝内经·素问》卷八《八正神明论篇第二十六》:"帝曰:何谓神?岐伯曰:请言神,神乎神,耳不闻,目明心开而志先,慧然独悟,口弗能言,俱视独见,适若昏,昭然独明,若风吹云,故曰神。"注:"悟,犹了达也。"(黄帝内经·素问:卷八.王冰次,注.林亿,等,校正//影印《文渊阁四库全书》.第733册.台北:台湾商务印书馆,1986:95〈上〉.)

人刘壎曾对"悟"做过形象化的解释：

> 儿童初学，蒙昧未开，故瞢然无知，及既得师启蒙，便能读书认字，驯至长而能文，端由此始，即悟之谓也。然此却止是一重粗皮，特悟之小者耳。学道之士，剥去几重，然后逗彻精深，谓之妙悟。释氏所谓慧觉，所谓六通。……世之未悟者，正如身坐窗内，为纸所隔，故不睹窗外之竟，及其点破一窍，眼力穿逗，便见得窗外山川之高远，风月之清明，天地之广大，人物之错杂，万象横陈，举无遁形，所争惟一膜之隔，是之谓悟。……惟禅学以悟为则，於是有曰顿宗；有曰教门别传，不立文字；有曰一超直入如来地；有曰一棒一喝；有曰闻莺悟道；有曰放下屠刀，立地成佛。既入妙悟，谓之本地风光，谓之到家，谓之敌生死。①

我国古代一些文艺理论家和美学家却借用"悟"作为譬喻来解释文艺创作和审美活动中的一些现象。早在南朝刘宋时代，著名山水诗人谢灵运就在表达他欣赏大自然美景所获得的审美感受时说："情用赏为美，事昧竟谁辨。观此遗物虑，一悟得所遣。"② 他已将"悟"用来表述欣赏自然美时的审美活动和审美认识。③ 南齐梁时代的道教思想家、书法家陶弘景在与梁武帝萧衍讨论著名书法家钟繇、王羲之等书法之优劣得失的来往书信中说："逸少亡后，子敬年十七、八，全仿此人书，故遂成

---

① 刘壎. 隐居通义：卷一//影印《文渊阁四库全书》. 第866册. 台北：台湾商务印书馆，1986：28（上）—（下）.
② 谢灵运. 从斤竹涧越岭溪行//黄节注汉魏六朝诗六种. 黄节，注. 北京：人民文学出版社，2008：661.
③ 谢灵运. 辨宗论//全宋文：卷三十二//严可均，校辑. 全上古三代秦汉三国六朝文. 北京：中华书局，1958：2612. 谢灵运笃信佛教，他在《辨宗论》中，阐述了他对"悟"、"渐悟"、"顿悟"的理解。

与之相似,今圣旨标题,足使众识顿悟。于逸少,无复末年之讥。"①他是把"悟"应用来论述书法创作的。②到了宋代,虽然道学盛行,但唐末以来在禅宗里普受众之法的南宗顿门的余焰仍未稍减,这使两宋文艺家,特别是诗人以禅喻诗成为风气。总之宋代禅学在知识分子中十分盛行,禅宗术语成了不少人的口头语言。苏轼、黄庭坚、杨万里、陆游等人就用禅语来论诗,"悟"、"参"等用语经常出现在宋代诗论、文论、画论、书论、乐论之中。韩驹《赠赵伯鱼》云:"学诗当如初学禅,未悟且遍参诸方。一朝悟罢正法眼,信手拈出皆成章。"徐瑞《雪中夜坐杂咏》云:"文章有皮有骨髓,欲参此语如参禅。我从诸老得印可,妙处可悟不可传。"郭若虚《图画见闻志》云武宗元"尝于广爱寺见吴生画文殊、普贤大像,因杜绝人事旬余,刻意临仿,蹙成二小帧。其骨法停分,神观气格,与夫天衣缨络,乘跨部从,较之大像,不差毫厘,自非灵心妙悟,感而遂通者,孰能与于此哉!"③朱长文《续书断》云释怀素"自云得草书三昧。始其临学勤苦,故笔颓委,作笔冢以瘗之。尝观夏云随风变化,顿有所悟,遂至妙绝,如壮士拔剑,神彩动人"④。成玉磵《论琴》云:"攻琴如参禅,岁月磨炼,瞥然省悟,则无所不通,纵横妙用而尝若有余。至于未悟,虽用力寻求,终无妙处。"⑤严羽在他的《沧浪诗话·诗辨》中,提出了"妙悟"说:"唯悟乃为当行,乃为本色","大抵禅道惟在妙悟,诗道亦在妙悟"⑥。对

---

①陶弘景. 论书启//上海书画出版社,华东师范大学古籍整理研究室,选编、校点. 历代书法论文选. 上册. 上海:上海书画出版社,1979:71.

②为什么道教思想家要用佛教的术语来评论书法呢?东晋僧人竺道生提出了"顿悟成佛"说,开了后来佛教禅宗的"明心见性、顿悟成佛"学说的先河。在魏晋南北朝时期,道教和佛教为争夺政治地位和权力,争夺宗教地位展开了激烈的斗争,但他们都在为同一个门阀士族阶级服务,他们之间也经常相互吸收、互相模仿。陶弘景在他所撰写的《真诰》中,就记述了真人的弟子有好多是学佛的,也采取了佛教的"地狱转生"之说。

③郭若虚. 图画见闻志. 黄苗子,点校. 北京:人民美术出版社,1963:61—62.

④朱长文. 续书断//上海书画出版社,华东师范大学古籍整理研究室,选编、校点. 历代书法论文选. 上册. 上海:上海书画出版社,1979:331.

⑤成玉磵. 琴论//文化部文学艺术研究院音乐研究所,编. 中国古代乐论选辑. 北京:人民音乐出版社,1981:218.

⑥严羽,著. 沧浪诗话校释. 郭绍虞,校释. 北京:人民文学出版社,1961:12.

审美活动、审美认识、审美能力、诗歌的审美特征以及它们之间的关系，做了比较系统的探讨，提出了一些有价值的意见。"妙语"说的提出标志着我国古代文艺理论和美学理论对艺术思维和艺术的审美特征的探讨进入了更自觉的阶段。① 到元、明、清时代，不少文艺家继续用"悟"这个美学概念来论述文艺创作和审美活动中的问题，它被广泛地应用于诗歌、戏曲、绘画、书法、音乐等各个艺术部类的理论之中。总之，"悟"这个概念已经成为我国古代文艺理论和美学理论的一个组成部分、一个重要的美学范畴。

值得研究的是我国古代的文艺理论家、美学家为什么要借用"悟"这个概念来解释文艺创作和审美欣赏中的一些问题？

严羽说："大抵禅道惟在妙悟，诗道亦在妙悟。"与严羽同时代而且交往甚深的戴复古说："欲参诗律似参禅，妙趣不由文字传。个里稍关心有悟，发为言句自超然。"② 明代著名思想家、文学家李贽说："侯谓声音之道可与禅通，似矣。"③ 清代画家王时敏说，绘画创作"犹如禅者彻悟到家，一了百了，所谓一超直入如来地，非一知半解者所能望其尘影也"④。这些言论，指出了无论是诗歌还是音乐或绘画的创作和欣赏，其"道"（包括规律、原则、技巧，等等）与参禅悟道有相似和相通之处，因而可以把"悟"这个禅宗术语作为譬喻来论述文艺创作和审美活动。

那么，怎样来理解审美活动、审美认识与参禅悟道有相似和相通之处呢？

审美活动与参禅悟道都是一种心理活动和心理过程，因而在心理活动的某些现象上有相似和相通之处。佛教禅宗分为南宗和北宗，有所谓"南顿北渐"之说。以神秀为创始人的北宗禅学，奉佛教为依据，强调深入体察经典，逐渐领会，最后达

---

① 皮朝纲. 严羽审美理论三题. 四川师范大学学报（社会科学版），1981（4）：51—56.
② 戴复古. 昭武太守王子文曰与李贾严羽共观前辈一两家诗及晚唐诗因有论诗十绝子文见之谓无甚高论亦可作诗家小学须知//郭绍虞，等，编. 万首论诗绝句. 第1册. 北京：人民文学出版社，1991：120.
③ 征途与共后语//焚书：卷四//李贽，著. 焚书·续焚书. 北京：中华书局，1975：138.
④ 王时敏. 西庐画跋//沈子丞，编. 历代论画名著汇编. 北京：文物出版社，1982：285.

到大彻大悟的境界，此即所谓"渐修"；以慧能为创始人的南宗禅学，不重学习佛教经典，只凭借每个人主观的信仰和良心，追求某种突发的机缘，以觉察人生的至理，从而顿悟成佛，此即所谓"顿悟"。"但是，渐顿纯就见道的过程区别，如果推论到最后根据，似乎南北两宗并没有什么不同。"① 他们都是从宗教唯心主义立场出发去否认世界的客观现实性，否认人类正常的认识作用，去解释主观思维和客观现实的矛盾如何统一的问题的。南宗禅学主张"道由心悟"②，主张佛在心内，不在心外③，因而主张不假外求④，不立文字，佛道完全靠心解神领（《五灯会元》卷一："世尊在灵山会上，拈花示众，是时众皆默然，唯迦叶尊者破颜微笑。世尊曰：'吾有正法眼藏，涅槃妙心，实相无相，微妙法门，不立文字，教外别传，付嘱摩诃迦叶'"）。这都是讲的直观、顿悟的思想方法和宗教修养方法。这种不假外求、不立文字，世尊拈花、迦叶微笑，只可意会、不可言传的参禅悟道的宗教修养方法及其某些心理活动现象，与审美活动、审美感受的某些现象有相似和相通之处。审美是一种复杂的心理活动和心理过程，是诸种心理形式、心理功能综合的、自由的、和谐的统一，特别是感知、想象、情感、理解四种因素和谐的自由的结合。这四种因素的和谐统一，尤以情感为中介和网络点，而情感的深化，必然导致对事物的本质的认识，但这种认识不以明确的概念为中介，因此具有不明确性和多义性，因为理智已渗透在情感之中。这种情理结合的审美认识，就构成了只可意会、不可言传的

---

① 吕澂，著. 中国佛学源流略讲. 北京：中华书局，1979：375.
② 慧能曰："道由心悟，岂在坐也。经云：'若言如来若坐若卧，是行邪道。'何故？无所从来，亦无所去。无生无灭，是如来清净禅。诸法空寂，是如来清净坐。究竟无证，岂况坐耶。"（宗宝，编. 六祖大师法宝坛经·宣诏第九//大正藏. 第48册. 第2008号. 台北：台湾新文丰出版公司，1983：359〈下〉.）
③ 慧能曰："汝今当信，佛知见者，只汝自心，更无别佛。"（宗宝，编. 六祖大师法宝坛经·机缘第七//大正藏. 第48册. 第2008号. 台北：台湾新文丰出版公司，1983：355〈下〉.）慧能曰："本性是佛，离性无别佛。"（宗宝，编. 六祖大师法宝坛经·般若第二//大正藏. 第48册. 第2008号. 台北：台湾新文丰出版公司，1983：350〈上〉.）
④《景德传灯录》记载马祖道一答越州大珠慧海禅师问佛法："即今问我者，是汝宝藏，一切具足，更无欠少，使用自在，何假向外求觅？"（越州大珠慧海禅师//道原. 景德传灯录：卷六//大正藏. 第51册. 第2076号. 台北：台湾新文丰出版公司，1983：246〈下〉.）

特点。清代诗论家叶燮将这种审美认识称为"不可名言之理"①。清代思想家、文论家王夫之对这种审美认识做了明确的论述:"王敬美谓'诗有妙悟,非关理也',非谓无理有诗,正不得以名言之理相求耳。且如飞蓬何首可搔,而不妨云搔首,以理求之,讵不蹭蹬?"②对这种艺术创作和审美活动中存在的只可意会、不可言传的现象,不少文艺家和文艺理论家曾做过描述。明代文论家王世懋说:"使事之妙,在有而若无,实而若虚,可意悟不可言传,可力学得不可仓卒得也。"③明代戏曲理论家徐渭说:"填词如作唐诗,文既不可俗,又不可自有一种妙处,要在人领解妙悟,未可言传。"④明代书论家项穆说:"是知书之欲变化也,至诚其志,不息其功,将形著明,动一以贯万,变而化焉,圣且神矣。噫,此由心悟,不可言传。"⑤清代诗论家王士禛指出优美的诗篇是入禅之作,"妙谛微言,与世尊拈花,迦叶微笑,等无差别。通其解者,可语上乘"⑥。清人沈祥龙说:"词能寄言,则如镜中花,如水中月,有神无迹,色相俱空,此惟在妙悟而已。"⑦

还必须指出,中国古典美学是侧重于表现的美学思想体系,因而它突出地表现出重审美中的体悟的倾向,而这种体悟更多的是同表象、情感、想象紧密地融合在一起的。艺术家在进行创作时,虽然重视用语言等物质手段塑造艺术形象,但是绝不满足于作品所塑造的形象的实境本身,还要求实境必须富有启示性和诱发力,以便最大限度地激发读者的想象力与理解力,去领会艺术形象的"韵外之致"、"味外

---

① 叶燮,著. 原诗·内篇(下). 霍松林,校注. 北京:人民文学出版社,1979:32.
② 王夫之. 古诗评选:卷四//北京大学哲学系美学教研室,编. 中国美学史资料选编. 下册. 北京:中华书局,1981:284.
③ 王世懋. 艺圃撷余//何文焕,辑. 历代诗话. 下册. 北京:中华书局,1981:775.
④ 徐渭. 南词叙录//中国戏曲研究所,编. 中国古典戏曲论著集成. 第3集. 北京:中国戏剧出版社,1959:243.
⑤ 项穆. 书法雅言·神化//上海书画出版社,华东师范大学古籍整理研究室,选编、校点. 历代书法论文选. 下册. 上海:上海书画出版社,1979:530.
⑥ 王士禛,著. 张宗柟,纂集. 带经堂诗话:卷三. 夏闳,校点. 北京:人民文学出版社,1963:83.
⑦ 沈祥龙. 论词随笔//唐圭璋,编. 词话丛编. 北京:中华书局,1986:4048.

之旨"① 和"象外之象，景外之景"②。因而中国古代艺术和美学就很重视艺术创作和审美活动中审美主体的那种独特的审美感受与体验，而且把那种只可意会、难以言传的审美境界，看作是审美感受的极境。这样，禅宗所鼓吹的不假外求，直指人心，见性成佛，不立文字，等等，就能成为中国古代文艺理论和美学理论所借鉴的思想资料。

那么，"悟"这个美学概念的主要含义是什么？它有哪些主要特点呢？

"悟"是审美活动和艺术构思中的一个特殊的阶段，它的表现形态就是"兴会"（灵感）的爆发、审美感受的获得、审美意象的产生。我国古代文艺理论家和美学家曾经探讨过"兴会"（灵感、审美直觉）问题。有的指出文艺创作离不开"兴会"，清代画论家方薰说："艺事必藉兴会，乃得淋漓尽致，催租之罢，时或憾之。"③ 有的甚至认为在文艺创作中获得"兴会"，是创作的根本。宋代诗论家叶梦得说："'池塘生春草，园柳变鸣禽。'世多不解此语为工，盖欲以奇求之耳。此语之工，正在无所用意，猝然与景相遇，借以成章，不假绳削，故非常情所能到。诗家妙处，当须以此为根本，而思苦言难者，往往不悟。"④ 还有许多人对兴会的状态做过生动的形象的描绘。清代画论家沈宗骞说："兴之所至，毫端毕达，其万千气象，都出于初时意计之外。今日为之而如是，明日为之又是一样光景，如必欲若昨日之所为，将反有不及昨日者矣。何者？必欲如何，便是阻碍灵趣。"⑤ 还有一些人曾指出"兴会"的获得是以大量的生活经验、丰富的学识、长期的艺术实践、专心致志的思索为基

---

① 司空图. 与李生论诗书//司空图，著. 诗品集解. 郭绍虞，集译. 北京：人民文学出版社，1963：47、49.
② 司空图. 与极浦谈诗书//司空图，著. 诗品集解. 郭绍虞，集译. 北京：人民文学出版社，1963：52.
③ 方薰. 山静居画论：卷上//于安澜，编. 画论丛刊. 下卷. 香港：中华书局香港分局，1977：445.
④ 叶梦得. 石林诗话//何文焕，辑. 历代诗话. 上册. 北京：中华书局，1981：426.
⑤ 沈宗骞. 芥舟学画编：卷二//于安澜，编. 画论丛刊. 上卷. 香港：中华书局香港分局，1977：354.

础的，其"遭际兴会"，"得之在俄顷，积之在平日"①，因而它并非神秘主义。必须指出，"兴会"的获得，要靠审美主体的"悟"、"悟入"、"妙悟"。明代诗论家谢榛说："诗有不立意造句，以兴为主，漫然成篇，此诗之入化也。"②"诗有天机，待时而发，触物而成，虽幽寻苦索，不易得也。"③ 对"兴会"的获得"非悟无以入其妙"④，"悟者得之，庸心以求，或失之矣"⑤。清人叶燮指出审美感受的获得，只有"妙悟天开，从至理实事中领悟，乃得此境界也"⑥。还必须指出，艺术"兴会"的构成因素，离不开审美意象。在艺术构思和审美活动中，审美意象与审美感受往往是同时产生的，当审美意象获得之时，就是审美感受产生之时。意象的酝酿、组合、凝聚和扩大，就是美感的捕捉、撷取、发展与深化，审美意象具体体现和凝结着审美感受。⑦

"悟"是对艺术的审美特征的玩味和领会。严羽在《沧浪诗话·诗辨》中大力提倡"兴趣"说。所谓"兴趣"就是作品的形象和意境所包孕的兴味和趣味——"味"就是艺术的审美特征。⑧ 严羽要求这种包含在艺术形象中的"兴趣"，要像羚羊把角挂在树枝上睡觉一样，是"无迹可求"的，要"如空中之音，相中之色，水中之月，镜中之象，言有尽而意无穷"⑨，让人在咀嚼回味之中，获得一种强烈的美感享受。而严羽提倡的"妙悟"说的内涵之一，正是为了去领悟和把握这种"兴趣"（诗歌的审美特征）。还必须指出，艺术作品是艺术家的审美意识、审美感受的物化形态，是

---

① 袁守定. 占毕丛谈：卷五//胡经之，主编. 中国古典美学丛编. 中册. 北京：中华书局，1988：340.
② 谢榛. 四溟诗话：卷一//丁福保，辑. 历代诗话续编. 下册. 北京：中华书局，1983：1152.
③ 谢榛. 四溟诗话：卷二//丁福保，辑. 历代诗话续编. 下册. 北京：中华书局，1983：1161.
④ 谢榛. 四溟诗话：卷一//丁福保，辑. 历代诗话续编. 下册. 北京：中华书局，1983：1141.
⑤ 谢榛. 四溟诗话：卷二//丁福保，辑. 历代诗话续编. 下册. 北京：中华书局，1983：1163.
⑥ 叶燮，著. 原诗·内篇（下）. 霍松林，校注. 北京：人民文学出版社，1979：32.
⑦ 参见：皮朝纲. "意象"与审美. 四川师范大学学报（社会科学版），1983（1）：35—38.
⑧ 参见：皮朝纲. "味"——具有我国民族特色的审美范畴//美的研究与欣赏. 第2辑. 重庆：重庆出版社，1983.
⑨ 严羽，著. 沧浪诗话校释. 郭绍虞，校释. 北京：人民文学出版社，1961：26.

审美意象的客观化与对象化，而艺术形象所包孕的"味"，乃是审美感受与审美意象的具体体现。

"悟"是对创作规律和技巧的体验和把握。胡应麟特别强调"悟"与"法"的结合。他说："汉、唐以后谈诗者，吾于宋严羽卿得一悟字，于明李献吉得一法字，皆千古词场大关键。第二者不可偏废，法而不悟，如小僧缚律；悟不由法，外道野狐耳。"① 许多艺术家和文艺理论家都通过"悟"去把握创作和欣赏规律以及技巧。元代画论家汤垕说："今之人看画，多取形似，不知古人以形似为末。即如李伯时画人物，吴道子后一人而已，犹不免于形似之失。盖其妙处在笔法、气韵、神采，形似末也。东坡先生有诗云：'论画以形似，见与儿童邻，作诗必此诗，定知非诗人。'仆平生不惟得看画法于此诗，至于作诗之法，亦由此悟。"② 明代文学家屠隆说："诗道有法，昔人贵在妙悟。"③ 明代乐论家黄龙山说："夫舍规矩方圆，无所于成，矧于琴也，而可苟哉！予日苦习累诵诗读书之暇，旁及丝桐，以定志茹真，潜神熙气，久之颇有悟焉。"④ 明代书论家董其昌说："予学书三十年，悟得书法，而不能实证者，在自起自倒、自收自束处耳。""盖用笔之难，难在遒劲，而遒劲非是怒笔木强之谓，乃大力人通身是力，倒辄能起。此惟褚河南、虞永兴行书得之。须悟后始肯余言也。"⑤ 唐代书法家虞世南说："故知书道玄妙，必资神遇，不可以力求也。机巧必须心悟，不可以目取也。……学者心悟于至道，则书契于无为，苟涉浮华，终懵于斯理也。"⑥

---

① 胡应麟，撰. 诗薮·内编：卷五. 上海：上海古籍出版社，1979：100.
② 汤垕，撰. 画鉴. 马采，标点，注译. 邓以蛰，校阅. 北京：人民美术出版社，1959：67—68.
③ 屠隆. 论诗文（选录）//蔡景康，编选. 明代文论选. 北京：人民文学出版社，1993：269.
④ 黄龙山.《新刊发明琴谱》序//文化部文学艺术研究院音乐研究所，编. 中国古代乐论选辑. 北京：人民音乐出版社，1981：283.
⑤ 董其昌. 画禅室随笔//上海书画出版社，华东师范大学古籍整理研究室，选编、校点. 历代书法论文选. 下册. 上海：上海书画出版社，1979：541，541—542.
⑥ 虞世南. 笔髓论//上海书画出版社，华东师范大学古籍整理研究室，选编、校点. 历代书法论文选. 上册. 上海：上海书画出版社，1979：113.

中国古典美学在探讨"悟"这个美学范畴时，还论证了以下几方面的问题。

为了掌握艺术的审美特征，掌握艺术创作规律和技巧，在艺术构思和审美活动中较快地获得审美感受和审美意象，必须重视对前人创作经验和优秀作品的总结、学习、体验和领悟，提高自己的审美能力，丰富自己的审美经验。严羽曾明确提出要对汉魏晋盛唐的诗篇"熟读"，"朝夕讽咏"，"枕藉观之"，这样，"酝酿胸中，久之自然悟入"①。也就是说，对这些优秀诗篇反复熟读、讽咏，就可以领会和把握它们的风格特点，领悟它们的情趣，从而掌握它们的审美特征。汤垕说："仆十七八岁时，便有迂阔之意，见图画爱玩不去手，见赏鉴之士，便加礼问，遍遍纪录，仿佛成诵，详味其言，历观名迹，参考古说，始有少悟。若不留心，不过为听声随形，终不精鉴也。"②明代画家董其昌说："余于米芾《潇湘白云图》悟墨戏三昧，故以写楚山。"③"古人论画有云：下笔便有凹凸之形，此最悬解。吾以此悟高出历代处，虽不能至，庶几效之，得其百一，便足自老，以游丘壑间矣。"④清代画家王翚说："翚自龆时搦管，仡仡穷年，为世俗流派拘牵，无繇自拔。……复于东南收藏好事家纵揽右丞思训荆董胜国诸贤，上下千余年，名迹数十百种，然后知画理之精微，画学之博大如此，而非区区一家一派之所能尽也。由是潜神苦志，静以求之，每下笔落墨，辄思古人用心处，沉精之久，乃悟一点一拂，皆有风韵；一石一水，皆有位置。渲染有阴阳之辨，傅色有古今之殊。于是涵泳于心，练之于手，自喜不复为流派所惑，而稍稍可以自信矣。"⑤汤垕、董其昌、王翚等人以他们的创作经验，说明总结、借鉴、玩味、领悟前人的创作经验和成功之作，对于进行艺术创作和审美活动是十分重要的。

---

①严羽，著. 沧浪诗话校释. 郭绍虞，校释. 北京：人民文学出版社，1961：1.
②汤垕，撰. 画鉴. 马采，标点、注译. 邓以蛰，校阅. 北京：人民美术出版社，1959：61.
③董其昌. 画禅室随笔·题自画·烟江叠嶂图//董其昌，著. 画禅室随笔校注. 屠友祥，校注. 上海：上海远东出版社，2011：151.
④董其昌. 画禅室随笔·画诀//董其昌，著. 画禅室随笔校注. 屠友祥，校注. 上海：上海远东出版社，2011：99.
⑤王翚. 清晖画跋//沈子丞，编. 历代论画名著汇编. 北京：文物出版社，1982：315.

一些文艺家还指出，对于前人的优秀作品，在玩味、领悟时，绝不能浅尝辄止，应该反复咀嚼、体验、分析，才能在艺术形象和艺术意境中，领会它的审美情趣，才能掌握它的成功之处。宋人董逌说："立本世以画显，当在荆州时，得张僧繇画，初犹未解，曰：'定虚得名耳。'明日又往，曰：'犹是近代妙手。'明日又往，曰：'名下定无虚士。'十日不能去，寝卧其下对之。夫画至于去轮迹者，其难悟如此。后人画未能辨笔画，而学不知形象所主，见解又非得若立本极其功用。至于论画一望而悬断是非得失者，妄也。"① 宋代书法家范石湖说："学时（按：指学习前人的优秀书法作品）不在旋看字本，逐画临仿，但贵行、住、坐、卧常谛玩，经目著心。久之，自然有悟入处。信意运笔，不觉得其精微，斯为善学。"② 清代书论家周星莲说："褚河南行书，赵文敏行楷，细参自能悟入。""余尝谓临摹不过学字中之字，多会悟则字中有字，字外有字，全从虚处着精神。"③

为了掌握艺术的审美特征，掌握艺术创作规律及技巧，在艺术构思和审美活动中较快地获得审美感受和审美意象，必须强调艺术家要有丰富的生活经验，强调"师法自然"，强调对生活做深入细致的观察和分析。元代画家李澄叟总结他的创作实践经验说："夫画花竹翎毛者，正当浸润笼养飞放之徒。……画花竹者，须访问于老圃，朝暮观之，然后见其含苞养秀，荣枯凋落之态无阙矣。画山水者，须要遍历广观，然后方知著笔去处。何以知之？澄叟自幼而观湘中山水，长游三峡夔门，或水或陆，尽得其态，久久然后自觉，有力水墨，学者不可不知也。"④ "若悟妙理，赋在笔端，何患不精。"而且他强调对自然要深入观察、体验，这样创作时就会得心

---

① 董逌. 广川画跋：卷四//于安澜，编. 画品丛书. 上海：上海人民美术出版社，1982：278.
② 陈槱. 负暄野录//上海书画出版社，华东师范大学古籍整理研究室，选编、校点. 历代书法论文选. 上册. 上海：上海书画出版社，1979：379.
③ 周星莲. 临池管见//上海书画出版社、华东师范大学古籍整理研究室，选编、校点. 历代书法论文选. 下册. 上海：上海书画出版社，1979：728、722—723.
④ 李澄叟. 画说//沈子丞，编. 历代论画名著汇编. 北京：文物出版社，1982：166.

应手,"真所谓探囊得物也"。① 清代画论家笪重光特别强调指出,历代著名的画家如顾恺之、吴道子、陆探微、李公麟、韩干、戴嵩、徐熙、黄筌等,"昔号擅长,世珍遗迹,援毫傅彩,造于精微",都是"全师造化","合于自然",因此,"能事此者,览而自悟"。② 宋人董逌在论述吴道子的创作经验时,指出画家的生活阅历以及对自然的深入观察、研究对进行创作的重要意义:"明皇思嘉陵江山水,命吴道玄往图,及索其本,曰:'寓之心矣,敢不有一于此也。'诏大同殿图本以进,嘉陵江三百里,一日而尽,远近可尺寸计也。论者谓邱壑成于胸中,既寤则发之于画。故物无留迹,景随见生,殆以天合天者耶?"③ 他还以自己的审美经验,指出审美者与艺术作品所表现的生活内容有相似或相同的生活经历或心境时,就能够比较深入地领悟或把握艺术作品的审美特征。他说:"李咸熙作营邱山水图,写象赋景,得其全胜。溪山萦带,林屋映蔽,烟云出没,求其图者可以知其处也。余去国十年矣,官系于朝不得归。每升高东顾,想在家山,而神驰意到,自有见闻。宾想既悟,而悲悼随之。及观正夫所示图真得乡路矣。反若不敢识者,亦似失其悲心者矣。咸熙画手妙绝今世共知之。至营邱之寓于画者,余独知之,他人恐不能尽识也。"④

为了掌握艺术的审美特征和艺术创作规律及技巧,在艺术构思和审美活动中较快地获得审美感受和审美意象,必须进行长期的艺术实践和审美实践,以便从"渐修"达到"顿悟"。宋人包恢主张把"渐修"与"顿悟"结合起来。他说:"前辈尝有'学诗浑似学参禅'之语,彼参禅固有顿悟,亦须有渐修始得。顿悟如初生孩子,一日而肢体已成,渐修如长养成人,岁久而志气方立。此虽是异端,语亦有理,可施之于诗也。"⑤ 宋人吕居仁(本中)强调指出,只有进行辛勤的艺术实践,才能达

---

① 李澄叟. 画说//沈子丞,编. 历代论画名著汇编. 北京:文物出版社,1982:167.
② 笪重光. 画筌//沈子丞,编. 历代论画名著汇编. 北京:文物出版社,1982:312.
③ 董逌. 广川画跋:卷一//于安澜,编. 画品丛书. 上海:上海人民美术出版社,1982:238.
④ 董逌. 广川画跋:卷四//于安澜,编. 画品丛书. 上海:上海人民美术出版社,1982:279.
⑤ 包恢. 答傅当可论诗//陶秋英,编选. 宋金元文论选. 虞行,校订. 北京:人民文学出版社,1984:385.

到"悟入"、"顿悟"的境界:"作文必要悟入处,悟入必自工夫中来,非侥倖可得也。如老苏之于文,鲁直之于诗,盖尽此理也。"① "如东坡、太白诗,虽规摹广大,学者难依,然读之使人敢道,澡雪滞思,无穷苦艰难之状,亦一助也。要之,此事须令有所悟入,则自然越度诸子。悟入之理,正在工夫勤惰间耳。如张长史见公孙大娘舞剑,顿悟笔法。如张者,专意此事,未尝少忘胸中,故能遇事有得,遂造神妙;使它人观舞剑,有何干涉。非独作文学书而然也。"② 清人包世臣、潘德舆、吴德旋、高秉等人以他们自己的切身体会,说明进行长期的艺术实践,才能领悟创作规律,掌握艺术技巧。包世臣说:"余性僻于诗,无所师承,而冥心深悟者十年,似有得,然未敢自信也。"③ 诗论家潘德舆说:"吾学诗数十年,近始悟诗境全贵'质实'二字,盖诗本是文采上事,若不以质实为贵,则文济以文,文胜则靡矣。"④ 书法家吴德旋说:"余学书几二十年,所历者皆世人嗤笑唾弃之境,而又不肯安于小成,故数数从业,至今日乃觉有悟入处,倘亦禅家所谓'渐修顿证'之候乎?"⑤ 指头画家高秉说他"用数十年苦功,见清奇浓淡,数十百种临抚参悟,始知公(按:指高其佩)画之所以神"⑥。

还必须指出,在我国古代文艺理论和美学理论中,一些理论家强调先天的"颖悟"⑦,一些理论家则强调后天的学识与功力,但不少理论家主张把两者结合起来,才能在艺术创作上"悟入"从而达到较高的境界。明人李开先指出:"传奇戏文,难

---

① 吕本中. 童蒙诗训//郭绍虞,辑. 宋诗话辑佚. 北京:中华书局,1980:594.
② 胡仔,纂集. 苕溪渔隐丛话(前集):卷四十九. 廖德明,校点. 北京:人民文学出版社,1962:333.
③ 读白华草堂诗集叙//包世臣. 艺舟双楫//艺林名著丛刊. 北京:中国书店,1983:47.
④ 潘德舆. 养一斋诗话:卷三//郭绍虞,编选. 清诗话续编. 第4册. 富寿荪,校点. 上海:上海古籍出版社,1983:2044.
⑤ 吴德旋. 初月楼论书随笔//上海书画出版社,华东师范大学古籍整理研究室,选编、校点. 历代书法论文选. 下册. 上海:上海书画出版社,1979:597.
⑥ 高秉. 指头画说//沈子丞,编. 历代论画名著汇编. 北京:文物出版社,1982:562.
⑦ 刘道醇. 圣朝名画译//于安澜,编. 画品丛书. 上海:上海人民美术出版社,1982:121、126.

分南北；套词小令，虽有短长，其微妙则一而已。悟入之功，存乎作者之天资学力耳。"① "今所选传奇，取其辞意高古，音调协和，与人心风教俱有激劝感移之功。尤以天分高而学力到，悟入深而体裁正者，为之本也。"② 清人方薰指出："昔人谓气韵生动是天分，然思有利钝，觉有后先，未可概论之也。委心古人，学之而无外慕，久必有悟，悟后与生知者殊途同归。"③ 清代画论家唐岱说："画学高深广大，变化幽微，天时、人事、地理、物态，无不备焉。古人天资颖悟，识见宏远，于书无所不读，于理无所不通，斯得画中三味。"④

本文乃是引玉之砖，旨在引起对这个问题的进一步研究和讨论，望能得到批评和指正。

1984 年 1 月

（原载《美学新潮》丛刊第 1 期，四川省社会科学院出版社 1985 年 9 月）

---

① 李开先.《西野春游词》序//吴毓华，编. 中国古代戏曲序跋集. 北京：中国戏剧出版社，1990：54.
② 李开先.《改定元贤传奇》后序//吴毓华，编. 中国古代戏曲序跋集. 北京：中国戏剧出版社，1990：52.
③ 方薰. 山静居论画：卷上//于安澜，编. 画论丛刊. 下卷. 香港：中华书局香港分局，1977：433.
④ 唐岱. 绘事发微//于安澜，编. 画论丛刊. 上卷. 香港：中华书局香港分局，1977：255.

"意象"与审美

在我国古代文艺理论和美学理论中,"意象"是一个古老的美学范畴,它在文艺创作和文艺欣赏中的作用是十分重要的,我国古代一些文艺理论批评家和美学家曾对它进行过探讨,提出过一些很有价值的意见。

作为美学概念的"意象",在我国古代文艺理论和美学理论中,它的基本含义是:一、"意象"是意中之象,是"人心营构之象"①。"我所说的审美意象,就是由想象力所形成的那种表象。它能够引起许多思想,然而,却不可能有任何明确的思

---

① 章学诚. 文史通义:"有天地自然之象,有人心营构之象。天地自然之象,《说卦》为天为圜诸条,约略足以尽之。人心营构之象,睽车之载鬼,翰音之登天,意之所至,无不可也。然而心虚而用灵。人累于天地之间,不能不受阴阳之消息;心之营构,则情之变易为之也。情之变易,感于人世之接构,而乘于阴阳倚伏为之也。是则人心营构之象,亦出天地自然之象也。"(章学诚,著,文史通义校注. 叶瑛,校注. 北京:中华书局,1985:18—19.)

想,即概念,与之完全相适应。"① 它是审美主体对审美客体进行能动反映的产物,是主观的意(情思)与客观的象(景物)的有机的融合,是审美主体的审美意识与审美客体的审美特性的有机的统一。诸如刘勰"独照之匠,窥意象而运斤"②,司空图"意象欲出,造化已奇"③,王昌龄"久用精思,未契意象"④,李日华"势者转折趋向之态,可以笔取,不可以笔尽取,参以意象,必有笔所不到者"⑤ 中的意象就属于这个范围。我国古代文艺理论中的"意存笔先"、"意居笔先"、"意在笔先"中的"意"实际上是意象,是"意象应"⑥ 的统一体。沈德潜说"写竹者必有成竹在胸,谓意在笔先,然后著墨也"⑦,就是指明"意在笔先"之"意"乃是"成竹在胸"之"竹",是艺术家头脑中的意象。二、"意象"与气象相近似,乃指艺术风格。刘熙载说:"书与画异形而同品。画之意象变化,不可胜穷,约之,不出神、能、逸、妙四品而已。"⑧ 康有为说:"《始兴王碑》,意象雄强,其源亦出卫氏。"⑨"《龙门造象》自为一体,意象相近,皆雄峻、伟茂,极意发宕,方笔之极轨也。中惟

---

① 此是采用蒋孔阳先生的译文。见:蒋孔阳. 德国古典美学. 北京:商务印书馆,1980:113. 宗白华先生的译文是:"我所了解的审美观念就是想象力里的那一表象,它生起许多思想而没有任何一特定的思想,即一个概念能和它相切合,因此没有语言能够完全企及它,把它表达出来。人们容易看到,它是理性的观念的一个对立物(pendant),理性的观念是与它相反,是一概念,没有任何一个直观(即想象力的表象)能和它相切合。"(〔德〕康德,著. 宗白华,译. 判断力批判:上卷. 北京:商务印书馆,1964:160.)
② 刘勰. 文心雕龙·神思//刘勰,著. 文心雕龙注:卷六. 范文澜,注. 北京:人民文学出版社,1958:494.
③ 司空图. 诗品·缜密//司空图,著. 诗品集解. 郭绍虞,集解. 北京:人民文学出版社,1963:26.
④ 胡震亨. 唐音癸签:卷二. 上海:上海古籍出版社,1981:7.
⑤ 李日华. 竹嬾论画//俞剑华,编. 中国画论类编. 上卷. 北京:人民美术出版社,1986:134.
⑥ 何景明. 与李空同论诗书//蔡景康,编选. 明代文论选. 北京:人民文学出版社,1993:114.
⑦ 沈德潜,著. 说诗晬语//郭绍虞,主编. 原诗·一瓢诗话·说诗晬语. 北京:人民文学出版社,1979:241.
⑧ 刘熙载,撰. 艺概:卷五. 上海:上海古籍出版社,1978:168.
⑨ 康有为. 广艺舟双楫:卷四//祝嘉,编. 艺舟双楫疏证·广艺舟双楫疏证. 成都:巴蜀书社,1989:279.

《法生》用圆笔耳。"① 三、"意象"指艺术形象，特别是在明清的文艺理论批评中，普遍用来评论诗歌、绘画、书法创作。胡应麟说："古诗之妙，专求意象。"② 方东树说孟东野诗"意象孤峻"③。梁启超说："王摩诘之破墨水石，意象逼真。"④ 元人郑构说书法"若日月云雾，若虫食叶，若利刀戈，纵横皆有意象"⑤。此外，还有以"意象"指自然景物的形象的，唐岱说："逸品者，亦须多游。寓目最多，用笔反少。取其幽僻境界，意象浓粹者，间一寓之于画。"⑥ 有以"意象"指人物的风度神态的。《清波杂志》云："东坡南迁，度岭次于林麓间，遇二道人，见坡，即深入不出。坡谓押送使臣：'此中有异人，可同访之。'既入，见茅屋数间，二道人在焉，意象甚潇洒……"⑦

在我国古代文艺理论批评和美学思想史中，"意象"被引入文艺理论和美学理论的时间比"意境"更早。据笔者目前所接触到的材料，"意境"被引进文艺理论开始于唐代。（诗人王昌龄在其所撰《诗格》中，明白提出"诗有三境"，以"意境"与"物境"、"情境"并举。）"意象"一词最早见于汉代王充的《论衡·乱龙篇》。"夫画布为熊麋之象，名布为侯，礼贵意象，示义取名也。"⑧ 其"意象"是指那种含有深意的画象。但王充的《论衡·乱龙篇》主要是替董仲舒鼓吹的设土龙求雨的谬论进行辩护的文章，还不是讲文艺创作。南朝齐梁时代的文学理论批评家刘勰把"意象"这个概念引进文学理论，使它具有了美学意义。他在《文心雕龙·神思》篇中说：

---

① 康有为. 广艺舟双楫：卷四//祝嘉，编. 艺舟双楫疏证·广艺舟双楫疏证. 巴蜀书社，1989：312.
② 胡应麟，撰. 诗薮·内编：卷一. 上海：上海古籍出版社，1979：1.
③ 方东树，著. 昭昧詹言：卷二十一. 汪绍楹，校点. 北京：人民文学出版社，1961：509.
④ 梁启超. 中国地理大势论//北京大学哲学系美学教研室，编. 中国美学史资料选编. 下册. 北京：中华书局，1981：429.
⑤ 郑构，著. 刘有定，注. 衍极：卷二//上海书画出版社，华东师范大学古籍整理研究室，选编、校点. 历代书法论文选. 上册. 上海：上海书画出版社，1979：424.
⑥ 唐岱. 绘事发微//于安澜，编. 画论丛刊. 上卷. 香港：中华书局香港分局，1977：256.
⑦ 张某. 汉皋诗话//郭绍虞，辑. 宋诗话辑佚. 北京：中华书局，1980：338—339.
⑧ 王充，著，论衡校释：卷十六. 黄晖，校释. 北京：中华书局，1990：705.

"是以陶钧文思，贵在虚静，疏瀹五藏，澡雪精神，积学以储宝，酌理以富才，研阅以穷照，驯致以怿辞，然后使玄解之宰，寻声律而定墨；独照之匠，窥意象而运斤；此盖驭文之首术，谋篇之大端。"①《神思》篇是《文心雕龙》创作论的第一篇和总纲，它详细论述了艺术构思问题，它把进行艺术构思前的准备工作、构思时的创造性想象活动、在想象活动中"意象"的构成、用语言和声律来表达"意象"、作品写成后的润色加工等问题都讲到了。刘勰的论述，实际上指出了艺术构思的过程，就是通过创造性的想象活动，把从生活中观察捕捉得来的生活形象，转化成为艺术意象的过程；是认识和把握审美对象的审美特征，获得审美感受的过程，然后把艺术意象"迹化"②成为作品中的艺术形象。艺术构思的主要任务就是营构艺术意象，明代画家李日华和清代画家方薰都指出过这一点。李日华说："大都画法以布置意像为第一。"③ 方薰说："古人作画，意在笔先。……在画时，意象经营，先具胸中丘壑，落笔自然神速。"④

诚然，关于"意"与"象"的问题，早在先秦时代就提出来了。《易·系辞上》："子曰：圣人立象以尽意，设卦以尽情伪。"这里的"象"是指卦象，也泛指一切可见之征兆。（《易·系辞上》说："见乃谓之象。"韩康伯注："兆见曰象。"⑤）这里的"意"是指卦象或事物所包含的意义。"立象以尽意"之说，是对《易》象乃借物象做形象性的比喻以尽意的表现方法的理论概括，是我国古代早期的形象理论。晋代的王弼在《周易略例·明象》篇中则进一步提出了"得意忘象"⑥的命题。在他

---

① 刘勰，著. 文心雕龙注：卷六. 范文澜，注. 北京：人民文学出版社，1958：493.
② 石涛云："山川使予代山川而言也。山川脱胎于予也，予脱胎于山川也。搜尽奇峰打草稿也，山川与予神遇而迹化也。"（释道济. 苦瓜和尚画语录//于安澜，编. 画论丛刊. 上卷. 香港：中华书局香港分局，1977：151.）
③ 与张甥伯始图扇题//李日华. 竹嬾画媵//黄宾虹，邓实，编. 美术丛书. 第1册. 江苏古籍出版社，1986：754（下）.
④ 方薰. 山静居画论//于安澜，编. 画论丛刊. 下卷. 北京：中华书局香港分局，1977：436.
⑤ 王弼，韩康伯，注. 十三经注疏. 孔颖达，等，正义. 周易正义：卷七//阮元，校刻. 北京：中华书局，1980：82.
⑥ 王弼. 周易略例·明象//王弼，著. 王弼集校释. 楼宇烈，校释. 北京：中华书局，1980：609.

看来,"象"由"意"而生,"象"为表意的工具,那就不应当停留于"象"本身。这个命题具有普遍的认识论上的方法论的意义,只有不执着不拘泥于具体物象,才能真正获得其中所包含的意义。这对于文艺创作、文艺理论的美学意义,在于要通过有限的可穷尽的形象(形象是可以穷尽的传达工具),传达出某种无限的不可穷尽的内在意义。但是,无论是《易·系辞》还是王弼,都尚未把"意"与"象"组合成词而成为一个新的美学概念。刘勰则是在吸取和总结前人理论的基础上,把"意象"这个概念引进文学理论的。

刘勰关于"窥意象而运斤"的命题,是对文艺创作经验的概括与总结。文艺创作实践证明,文艺作品是现实生活在文艺家头脑中反映的产物,是文艺家的思想感情、审美意识的物化形态。要在文艺作品中再现现实生活,要把文艺家的思想感情、审美意识物态化在文艺作品中,就一定要经过艺术构思,在文艺家头脑中营构审美意象这个必不可少的步骤。因而"意象"就成为在文艺创作中由现实生活转化为艺术作品的艺术形象的中间环节。后人对这个问题曾做过生动的描绘和理论概括。宋代大诗人苏轼说:

> 故画竹必先得成竹于胸中,执笔熟视,乃见其所欲画者,急起从之,振笔直遂,以追其所见,如兔起鹘落,少纵则逝矣。①

清代诗画家郑燮说:

> 江馆清秋,晨起看竹,烟光、日影、雾气,皆浮动于疏枝密叶之间。胸中勃勃,遂有画意。其实胸中之竹,并不是眼中之竹也。因而磨墨展纸,落笔倏作变相,手中之竹又不是胸中之竹也。总之,意存笔先者,定则也;趣在法外

---

① 苏轼. 文与可画筼筜谷偃竹记//苏轼,撰. 苏轼文集:卷十一. 孔凡礼,点校. 北京:中华书局,1986:365.

者，化机也。独画云乎哉？①

这"眼中之竹"就是审美对象；"胸中之竹"即"成竹在胸"之"竹"，就是审美意象；"手中之竹"就是艺术形象。诚然，苏、郑的描绘与论述，不仅指出"胸中之竹"是"眼中之竹"到"手中之竹"的中间环节，而且指出"胸中之竹"并不是"眼中之竹"，也就是说审美意象（"胸中之竹"）并非现实生活的自然形态（"眼中之竹"）的简单映象，而是经过了文艺家的思想感情和审美意识提炼熔冶，变成为情景交融的意中之象。这个"意"与"象"的统一体，经过艺术技巧的表现，成为"画中之竹"之后，就比现实生活中的竹子更典型、更理想因而更美。

在文艺欣赏中，审美意象所起的作用同样是十分重要的。清代画论家沈宗骞说："学画者必须临摹旧迹，犹学文之必揣摩传作，能于精神意象之间，如我意之所欲出，方为学之有获。"② 沈氏讲的是学画，但其理可通于文艺欣赏。人们进行艺术欣赏，是要通过文艺作品的艺术形象去揣摩、领悟、认识、把握艺术形象所反映的现实生活和所表现的文艺家的思想感情、审美意识以及艺术形象的审美特征，以获得审美享受。那么，要想真正进入文艺家所创造的艺术境界，就必须首先借助想象和联想，把作品的艺术形象转化成为自己头脑中的生动的意象，真正"如我意之所欲出"，并且用自己的生活经历、思想感情、审美意识去补充、丰富、再造这个意象，从而才有可能去领会和把握文艺作品的内在意蕴。因此，审美意象就成为在文艺欣赏中，通过艺术形象去认识现实生活和领悟文艺家的思想感情，以获得审美感受的中间环节。

刘勰曾明确指出，在艺术构思中进行创造性想象活动的过程，就是"神与物游"③

---

①郑燮. 眼中之竹，胸中之竹，手中之竹//北京大学哲学系美学教研室，编. 中国美学史资料选编. 下册. 北京：中华书局，1981：340.
②沈宗骞. 芥舟学画编：卷二//于安澜，编. 画论丛刊. 上卷. 香港：中华书局香港分局，1977：349.
③刘勰. 文心雕龙·神思//刘勰，著. 文心雕龙注：卷六. 范文澜，注. 北京：人民文学出版社，1958：493.

的过程，就是主体的心"既随物以宛转"、客观的物"亦与心而徘徊"①亦即心与物、情与景、意与象相互交炼的过程。在这个过程中，想象力与理解力自由而谐和的活动，想象力自由地激发着、促进着理解力，理解力则不通过概念（而通过具体形象、感情体验）而支配着、规范着想象力，使"情瞳昽而弥鲜，物昭晰而互进"②，酝酿、组合、凝聚、构成既有感性形态，又有理性内容的生动而鲜明的审美意象。

晚唐诗论家司空图更明确指出："长于思与境偕，乃诗家之所尚者。"③"思与境偕"不仅是"意境"的成因，也是"意象"的成因。"意象"是"意境"的具体体现，"意境"是"意象"的组合、序列与整体所形成的。司空图强调"思与境偕"的主要目的，是要在艺术构思中构成情景融彻的审美意象，从而塑造出情景融彻的艺术意境。他还指出，在艺术构思中，当意象已经形成，文思已经成熟的时候，就会出现"意象欲出，造化已奇"的局面：意象展翅，大有呼之欲出之状；文思泉涌，大有不可遏止之势。我国古代的文艺家和文艺理论批评家，都很重视在艺术构思形成意象的过程中主观的"情"（思、神、意）与客观的"景"（境、物、象）之间的相互交融关系，指出"情景相触而莫分"，"景无情不发，情无景不生"④，"景与意相兼始好"⑤。诸如"神与境合"⑥、"意与境会"⑦、"情景混融"⑧、"情景交炼"⑨、

---

① 刘勰. 文心雕龙·物色//刘勰，著. 文心雕龙注：卷十. 范文澜，注. 北京：人民文学出版社，1958：693.
② 陆机. 文赋//萧统，编. 文选：卷十七. 李善，注. 北京：中华书局，1977：240.
③ 司空图. 与王驾评诗书//司空图，著. 诗品集解. 郭绍虞，集译. 北京：人民文学出版社，1963：50.
④ 范晞文. 对床夜语：卷二//丁福保，辑. 历代诗话续编. 上册. 北京：中华书局，1983：417.
⑤〔日〕弘法大师，原撰. 文镜秘府论校注. 王利器，校注. 北京：中国社会科学出版社，1983：132.
⑥ 王世贞. 艺苑卮言//丁福保，辑. 历代诗话续编. 中册. 北京：中华书局，1983：964.
⑦ 叶梦得. 石林诗话//何文焕，辑. 历代诗话. 上册. 北京：中华书局，1981：421.
⑧ 胡应麟，撰. 诗薮·内编：卷四. 上海：上海古籍出版社，1979：64.
⑨ 张炎. 词源：卷下//唐圭璋，编. 词话丛编. 北京：中华书局，1986：264.

"意境融彻"①，等等，都是讲的这个问题。既然审美意象是意与象、心与物、情与景的有机的融合，是审美主体的审美意识与审美客体的审美特征的有机统一，那么，审美意象则成为联结审美主体与审美客体的枢纽。审美客体的审美特性只有经由"意象"才能被审美主体所感受和把握，而审美主体的审美意识也只有经由"意象"才能提炼熔冶审美对象的审美特征，使审美意识与审美特性有机地融合在一起。

审美感受是一种由审美对象所引起的复杂的心理活动和心理过程，是感知、想象、情感、理智等诸种心理功能协调活动的产物。它常是通过当下即得的，似乎未经判断推理等逻辑思考的直觉形式获得的。它是"意象"的直觉，"直觉是突然间心里见到一个形象或意象"②。我国古代的文艺家和文艺理论家曾探讨过审美直觉（兴会、灵感）以及它同审美意象的关系问题。

方薰曾指出文艺创作离不开"兴会"："艺事必藉兴会，乃得淋漓尽致，催租之罢，时或憾之。"③沈宗骞曾对"兴会"的状态做过生动的形象的描绘："兴之所至，毫端毕达，其万千气象，都出于初时意料之外。今日为之而如是，明日为之又是一样光景。如必欲若昨日之所为，将反有不及昨日者矣。何者？必欲如何，便是阻碍灵趣"；"机神所到，无事迟回顾虑，以其出于天也。其不可遏也，如弩箭之离弦；其不可测也，如震雷之出地。前乎此者，杳不知其所自起；后乎此者，宵不知其所由终。不前不后，恰值其时，兴与机会，则可遇而不可求之杰作成焉"④。一些人曾指出"兴会"的获得是以大量的生活经验、丰富的学识、长期的艺术实践、专心致志的思索为基础的。黄庭坚说："子美诗妙处，乃在无意于文。夫无意而意已至，非广之以《国风》、《雅》、《颂》，深之以《离骚》、《九歌》，安能咀嚼其意味，闯然入

---

①朱承爵. 存余堂诗话//何文焕，辑. 历代诗话. 下册. 北京：中华书局，1981：792.
②朱光潜. 文艺心理学//朱光潜美学文集. 第1卷. 上海：上海文艺出版社，1982：19.
③方薰. 山静居画论：卷上//于安澜，编. 画论丛刊. 下卷. 香港：中华书局香港分局，1977：445.
④沈宗骞. 芥舟学画编：卷二//于安澜，编. 画论丛刊. 上卷. 香港：中华书局香港分局，1977：354，361.

其门耶。"① 黄氏指出了丰富的学识同"兴会"产生的关系。清代倡导神韵说的王士禛，十分强调在创作中要撷取刹那间出现的"兴会"，在抒发逸兴时"只取兴会神到"②，"只取兴会超妙"③，而且还指出了"兴会"与"多读书"、"多历名山大川"④的密切关系。

有些文艺理论家在实际上指出了审美意象与审美感受（直觉）之间密不可分的关系。王昌龄说："诗思有三：搜求于象，心入于境，神会于物，因心而得，曰取思。久用精思，未契意象，力疲智竭，放安神思，心偶照境，率然而生，曰生思。寻味前言，吟讽古制，感而生思，曰感思。"⑤ 除"感思"是讲"寻味前言，吟讽古制"，也就是像陆机所说的"颐情志于典坟"，"游文章之林府，嘉丽藻之彬彬"以引起"文思"外，"取思"和"生思"都是讲要在"神"（心）与"物"（境）的相互交炼中去捕捉与获得"诗思"。"生思"的内涵则明确指出了在艺术构思过程中，勿使"力疲智竭"，而应"放安神思"，使心与境契，从而构成意象，才能产生"诗思"。而且王氏还指出了文艺创作中的一种情况，当"六情底滞，志往神留，兀若枯木，豁若涸流"之时，常常是"久用精思，未契意象"，不能形成意象、产生"文思"；当"放安神思"，虚静以待，"览营魂以探赜，顿精爽于自求"⑥，"意象"与"文思"常会"率然而生"，"心偶照境"，心与境猝然相契，会突然间心里见到一个意象，而产生直觉。可见，审美意象与审美感受常常是同时产生的，当审美意象获得之时，

---

① 黄庭坚. 大雅堂记//陈望衡，等，主编. 中国历代美学文库. 宋辽金卷（上）. 北京：高等教育出版社，2003：369.
② 王士禛，著. 张宗柟，纂集. 夏闳，校点. 带经堂诗话：卷三. 北京：人民文学出版社，1963：68.
③ 王士禛. 渔洋诗话：卷上//王夫之，等，撰. 清诗话. 上册. 上海：上海古籍出版社，1978：183.
④ 渔洋夫子，口授. 新城何世，瑾述. 然灯记闻//王夫之，等，撰. 清诗话. 上册. 上海：上海古籍出版社，1963：120.
⑤ 胡震亨. 唐音癸签：卷二. 上海：上海古籍出版社，1981：7.
⑥ 陆机. 文赋//萧统，编. 文选：卷十七. 李善，注. 北京：中华书局，1987：315.

就是审美感受产生之时。

苏轼指出："陶潜诗：'采菊东篱下，悠然见南山。'采菊之次，偶然见山，初不用意，而景与意会，故可喜也。"① 叶梦得指出："'池塘生春草，园柳变鸣禽。'世多不解此语为工，盖欲以奇求之耳。此语之工，正在无所用意，猝然与景相遇，借以成章，不假绳削，故非常情所能到。诗家妙处，当须以此为根本，而思苦言难者，往往不悟。"② 苏、叶从分析陶潜与谢灵运的优秀诗篇中得出了重要的结论，指出了"诗家妙处"和作品的美感力量，不仅是"景与意会"因而熔铸了生动的意象、开拓了优美的意境，既荡漾着浓郁的生活气息，又流露出诗人的思想情感和审美趣味，更重要的是诗人"初不用意"、"无所用意"、"偶然见山"、"猝然与景相遇"，从而骤然间在头脑中浮现出并观照到一个意象，因而获得审美愉快。可见，在诗人观察、体验、捕捉生活形象的时候，在进行艺术构思使"意与景会"的过程中，艺术意象的形成，就是审美感受的获得，意象的酝酿、组合、凝聚和扩大，就是美感的捕捉、撷取、发展与深化，审美意象具体体现和凝结着审美感受，因"那愉快须直接地和一个表象（意象）相结合着"③，审美"必须直接地在对象的表象（即意象—引者注）上感觉到愉快"④，而审美感受又以审美意象为中介而发展，而深化。

在中国古典美学思想的研究中，学界对"意境"这个重要的美学范畴注意得比较多，这无疑是正确的，但对"意象"这个美学范畴的研究，则注意得很不够。本文旨在提出这个问题，望今后能对"意象"问题做更深入的研究和探讨。

1982 年 6 月

（原载《四川师范大学学报》1983 年第 1 期）

---

① 胡仔，纂集. 苕溪渔隐丛话（前集）：卷三. 廖德明，校点. 北京：人民文学出版社，1962：15.
② 叶梦得. 石林诗话：卷中//何文焕，辑. 历代诗话. 上册. 北京：中华书局，1981：426.
③〔德〕康德，著. 判断力批判. 上卷. 宗白华，译. 北京：商务印书馆，1964：121.
④〔德〕康德，著. 判断力批判. 上卷. 宗白华，译. 北京：商务印书馆，1964：129.

庄子美学思想管窥

中国先秦时代,产生了许多著名的哲学家。在他们的哲学著作中,包含着丰富的美学思想资料。在《庄子》一书中,虽然没有专门阐述艺术问题和美学问题的篇章,对于美的本质问题,庄子也没有下过一个明确的定义,但庄子在用许多极其具体生动的譬喻和寓言故事来阐明他的哲学思想时,往往表明了他关于美的见解。本文拟就庄子的美学思想问题谈一点粗浅的体会。

一 美的最高境界

庄子指出:"天地有大美。"[①] 陆德明《经典释文》云:"大美谓覆载之美也。"庄子的意思是说,天地具有孕育和包容万物之"美"。庄子又指出,"道""生天生

---

① 庄子·知北游//郭庆藩,撰. 庄子集释:卷七(下). 王孝鱼,点校. 第3册. 北京:中华书局,1961:735.

地"①,"覆载天地刻雕众形"②。这就是说,天地万物是由"道"派生出来的,并包容在"道"之中的;"道"孕育和包容了天地万物及天地万物之"大美",或者说,天地万物的"大美"是"道"的表现,是"道"的"外化"。庄子还指出:"夫得是(指"道"——引者注),至美至乐也。"③ 就是说,得到了"道",就会获得美的最大享受,获得最高的美感。可见,庄子是把"道"视为美的最高境界的。"道"是什么?庄子说:"夫道,有情有信,无为无形;可传而不可受,可得而不可见;自本自根,未有天地,自古以固存;神鬼神帝,生天生地;在太极之先而不为高,在六极之下而不为深,先天地生而不为久,长于上古而不为老。"④ 可见,"道"是没有形状的,不可看见的,然而它是真实存在的。"道"是超越时间与空间的、绝对的。"道"是世界万物的本源,天地万物都是由它产生的。总之,这种独立存在的"道",不是物质性的东西,而是产生物质的精神性的东西。庄子毕生所要追求的正是这至高无上的"道",因此他是把"道"这种绝对精神作为审美的对象的。庄子这种美学思想同古希腊的唯心主义美学家柏拉图的看法很相似。柏拉图生活的年代早于庄子(柏拉图:公元前427年至公元前347年;庄子:公元前369年至公元前286年),他也是把理式世界视为美的最高境界的。他说,理式世界的美"是永恒的,无始无终,不生不灭,不增不减的","一切美的事物都以它为源泉,有了它那一切美的事物才成其为美,但是那些美的事物时而生,时而灭,而它却毫不因之有所增,有所

---

① 庄子·大宗师//郭庆藩,撰.庄子集释:卷三(上).王孝鱼,点校.北京:中华书局,1961:247.
② 庄子·大宗师//郭庆藩,撰.庄子集释:卷三(上).王孝鱼,点校.北京:中华书局,1961:281.
③ 庄子·田子方.郭庆藩,撰.庄子集释:卷七(下).王孝鱼,点校.北京:中华书局,1961:714.
④ 庄子·大宗师.郭庆藩,撰.庄子集释:卷三(上).王孝鱼,点校.北京:中华书局,1961:246—247.

减"①；他也是把理式世界作为审美的对象，而且把对理式世界的"凝神观照"② 作为审美活动的极境，把凝神观照时所引起的"无限欣喜"③ 作为最高的美感的。

庄子对于"道"这种美的最高境界，是异常"热忱地爱慕它"④，倾心地赞颂它，因为它是那样美妙，那样神通广大。

> 豨韦氏得之，以挈天地；伏戏氏得之，以袭气母；维斗得之，终古不忒；日月得之，终古不息；堪坏得之，以袭昆仑；冯夷得之，以游大川；肩吾得之，以处大山；黄帝得之，以登云天；颛顼得之，以处玄宫；禺强得之，立乎北极；西王母得之，坐乎少广，莫知其始，莫知其终；彭祖得之，上及有虞，下及五伯；傅说得之，以相武丁，奄有天下，乘东维，骑箕尾，而比于列星。⑤

庄子对它顶礼膜拜，以它为"师"。

庄子为什么要把"道"当作美的最高境界？这与他的美丑观念和人生理想是分不开的。生活在战国时期的庄子，对于当时出现的剧烈的政治斗争，采取了消极对抗的态度。在他看来，现实的人和现实的生活都是不美的，因而力图虚构出一种完美的人和完美的社会（而这种完美的人和完美的社会就是"道"的具体体现），以表示他对新兴的封建制度和封建新权贵的敌视。

庄子认为，人获得了"道"就会成为一种最理想的人、最完美的人。这种人不

---

① 〔古希腊〕柏拉图，著. 柏拉图文艺对话集. 朱光潜，译. 北京：人民文学出版社，1963：272—273.
② 〔古希腊〕柏拉图，著. 柏拉图文艺对话集. 朱光潜，译. 北京：人民文学出版社，1963：272.
③ 〔古希腊〕柏拉图，著. 柏拉图文艺对话集. 朱光潜，译. 北京：人民文学出版社，1963：272.
④ 闻一多说："有大智慧的人们都会认识道的存在，信仰道的实有。却不象庄子那样热忱地爱慕它。在这里，庄子是从哲学又跨进了一步，到了文学的封域。"（王康，著. 闻一多传. 武汉：湖北人民出版社，1979：130.）
⑤ 庄子·大宗师//郭庆藩，撰. 庄子集释：卷三（上）. 王孝鱼，点校. 北京：中华书局，1961：247.

仅形体美，而且精神（品质）美，是形体美和精神美的有机结合。他为我们描绘了一个形体和精神都很美的形象："藐姑射之山，有神人居焉，肌肤若冰雪，淖约若处子。不食五谷，吸风饮露。乘云气，御飞龙，而游乎四海之外。"① 这种得了"道"的"神人"，在形体方面具有健全之美，"冰雪取其洁净，绰约譬以柔和，处子不为物伤"②；在品质方面具有高尚之美，"非五谷所为，而特禀自然之妙气"③；在精神上获得了绝对自由，"乘云气，御飞龙，而游乎四海之外"。在庄子看来，这种得到了"道"的"神人"，还具有超脱人世的宏伟的气魄和广大无边的神力："之人也，之德也，将旁礴万物以为一，世蕲乎乱，孰弊弊焉以天下为事！之人也，物莫之伤，大浸稽天而不溺，大旱金石流土山焦而不热。"④ 庄子还在《大宗师》中对这种获得了"道"的"真人"（"神人"）的气魄和神力做了淋漓尽致的刻画。当然，庄子描写的"神人"，并不是一种真实的客观存在，而只是人的本质（意识和理想）的人格化，即把人的理想体现于一种想象的"神人"上面。庄子所描写的"神人"，正是庄子追求绝对的精神自由的人生观的具体表现。庄子认为，体现了"道"的社会，就是一种最理想的社会、最完美的社会。他主张回到"浑沌"的时代，他认为这个时代是"至德之世"，是最"素朴"、最"自然"的时代，也是最理想、最美的时代。他说："当是时也，民结绳而用之，甘其食，美其服，乐其俗，安其居，邻国相望，鸡狗之音相闻，民至老死而不相往来。若此之时，则至治已。"⑤ "夫至德之世，同与禽兽居，族与万物并，恶乎知君子小人哉！同乎无知，其德不离；同乎无欲，是

---

① 庄子·逍遥游//郭庆藩，撰. 庄子集释：卷一（上）. 王孝鱼，点校. 北京：中华书局，1961：28.
② 成玄英.《庄子·逍遥游》疏//郭庆藩，撰. 庄子集释：卷一（上）. 王孝鱼，点校. 北京：中华书局，1961：28.
③ 郭象.《庄子·逍遥游》注//郭庆藩，撰. 庄子集释：卷一（上）. 王孝鱼，点校. 北京：中华书局，1961：29.
④ 庄子·逍遥游//郭庆藩，撰. 庄子集释：卷一（上）. 王孝鱼，点校. 北京：中华书局，1961：30—31.
⑤ 庄子·胠箧//郭庆藩，撰. 庄子集释：卷四（中）. 王孝鱼，点校. 北京：中华书局，1961：357.

谓素朴；素朴而民性得矣。"① "当是时也，莫之为而常自然。"② 庄子对这"浑沌"的时代，倾注了满腔热忱，歌颂它，赞美它。这充分表现了他的社会理想，反映了没落奴隶主贵族的绝望厌世的情绪。他力图寻求一个自我陶醉、自我安慰的精神境界，因而他幻想虚构了一个"无何有之乡"③的理想王国，以便能够逃避现实，到这理想王国中去追求一种精神上绝对自由的生活。显然，庄子的主张是一种历史的倒退。

但是，应该看到，庄子由于生活处境贫困，社会地位低下，曾饱经人世间的风霜，因此他能够比较清醒地观察社会，冷静地解剖人生；厌世的庄子对于已经登上了政治舞台的封建统治者的贪婪腐化、巧诈阴险，是极端不满的，他对这些新权贵的无情揭露，往往能击中要害。庄子在对丑恶现象的揭露中表明了他的美丑观念，表现了他的美学思想。庄子在《胠箧》篇中对丑恶现象的揭露最为透辟："彼窃钩者诛，窃国者为诸侯，诸侯之门而仁义存焉。"④ 在《列御寇》中，他对那些为新权贵出谋划策，朝秦暮楚，奔走朱门，以求显达的所谓"士"，进行了入骨三分的刻画。宋人曹商，是一个政治的暴发户，恬不知耻地以"一悟万乘之主而从车百乘"夸耀于人，庄子对此做了辛辣的讽刺："秦王有病召医，破痈溃痤者得车一乘，舐痔者得车五乘，所治愈下，得车愈多。子岂治其痔邪，何得车之多也？"庄子抨击了封建统治者的道德观念和审美趣味。他说："夫天下之所尊者，富贵寿善也；所乐者，身安厚味美服好色音声也；所下者，贫贱夭恶也；所苦者，身不得安逸，口不得厚味，

---

①庄子·马蹄//郭庆藩，撰. 庄子集释：卷四（中）. 王孝鱼，点校. 北京：中华书局，1961：336.
②庄子·缮性//郭庆藩，撰. 庄子集释：卷六（上）. 王孝鱼，点校. 北京：中华书局，1961：550—551.
③庄子·应帝王//郭庆藩，撰. 庄子集释：卷一（上）. 王孝鱼，点校. 北京：中华书局，1961：293.
④庄子·胠箧//郭庆藩，撰. 庄子集释：卷四（中）. 王孝鱼，点校. 北京：中华书局，1961：350.

形不得美服，目不得好色，耳不得音声；若不得者，则大忧以惧。其为形也亦愚哉！"① 在庄子看来，封建新权贵之"所尊"、"所乐"，"无益于人，而流俗以不得为苦，既不适情，遂忧愁惧虑。如此修为形体，岂不甚愚痴！"② 庄子还指出，封建新权贵所倡导和酷爱的艺术非天下之"正色"、"正音"，乃艺术之"末"："钟鼓之音，羽旄之容，乐之末也。"③ 总之，庄子在不少寓言故事中，抒发了他愤世嫉俗的思想感情，这对于后世的一些文学家发生过积极的影响，如嵇康、阮籍、陶渊明、李白、苏轼、李卓吾、曹雪芹等都曾接受了庄子思想中的这种批判精神，对当时的社会、政治做了不同程度的抨击。当然他们也同时受到庄子思想中消极方面的影响，表现为某种程度的虚无主义思想。

二 非爱其形也，爱使其形者也——喜爱"德充之美"

在中外美学思想史上，有一些著名的美学家，在对待形体美与精神美的关系问题上，是重视和强调精神美的。柏拉图曾说过："应该学会把心灵的美看得比形体的美更可珍贵，如果遇见一个美的心灵，纵然他在形体上不甚美观，也应该对他起爱慕。"④ 我国先秦时代的唯物主义哲学家荀子也是强调精神美的："形相虽恶而心术善，无害为君子也。"⑤ 庄子在对待形体美与精神美的关系问题上，是喜爱"德充之

---

① 庄子·至乐//郭庆藩，撰. 庄子集释：卷六（下）. 王孝鱼，点校. 北京：中华书局，1961：609.
② 成玄英.《庄子·至乐》疏//郭庆藩，撰. 庄子集释：卷六（下）. 王孝鱼. 点校. 北京：中华书局，1961：609.
③ 庄子·天道//郭庆藩，撰. 庄子集释：卷五（中）. 王孝鱼. 点校. 北京：中华书局，1961：468.
④〔古希腊〕柏拉图，著. 柏拉图文艺对话集. 朱光潜，译. 北京：人民文学出版社，1963：271.
⑤ 荀子，撰. 荀子集解：卷三. 王先谦，集解. 北京：中华书局，1988：73.

美"①，即精神美的。他明确地指出，人类对于自然事物和社会事物，首先不是爱它的形体之美，而是爱它的精神之美："非爱其形也，爱使其形者也。"② "使形者，才德也。"③ "才德者，精神也。"④ 庄子用"无庄之失其美"⑤ 的故事说明为了得到"道"，使精神上达到美的境界，可以忽视和忘掉形体美："无庄，古之美人，为闻道故，不复庄饰，而自忘其美色也。"⑥

庄子说："德将为汝美，道将为汝居。"⑦ 就是说"德"会使你显示出美好，"道"会留在你胸中。在《庄子》中，不仅描绘了那种形体和精神两方面都很美的"神人"的形象，而且更多地描绘了一些四体不全、奇形怪状、荒诞丑陋的人物。由于这些人物"德充"（内心世界里道德充实），因而使精神美克服了形体丑，从而化丑为美，化残为全。庄子在《德充符》中描写了"哀骀它"的形象：其人面貌丑陋，使天下人见了都惊骇，"以恶骇天下"⑧。然而男人爱他，和他相处，思念他不想回家；妇女爱他，竞相请求当他的妾；国君爱他，要把国政委托给他。"哀骀它""一无权势，二无利禄，三无色貌，四无言说，五无知虑。夫聚集人物，必不徒然，今骀它为众

---

① 成玄英.《庄子·德充符》疏//郭庆藩，撰. 庄子集释：卷二（下）. 王孝鱼，点校. 北京：中华书局，1961：188.
② 庄子·德充符//郭庆藩，撰. 庄子集释：卷二（下）. 王孝鱼，点校. 北京：中华书局，1961：209.
③ 郭象.《庄子·德充符》注//郭庆藩，撰. 庄子集释：卷二（下）. 王孝鱼，点校. 北京：中华书局，1961：211.
④ 成玄英.《庄子·德充符》疏//郭庆藩，撰. 庄子集释：卷二（下）. 王孝鱼，点校. 北京：中华书局，1961：211.
⑤ 庄子·大宗师//郭庆藩，撰. 庄子集释：卷三（上）. 王孝鱼，点校. 北京：中华书局，1961：280.
⑥ 成玄英.《庄子·大宗师》疏//郭庆藩，撰. 庄子集释：卷三（上）. 王孝鱼，点校. 北京：中华书局，2012：280.
⑦ 庄子·知北游//郭庆藩，撰. 庄子集释：卷七（下）. 王孝鱼，点校. 北京：中华书局，1961：737.
⑧ 庄子·德充符//郭庆藩，撰. 庄子集释：卷二（下）. 王孝鱼，点校. 北京：中华书局，1961：206.

归依，不由前之五事，以此而验，固异于常人者也"[1]。那么，哀骀它"异乎人者"是什么呢？是"才全而德不形者也"[2]。（"才全"就是保全了天然的性分，因为德是保全天然性分的，德无所表现，万物就天然而然地归附他而不会离去。）人们爱哀骀它"非爱其形也，爱使其形者也"[3]，是爱他的"德充之美"。庄子还写了一个脚拐、背伛、无唇的"闉跂支离无脤"[4]，卫灵公很喜欢；一个颈项上长了大瘤子的"瓮㼦大瘿"[5]，齐桓公很喜欢；而视一般四体周全、不奇不怪的人，反而成了奇形怪状的人。庄子旨在说明绝对的精神可以超越相对的形体，这就是所谓"德有所长而形有所忘"[6]，只要有超人的德性，其形体上的缺陷、丑陋就会被忘掉。

庄子关于在审美活动中，在对待形体美与精神美的关系问题上，强调、重视精神美的主张，具有某些真理。在中外文艺史上，有些著名的文艺家塑造了一些形貌丑而心灵美的艺术形象，如法国著名作家雨果在长篇历史小说《巴黎圣母院》中所塑造的主人公卡西莫多，就是一个外形丑（独眼、驼背、跛足）而内心美（雨果把他写成一个忠诚、勇敢、具有自我牺牲精神的人）的形象。这些艺术形象至今在不同程度上对人们仍具有认识作用和审美作用。当然，必须指出，那些奇形怪状的人物，仍然是厌世的、竭力想逃避现实的庄子所幻想出来的东西，他力图在这种幻想中得到超脱。

---

[1] 成玄英.《庄子·德充符》疏//郭庆藩，撰. 庄子集释：卷二（下）. 王孝鱼，点校. 北京：中华书局，1961：208.

[2] 庄子·德充符//郭庆藩，撰. 庄子集释：卷二（下）. 王孝鱼，点校. 北京：中华书局，1961：210.

[3] 庄子·德充符//郭庆藩，撰. 庄子集释：卷二（下）. 王孝鱼，点校. 北京：中华书局，1961：209.

[4] 庄子·德充符//郭庆藩，撰. 庄子集释：卷二（下）. 王孝鱼，点校. 北京：中华书局，1961：216.

[5] 庄子·德充符//郭庆藩，撰. 庄子集释：卷二（下）. 王孝鱼，点校. 北京：中华书局，1961：216.

[6] 庄子·德充符//郭庆藩，撰. 庄子集释：卷二（下）. 王孝鱼，点校. 北京：中华书局，1961：216.

庄子提倡的"德充"的内容是什么呢？庄子认为最高尚的道德就是"无人之情"。什么是"无人之情"？庄子说："是非吾所谓情也。吾所谓无情者，言人之不以好恶内伤其身"①，"故是非不得于身"②。庄子主张摆脱是非、好恶、利害的束缚，做到"忘形"、"忘我"，在精神上超脱世俗，在四海之外逍遥遨游。然而另一方面，庄子却主张采取"以无厚入有间"③和"安时而处顺"④的处世哲学，耍滑头，钻空子，以达到"哀乐不能入"⑤，"可以保身，可以全生，可以养亲，可以尽年"⑥的目的。他还在《人间世》中通过描写形体残缺、相貌丑陋的"支离疏"⑦，宣扬"无用之用"，即"无用"于世，有"用"于己的利己主义哲学。总之，庄子的"无人之情"的道德观同"保身、全生、养亲、尽年"的利己主义人生哲学是密切联系在一起的，也可以说，这两者的结合，就是庄子的"德充之美"、内心的精神世界之美。

庄子主张"无人之情"，因而他是反对情欲的。他说："是非之彰也，道之所以亏也。道之所以亏，爱之所以成。"⑧就是说情欲来自是非、好恶、利害，如果受到是非、好恶、利害的束缚，"道"就会受到亏损。因此，庄子是反对文化的社会功

---

①庄子·德充符//郭庆藩，撰. 庄子集释：卷二（下）. 王孝鱼，点校. 北京：中华书局，1961：221.

②庄子·德充符//郭庆藩，撰. 庄子集释：卷二（下）. 王孝鱼，点校. 北京：中华书局，1961：217.

③庄子·养生主//郭庆藩，撰. 庄子集释：卷二（上）. 王孝鱼，点校. 北京：中华书局，1961：119.

④庄子·养生主//郭庆藩，撰. 庄子集释：卷二（上）. 王孝鱼，点校. 北京：中华书局，1961：128.

⑤庄子·养生主//郭庆藩，撰. 庄子集释：卷二（上）. 王孝鱼，点校. 北京：中华书局，1961：128.

⑥庄子·养生主//郭庆藩，撰. 庄子集释：卷二（上）. 王孝鱼，点校. 北京：中华书局，1961：115.

⑦庄子·人间世//郭庆藩，撰. 庄子集释：卷二（中）. 王孝鱼，点校. 北京：中华书局，1961：180.

⑧庄子·齐物论//郭庆藩，撰. 庄子集释：卷一（下）. 王孝鱼，点校. 北京：中华书局，1961：74.

能，反对文化给人的美感享受的。他说："且夫失性有五：一曰五色乱目，使目不明；二曰五声乱耳，使耳不聪；三曰五臭薰鼻，困惾中颡；四曰五味浊口，使口厉爽；五曰趣舍滑心，使性飞扬。此五者，皆生之害也。"① 这就是说，"五色"、"五声"所给予人的审美感受，或者人的视觉器官和听觉器官对于"五色"、"五声"的审美活动，"皆生之害"，会使人"耳不聪"、"目不明"，使人"失性"，最终使天下大乱。

必须指出，庄子采取丑中见美的艺术手段，以表现人物精神美的描写方法，开了我国文学、绘画中塑造形体奇怪而内心完美的艺术形象的先河。法国著名美学家莱辛曾说过："一个丑陋的身体和一个优美心灵正如油和醋，尽管尽量把它们拌和在一起，吃起来还是油是油味，醋是醋味。它们并不产生一个第三种东西；那身体讨人嫌，那心灵却引人喜爱，各走各道。"② 可是庄子把"丑陋的身体"与"优美的心灵"融合在一起，产生出了一个"第三种东西"，一种不同于单纯的丑和美的独特的形象，开拓了中国文艺中的新境界。郭沫若说："由他（指庄子——引者注）这一幻想，以后的神仙中人，便差不多都是奇形怪相的宝贝。民间的传说，绘画上的形像，两千多年来成为了极陈腐的俗套，然而这发明权原来是属于庄子的。"③ 闻一多也说过："文中之支离疏，画中的达摩，是中国艺术里最特色的两个产品。正如达摩是画中有诗，文中也常有一种'清丑入图画，视之如古铜古玉'的人物，都代表中国艺术中极高古、极纯粹的境界；而文学中这种境界的开创者，则推庄子。"④

---

① 庄子·天地//郭庆藩，撰. 庄子集释：卷五（上）. 王孝鱼，点校. 北京：中华书局，1961：453.
②〔德〕莱辛，著. 拉奥孔. 朱光潜，译. 北京：人民文学出版社，1979：131.
③ 郭沫若. 庄子的批判//十批判书. 北京：人民出版社，1954：174.
④ 闻一多. 庄子//闻一多全集. 第2卷. 上海：开明书店，1948：289.

三 既雕既琢，复归于朴——崇尚自然朴素之美

庄子关于"道"的学说，是对老子的"道"的学说的继承和发展。老子认为"道"是非常自然、朴素的："道法自然"①，"道之尊，德之贵，夫莫之命而常自然"②。王弼《老子注》说："自然者，无称之言，穷极之辞也。""法自然者，在方而法方，在圆而法圆，于自然无所违也。""道不违自然，乃得其性。"③ 可见，"自然"是对"道"的形态的描写，是说明"道"的形态是本然而然的。老子又说："为天下谷，常得乃足，复归于朴。"④《老子》二十八章"朴散则为器"中的"朴"字，《玉篇》引用作"璞"。《玉篇》释"璞"为"玉未治者"。可见，"朴"的本意也是本然而然，未经人工雕削。庄子也把"道"视为最自然、最朴素的绝对精神，他说"道"是"自本自根"的，它自己就是自己的本、自己的根，就是它自己本来的样子。郭象和成玄英都曾指出庄子的"道"是"自然之道"（见郭象《庄子·庚桑楚》注⑤、成玄英《庄子·德充符》疏⑥）。庄子基于对"道"的理解，在许多寓言故事中阐发了他崇尚自然朴素，反对雕饰，提倡顺物之性，尊重人的个性，反对束缚个性发展的思想。

---

① 朱谦之，撰. 老子校释. 北京：中华书局，1963：66.
② 朱谦之，撰. 老子校释. 北京：中华书局，1963：131.
③《老子道德经》注：上篇//王弼，著. 王弼集校释. 楼宇烈，校释. 北京：中华书局，1980：65.
④ 朱谦之，撰. 老子校释. 北京：中华书局，1963：73.
⑤ 郭象.《庄子·庚桑楚》注//郭庆藩，撰. 庄子集释：卷八（上）. 王孝鱼，点校. 北京：中华书局，1961：771.
⑥ 成玄英.《庄子·德充符》疏//郭庆藩，撰. 庄子集释：卷二（下）. 王孝鱼，点校. 北京：中华书局，1961：223.

他主张"顺物自然"①,"既雕既琢,复归于朴"②。成玄英疏:"雕琢华饰之务,悉皆弃除,直置任真,复于朴素之道者也。"③ 庄子又说:"朴素而天下莫能与之争美。"④ 可见,庄子把自然朴素看成一种不可比拟之美、一种理想之美。庄子在《天运》篇中用"丑女效颦"的故事,生动地阐发了他崇尚自然朴素之美,反对雕削取巧之风的思想。他说:"西施病心而颦其里,其里之丑人见之而美之,归亦捧心而颦其里。其里之富人见之,坚闭门而不出,贫人见之,挈妻子而去走。彼知颦美而不知颦之所以美。"⑤ 庄子指出了美女西施"之所以美",是由于西施"貌极妍丽",既病心痛,颦眉苦之,出自自然,出自真情,益增其美;而邻里丑人,见而学之,不病强颦,故作媚态,倍增其丑。

庄子还主张顺物之性,尊重个性的发展,反对人为的束缚。他说:"天下有常然。常然者,曲者不以钩,直者不以绳,圆者不以规,方者不以矩,附离不以胶漆,约束不以纆索。"⑥ 这就是说,天下万物,各有常分,应顺物之性,任其天然发展。庄子《养生主》篇说:"泽雉十步一啄,百步一饮,不蕲畜乎樊中。神虽王,不善也。"⑦ 庄子《马蹄》篇说:"马,蹄可以践霜雪,毛可以御风寒,龁草饮水,翘足

---

① 庄子·应帝王//郭庆藩,撰. 庄子集释:卷三(下). 王孝鱼,点校. 北京:中华书局,1961:294.
② 庄子·山木//郭庆藩,撰. 庄子集释:卷七(上). 王孝鱼,点校. 北京:中华书局,1961:677.
③《庄子·应帝王》疏//郭庆藩,撰. 庄子集释:卷三(下). 王孝鱼,点校. 北京:中华书局,1961:306.
④ 庄子·天道//郭庆藩,撰. 庄子集释:卷五(中). 王孝鱼,点校. 北京:中华书局,1961:458.
⑤ 庄子·天道. 郭庆藩,撰. 庄子集释:卷五(下). 王孝鱼,点校. 北京:中华书局,1961:515.
⑥ 庄子·骈拇. 郭庆藩,撰. 庄子集释:卷四(上). 王孝鱼,点校. 北京:中华书局,1961:321.
⑦ 庄子·养生主. 郭庆藩,撰. 庄子集释:卷二(上). 王孝鱼,点校. 北京:中华书局,1961:126.

而陆,此马之真性也。虽有义台路寝,无所用之。"① 庄子的意思是说,无论是泽雉也好,还是马也好,它们任于真性,放旷不羁,俯仰于天地之间,逍遥乎自得之场,不祈求"畜乎樊中",不祈求"义台路寝",真有怡然自得之乐。庄子还在《田子方》中描绘了一个"真画者"将画图时的独特的、自由的行动和神态:"宋元君将画图,众史皆至,受揖而立;舐笔和墨,在外者半。有一史后至者,儃儃然不趋,受揖不立,因之舍。公使人视之,则解衣般礴裸。"② 庄子旨在说明真正的画家要按照自己的"性情"也就是"自然之性"(成玄英疏)去创作,要敢于表现自己的真实情感,表现自己独特的个性。清人方薰在《山静居画论》中,借用《庄子》这个故事形容画家"欲画时如何解衣般礴"的神态,并指出"尝有画者之意,题者发之,如蒙庄(庄子)之形容画史,非深知画者不能道"③。清人王士禛在《渔洋诗话》中引用《庄子》这段故事之后,强调指出"诗文须悟此旨",以说明作家一定要表现自己"自得"的兴会。一部《庄子》,处处表现了庄子放纵不羁、逍遥遨游的风格。刘熙载曾说:"文之神妙,莫过于能飞。庄子之言鹏曰'怒而飞',今观其文,无端而来,无端而去,殆得'飞'之机者。"④ 又说"《庄子》放纵","缥缈奇变,乃如风行水上,自然成文也"。⑤ 总之,庄子是处处强调天然、反对人为的。但是,庄子在主张自然朴素、反对雕削取巧的同时,反对一切雕饰。基于这样的思想,所以他认为

---

① 庄子·马蹄. 郭庆藩,撰. 庄子集释:卷四(中). 王孝鱼,点校. 北京:中华书局,1961:330.
② 庄子·田子方. 郭庆藩,撰. 庄子集释:卷七(下). 王孝鱼,点校. 北京:中华书局,1961:719.
③ 方薰. 山静居画论:卷上//于安澜,编. 画论丛刊. 下卷. 香港:中华书局香港分局,1977:444.
④ 刘熙载,撰. 艺概:卷一. 上海:上海古籍出版社,1978:8.
⑤ 刘熙载,撰. 艺概:卷一. 上海:上海古籍出版社,1978:9.

"百年之木，破为牺尊，青黄而文之"①，虽然是最为华美的，然而它已"失性"②，失去了木的本性，已不具有自然朴素之美了。他还说："纯朴不残，孰为牺尊！白玉不毁，孰为珪璋！"③ 经过人为的雕饰后的"牺尊"和"珪璋"，乃是对于"纯朴"和"白玉"的"残"、"毁"，是对于自然朴素之美的破坏，"夫残朴以为器，工匠之罪也"④。这种思想太片面、太绝对了，是不符合人类文化发展的规律的。

不可讳言，庄子基于他的社会理想，企图把历史拉向后退，主张回到"自然"的"浑沌"时代，他把提倡自然朴素和封建权贵所提倡的文化对立起来，因而他认为人类文化学术的发展，是造成"天下大乱"⑤ 的原因，于是他反对和否定人类文化学术的发展："绝圣弃知，大盗乃止……擢乱六律，铄绝竽瑟，塞瞽旷之耳，而天下始人含其聪矣；灭文章，散五采，胶离朱之目，而天下始人含其明矣。"⑥

但是，庄子崇尚自然朴素、反对雕饰的思想，对后代文学家和文艺批评家产生过很大的影响。有些文艺家和文艺批评家从庄子的论述中吸取了美学思想资料，加以改造，作为自己文艺思想和美学思想的组成部分，作为冲破形式主义和唯美主义的束缚、主张思想解放的战斗武器。如南朝时代的刘勰就曾举起"自然会妙"⑦ 的

---

① 庄子·天地//郭庆藩，撰. 庄子集释：卷五（上）. 王孝鱼，点校. 北京：中华书局，1961：453.
② 庄子·天地//郭庆藩，撰. 庄子集释：卷五（上）. 王孝鱼，点校. 北京：中华书局，1961：453.
③ 庄子·马蹄//郭庆藩，撰. 庄子集释：卷四（中）. 王孝鱼，点校. 北京：中华书局，1961：336.
④ 庄子·马蹄//郭庆藩，撰. 庄子集释：卷四（中）. 王孝鱼，点校. 北京：中华书局，1961：336.
⑤ 庄子·胠箧//郭庆藩，撰. 庄子集释：卷四（中）. 王孝鱼，点校. 北京：中华书局，1961：359.
⑥ 庄子·胠箧//郭庆藩，撰. 庄子集释：卷四（中）. 王孝鱼，点校. 北京：中华书局，1961：353.
⑦ 刘勰. 文心雕龙·隐秀//刘勰，著. 文心雕龙注：卷八. 范文澜，注. 北京：人民文学出版社，1958：633.

旗帜，反对"雕削取巧"①的形式主义文风。唐代大诗人李白倡导"清水出芙蓉，天然去雕饰"②的清新自然之美，他还直接引用《庄子》"丑女效颦"和"邯郸学步"的典故来抨击雕章琢句、丧失自然朴素之美的倾向："丑女来效颦，还家惊四邻。寿陵失本步，笑杀邯郸人。一曲斐然子，雕虫丧天真。"③（《古风五十九首·其三十五》）明人陆时雍在《诗镜总论》中，也明确主张自然之美。他反对"雕刻太甚"，赞赏"自然之色"、"天然之趣"。他说："语云，已雕已琢，复归于朴"，"惟是天然者可爱"。

四　"道通为一"与"美恶有间"

庄子在阐述属于美学范畴的美与丑之间的关系时，明显地表现了他美学思想中的矛盾。一方面，他认为美与丑"道通为一"，是没有质的区别的，是没法认识的；另一方面，他又说"美恶有间"是有区别的，是可以认识的。但总的来说，庄子在解释美与丑的关系问题上，主要表明了他的相对主义和不可知论。

在庄子看来，美与丑的性质是相对的，是没有确定的质的区别的，因而它们的性质是没法认识的。庄子说："故为是举莛与楹，厉与西施，恢恑憰怪，道通为一。其分也，成也；其成也，毁也。凡物无成与毁，复通为一。"④庄子认为一种事物的分散也就是合成，合成也就是毁灭，因而成也就是毁，毁也就是成，其结果总是一样的。那么丑陋的"厉"与美丽的西施，从"道"的观点看来，都是通而为"一"

---

① 刘勰. 文心雕龙·隐秀//刘勰, 著. 文心雕龙注：卷八. 范文澜, 注. 北京：人民文学出版社 1958：633.
② 李白. 经乱离后, 天恩流夜郎, 忆旧游书怀赠江夏韦太守良宰//李太白全集：卷十一. 王琦, 注. 北京：中华书局, 1977：574.
③ 李白. 古风五十九首·其三十五//李太白全集：卷二. 王琦, 注. 北京：中华书局, 1977：133.
④ 庄子·齐物论//郭庆藩, 撰. 庄子集释：卷一（下）. 王孝鱼, 点校. 北京：中华书局, 1961：69—70.

的。美与丑是没有区别的，它们最后都是一样的。我们说，美与丑的性质有其相对性的一面，这是对的。但美与丑都有质的规定性，美毕竟不是丑，不能把美与丑混淆等同起来。庄子否定了事物的质的规定性，片面地夸大了事物的质的相对性，结果就完全抹煞了美与丑的差别和矛盾，从而完全取消了美与丑的对立统一关系，实际上也就从根本上否定了美与丑的客观存在。

在庄子看来，人们的审美能力也是相对的，没有客观标准，因而是不可能认识美与丑的。庄子说："毛嫱丽姬，人之所美也；鱼见之深入，鸟见之高飞，麋鹿见之决骤。四者孰知天下之正色哉？"① 庄子在这里提出了到底应以什么（人、鱼、鸟、麋鹿）来作为衡量美与不美的标准问题。庄子回答说："自我观之，仁义之端，是非之涂，樊然殽乱，吾恶能知其辩！"② 这就是说美与不美，人们的认识是没法判断的。庄子又说："其美者自美，吾不知其美也；其恶者自恶，吾不知其恶也。"③ 这就是说人们对美与丑的不同看法，人们在审美观念上的差别，是没有一个客观标准来分辨和判断谁是谁非的。庄子又说："故万物一也，是其所美者为神奇，其所恶者为臭腐；臭腐复化为神奇，神奇复化为臭腐。故曰'通天下一气耳'。圣人故贵一。"④ 郭象注云："各以所美为神奇，所恶为臭腐耳。然彼之所美，我之所恶也；我之所美，彼或恶之。故通共神奇，通共臭腐耳，死生彼我岂殊哉！"⑤ 庄子的意思是说不同的审美观念、美丑观点，其是非是没法分辨清楚的。诚然，由于人们的阶级地位、审美趣味、生活经历、文化教养等不同，因而对事物的审美观点会出现差

---

① 庄子·齐物论//郭庆藩，撰. 庄子集释：卷一（下）. 王孝鱼，点校. 北京：中华书局，1961：93.
② 庄子·齐物论//郭庆藩，撰. 庄子集释：卷一（下）. 王孝鱼，点校. 北京：中华书局，1961：93.
③ 庄子·山木//郭庆藩，撰. 庄子集释：卷七（上）. 王孝鱼，点校. 北京：中华书局，1961：699.
④ 庄子·知北游//郭庆藩，撰. 庄子集释：卷七（下）. 王孝鱼，点校. 北京：中华书局，1961：733.
⑤ 郭象.《庄子·知北游》注//郭庆藩，撰. 庄子集释：卷七（下）. 王孝鱼，点校. 北京：中华书局，1961：733.

异。但是检验审美观点的是非的客观标准是存在的,那就是社会实践,通过社会实践就能检验和判断谁是谁非。

庄子一方面竭力论证美与丑是"齐一"的,没有差别的;而另一方面他又说"美恶有间",是有区别的。他说:"百年之木,破为牺尊,青黄而文之,其断在沟中。比牺尊于沟中之断,则美恶有间矣,其于失性一也。"① 这就是说"青黄而文之"的"牺尊"是美的,被弃置"沟中之断"是丑的,美与丑是有区别的。庄子在《天运》篇中讲的"丑女效颦"的故事,实际上指出了美女西施与邻里丑人是不相同的。对于邻里丑人"捧心而颦其里"的行为,"富人见之,坚闭门而不出,贫人见之,挈妻子而去走"②。可见西施的美与邻里丑人的丑,是客观存在着的,是可以认识的。庄子在《天地》篇中还说:"厉之人夜半生其子,遽取火而视之,汲汲然唯恐其似己也。"③ 这就是说,丑人也希望改丑从美。可见,美与丑是有差别的,是不能混同的。

庄子在《至乐》篇中说:"咸池九韶之乐,张之洞庭之野,鸟闻之而飞,兽闻之而走,鱼闻之而下入,人卒闻之,相与还而观之。鱼处水而生,人处水而死,彼必相与异,其好恶故异也。"④ 庄子在这里指出了人与鸟、兽、鱼等动物的生活是相异的,对于《咸池》《九韶》的音乐之美,人们是能够欣赏的,"相与还而观之";但音乐对于动物来说,只能是一种令它们惊恐的响声,使它们逃走,这是人与动物的"好恶故异"。可见,不能因为鸟、兽、鱼不能欣赏音乐之美,而否定《咸池》《九韶》的音乐之美,否定人们能够对这种音乐之美做出审美判断。这就违背了庄子在

---

① 庄子·天地//郭庆藩,撰. 庄子集释:卷五(上). 王孝鱼,点校. 北京:中华书局,1961:453.
② 庄子·天运//郭庆藩,撰. 庄子集释:卷五(下). 王孝鱼,点校. 北京:中华书局,1961:515.
③ 庄子·天地//郭庆藩,撰. 庄子集释:卷五(上). 王孝鱼,点校. 北京:中华书局,1961:450.
④ 庄子·至乐//郭庆藩,撰. 庄子集释:卷六(下). 王孝鱼,点校. 北京:中华书局,1961:621.

《齐物论》中所得出的结论：对于毛嫱丽姬之美做出审美判断是没有客观标准的。实践证明，只有人类才具有审美能力，才能对事物（包括自然事物、社会事物、艺术作品）做出审美判断，而没有思维的动物是没有这种审美能力的。庄子既已肯定了"毛嫱丽姬，人之所美"，又以没有思维的动物对毛嫱丽姬的反应来否定毛嫱丽姬之美，这就是以人和动物不同的类来说明相同的类。庄子从"齐物"的观点出发把万物视为"齐一"，没有什么类和不类的问题，因而把人、动物相提并论，以"齐物"引出事物无类（无差别），又以事物无类来论证"齐物"，从而得出了荒谬的结论。

综上所述，可以看到，庄子的美学思想存在着十分复杂的情况，他的美学思想无疑是唯心主义的，然而在他的论述中却包含着某些合理的成分。在《庄子》中有着丰富的思想资料，不少论述、寓言，很有启发性，可以引申出一些与文艺创作和美学有关的见解。并且，庄子的美学思想对后代不少文艺家和文艺理论批评家产生过很深的影响（包括积极的和消极的影响）。我们应该以马列主义、毛泽东思想为指导，分析研究庄子的美学思想，取其精华，去其糟粕，为繁荣和发展我国的文艺创作和美学研究服务。

1980 年 2 月

（原载《四川师范大学学报》1980 年第 3 期，后收入"高等院校社会科学学报论丛"：《复旦学报》〈社会科学版〉编辑部编《中国古代美学史研究》，复旦大学出版社 1983 年 7 月版）

桓谭美学思想发微

桓谭（约前23—56），字君山，沛国相（今安徽宿州市符离集西北）人，是东汉初年著名的唯物主义哲学家。他对音律也很有研究，又是音乐家。著有《新论》一书，但该书到唐末或宋初就遗失了。清人孙冯翼从群书中辑录了《新论》的一些片段，成为《桓子新论》。此书在东汉时期影响很大，对后世也产生过深远的影响。他在哲学上的主要贡献是反对谶纬迷信和在形神问题上的唯物主义理论，在审美理论上也提出过一些值得重视的意见。

一

我国古代的文学艺术家，在文艺创作上积累了十分丰富而宝贵的经验，一些文艺理论批评家在总结这些经验的基础上，提出了具有我国民族特点的文艺理论和美学理论，这些理论在我国文艺理论批评史和美学思想发展史上产生过不同程度的影响，有的至今仍然具有重要的参考价值。桓谭的"伏习象神"说，就是关于文艺创作的一个重要理论。

据《后汉书·桓谭冯衍列传》记载,桓谭"博学多通",是一位贯通古今,学识渊博,不为流俗所囿的思想家、理论家。他不仅"能文章",有很高的文学修养,而且"嗜倡乐","好音律,善鼓琴",有很高的艺术修养。桓谭是根据自己的艺术实践,并在总结前人的创作经验的基础上提出"伏习象神"说的。他说:"扬子云工于赋,王君大习兵器。余欲从二子学。子云曰:'能读千赋则善赋。'君大曰:'能观千剑则晓剑。'谚曰:'伏习象神,巧者不过习者之门'。"① 所谓"伏习象神"就是文学艺术家专心致志地、坚持不懈地进行创作实践,领会和掌握创作规律,获得熟练的艺术技巧,从而使创作达到得心应手、出神入化的境地。(《易·系辞下》:"象也者,像此者也。"② 疏:"言象此物之形状也。"③ 《易·系辞上》:"阴阳不测之谓神。"④ 王弼注:"神也者,变化之极,妙万物而为言,不可以形诘者也。"⑤ 据此,"象神"乃指文艺家的创作似神一样的高超,即达到了一种神妙之境。)桓谭引用扬雄"能读千赋则善赋"、王君大"能观千剑则晓剑"、成少伯"音不通千曲以上,不足以为知音"⑥ 这些论断,生动而深刻地说明了文艺家加强创作实践的重要性。从"通千曲"到"知音",从"观千剑"到"晓剑",从"读千赋"到"善赋",就是一个不断学习、不断实践、不断提高,从而使创作达到神化境界的过程,也就是"伏习象神"的过程。"能读千赋则善赋"是文艺创作和欣赏的一条重要规律。桓谭认识到"能读""赋"与"善赋"之间存在着十分密切的关系。"能读""赋"是说艺术家

---

① 桓谭. 新论·道赋//全后汉文:卷十五//严可均,校辑. 全上古三代秦汉三国六朝文. 北京:中华书局,1958:550.
② 周易·系辞下//周易正义:卷八//王弼,韩康伯,注. 孔颖达,等,正义. 阮元,校刻. 十三经注疏. 北京:中华书局,1980:86.
③ 周易·系辞下//周易正义:卷八//王弼,韩康伯,注. 孔颖达,等,正义. 阮元,校刻. 十三经注疏. 北京:中华书局,1980:86.
④ 周易·系辞上//周易正义:卷七//王弼,韩康伯,注. 孔颖达,等,正义//阮元,校刻. 十三经注疏. 北京:中华书局,1980:78.
⑤ 易·系辞上//周易正义:卷七//王弼,韩康伯,注. 孔颖达,等,正义. 阮元,校刻. 十三经注疏. 北京:中华书局,1980:78.
⑥ 桓谭. 新论·琴道//全后汉文:卷十五//严可均,校辑. 全上古三代秦汉三国六朝文. 北京:中华书局,1958:553.

对前人的优秀作品有很强的分析和鉴赏能力，能识别这些作品的优点和长处，能领会这些作品所开拓的艺术境界。有此能力，才能吸取前人的创作经验，提高自己的创作水平，进而使自己达到"善赋"（进行创作或欣赏）的境地。那么，如何做到"能读""赋"呢？那就是要"读千赋"，广泛地大量学习前人的优秀作品，深入地进行比较研究，才能提高分析和鉴赏的水平，也才能在学习吸取前人创作经验的基础上有所创新，使自己的创作达到神化之境。齐梁时代著名的文学理论批评家刘勰在强调作家要"博观"[1]，要广泛地进行观察、研究、分析，特别要通晓艺术的规律和方法，加强创作实践，才有可能写出思想内容真实而深刻、文辞精炼而优美的作品时，就曾用"操千曲而后晓声，观千剑而后识器"[2] 来说明加强艺术修养和创作实践的重要性。这显然是受了桓谭的启示和影响。

在我国古代文艺理论批评史和美学思想史上，桓谭是第一个把"神"字引入文艺理论和审美理论，使它具有了美学意义。诚然，先秦时代的庄子，曾用"神"这个概念来阐明某种技艺可以达到一种神化境界的道理。他关于"庖丁解牛"[3]、"佝偻承蜩"[4]、"梓庆为鐻"[5]、"吕梁丈夫蹈水"[6]、"运斤成风"[7] 等寓言故事，说明掌

---

[1] 刘勰. 文心雕龙·知音. 刘勰，著. 文心雕龙注：卷十. 范文澜，注. 北京：人民文学出版社，1958：714.
[2] 刘勰. 文心雕龙·知音. 刘勰，著. 文心雕龙注：卷十. 范文澜，注. 北京：人民文学出版社，1958：714.
[3] 庄子·养生主//郭庆藩，撰. 庄子集释：卷二（上）. 王孝鱼，点校. 北京：中华书局，1961：117—119.
[4] 庄子·达生//郭庆藩，撰. 庄子集释：卷七（上）. 王孝鱼，点校. 北京：中华书局，1961：639.
[5] 庄子·达生//郭庆藩，撰. 庄子集释：卷七（上）. 王孝鱼，点校. 北京：中华书局，1961：658.
[6] 庄子·达生//郭庆藩，撰. 庄子集释：卷七（上）. 王孝鱼，点校. 北京：中华书局，1961：656.
[7] 庄子·徐无鬼//郭庆藩，撰. 庄子集释：卷八（中）. 王孝鱼，点校. 北京：中华书局，1961：843.

握一种技艺应该"用志不分,乃凝于神"①,从而使技艺达到"得之于手而应于心"②,也就是出神入化的境地。不过庄子讲的是技艺,而不是文艺。在庄子那里,"神"还不是美学概念。桓谭在庄子的启示之下,用"神"这个概念来阐述文艺创作,使"神"这个概念具有了美学意义,这是对我国古代文艺理论和美学理论的一个重要贡献。

二

在审美理论中,审美主体与审美客体的关系问题,是一个十分重要的问题。人们进行审美活动,离不开审美主体的审美感受与审美客体的审美特性的相互作用。诚然,审美对象应该具有某种审美特征,具有某种美感力量,才能引起欣赏者的美感。另一方面,只有当欣赏者具有对某种审美客体的相应的审美能力时,他才能感受到审美对象的审美特征。我国古代的文艺理论批评家曾对此进行过探讨。据《后汉书·桓谭冯衍列传》记载,桓谭"父成帝时为太乐令。谭以父任为郎,因好音律,善鼓琴","性嗜倡乐","莽时为掌乐大夫"。可见,桓谭的音乐修养很高,对乐论有深入的研究。他在《新论·琴道》中通过一件具体的事例("雍门周为孟尝君鼓琴"),对审美客体的审美特征与审美主体的审美感受之间的关系,做了比较深入的探索。

桓谭在实际上讲明了一个道理:审美对象具有了某种审美特征,诸如自然界的"飞鸟之号,秋风鸣条",音乐家"援琴而太息"所发出的叹息之声,要能引起审美

---

①庄子·达生//郭庆藩,撰. 庄子集释:卷七(上). 王孝鱼,点校. 北京:中华书局,1961:641.
②庄子·天道//郭庆藩,撰. 庄子集释:卷五(中). 王孝鱼,点校. 北京:中华书局,1961:491.

者的审美感受，为之"伤心"，为之"凄恻而涕泣"①，就必须要求审美者具有相应的审美条件，特别是需要有与审美对象的审美特征相适应的心理条件，那就是生活经历的悲苦以及所形成的悲伤的"心境"："先贵而后贱，昔富而今贫，摈压穷巷，不交四邻"；"身材高妙，怀质抱真，逢谗罹谤，怨结而不得信"，"交欢而结爱，无怨而生离，远赴绝国，无相见期"，"幼无父母，壮无妻儿，出以野泽为邻，入用掘穴为家，困于朝夕，无所假贷"②，等等，这种人的生活经历是痛苦的，由此而形成的"心境"是忧伤的，"若此人者，但闻飞鸟之号，秋风鸣条，则伤心矣"，"为之援琴而太息，未有不凄恻而涕泣者也"③。

  桓谭还指出，孟尝君养尊处优，"居则广厦高堂，连闼洞房"，整日"倡优在前，谄谀侍侧，扬激楚、舞郑妾，流声以娱耳，练色以淫目"，"水戏"与"野游"则"置酒娱乐，沉醉忘归"，方此之时，"视天地曾不若一指"④，把一切都看得很渺小，可以随心所欲，放纵淫乐，因此，虽有"善鼓琴"，也不能使孟尝君为之感动。这就从另一个角度说明了一个道理，审美对象的审美特征是客观存在的，但如果审美者没有与之相适应的心理条件，就不能感受到审美对象的美。这从心理学的角度来说，主要就是"心境"问题。心理学家认为："心境是一种使人的一切其他体验和活动都感染上情绪色彩的、比较持久的情绪状态。心境不是关于某一事物的特定的体验，它具有弥散性的特点。当一个人处于某种心境中，他往往以同样的情绪状态看待一切事物。良好的心境使人在待人接物中发生兴味，易于处理；不良的心境使人感到

---

① 桓谭. 新论. 琴道//全后汉文：卷十五//严可均，校辑. 全上古三代秦汉三国六朝文. 北京：中华书局，1958：552.
② 桓谭. 新论. 琴道//全后汉文：卷十五//严可均，校辑. 全上古三代秦汉三国六朝文. 北京：中华书局，1958：552.
③ 桓谭. 新论. 琴道//全后汉文：卷十五//严可均，校辑. 全上古三代秦汉三国六朝文. 北京：中华书局，1958：552.
④ 桓谭. 新论. 琴道//全后汉文：卷十五//严可均，校辑. 全上古三代秦汉三国六朝文. 北京：中华书局，1958：552.

凡事枯燥无味，容易被激怒，遇到困难也难以克服。"① "心境"作为一种比较持久的情绪状态，它使人们的一切其他体验都感染上持久的情绪色彩，因此，当审美者所怀的心境是痛苦和忧虑的时候，美的事物或事物的美就不会引起他的愉快的感情；当审美者所怀的心境是愉快而欢乐的时候，令人悲痛的审美对象也不会引起他的悲痛和忧愁的感情。当雍门周对孟尝君晓之以理，动之以情，使他通过联想，认识"天道不常盛，寒暑更进退，千秋万岁之后，宗庙必不血食。高台既以倾，曲池又已平，坟墓生荆棘，狐兔穴其中"②，懂得骄奢逸乐可能得到的可悲结局，从而使孟尝君的内心酝酿着忧恐的情绪，造成一种忧恐的"心境"，于是，"喟然太息，涕泪承睫而未下"③，当此之时，雍门周引琴鼓之，弹出悲伤的曲调，音乐中的国破家亡之情使孟尝君感同身受，涕泪交流。

三

在汉代，由于统治者的提倡，今文经学和谶纬神学相结合所形成的儒教神学及神仙思想，成为当时的统治思想。在这种神学思想渗透之下所形成的神学唯心主义美学思想相当泛滥。④ 桓谭、王充等人对于欺骗人民的神学迷信以及神学美学思想进行了有力的批判。

《后汉书·桓谭冯衍列传》记载，桓谭"以父任为郎，因好音律，善鼓琴。博学多通，遍习《五经》，皆诂训大义，不为章句。能文章，尤好古学，数从刘歆、杨雄

---

① 曹日昌，主编. 普通心理学. 下册. 北京：人民教育出版社，1980：69.
② 桓谭. 新论·琴道//全后汉文：卷十五//严可均，校辑. 全上古三代秦汉三国六朝文. 北京：中华书局，1958：553.
③ 桓谭. 新论·琴道//全后汉文：卷十五//严可均，校辑. 全上古三代秦汉三国六朝文. 北京：中华书局，1958：553.
④ 施昌东. 论汉代的神学与美学//古代文学理论研究编委会，编. 古代文学理论研究. 第2辑. 上海：上海古籍出版社，1980.

辩析疑异"①。所谓"古学",指古文经学。汉时解释先秦经典,分为今文经学和古文经学两派。今文经是用秦以来通用的文字写成的,被立为官学,至西汉末期与谶纬迷信结合,成为神学经学。古文经是用秦以前六国文字写成的,它的一个显著特点,是反对谶纬神学。从这里可以看到桓谭的唯物主义世界观。桓谭指出,那些宣扬"天人感应"、"君权神授"的神学都是"虚言"②,是人"妄复加增依托"③的。他明确宣称:"今诸巧慧小才伎数之人,增益图书,矫称谶记,以欺惑贪邪,诖误人主,焉可不抑远之哉?"④他还严厉地批判神仙思想:"无仙道,好奇者为之。"⑤基于这样的唯物主义世界观,桓谭也就从根本上反对了神学美学思想。由于《新论》原书早佚,桓谭的唯物主义美学主张的全貌,已无从考察。但从王充对桓谭的高度赞扬中,可以窥见桓谭的某些见解。王充说:桓谭《新论》"论世间事,辩照然否,虚妄之言,伪饰之辞,莫不证定"⑥。"世间为文者众矣,是非不分,然否不定,桓君山论之,可谓得实矣。论文以察实,则君山汉之贤人也。"⑦"众事不失实,凡论

---

①桓谭冯衍列传//范晔,撰. 李贤,等,注. 后汉书:卷二十八. 北京:中华书局,1965:955.
②桓谭. 新论·辨惑//全后汉文:卷十五//严可均,校辑. 全上古三代秦汉三国六朝文. 北京:中华书局,1958:551.
③桓谭. 新论·启寤//全后汉文:卷十四//严可均,校辑. 全上古三代秦汉三国六朝文. 北京:中华书局,1958:544.
④桓谭冯衍列传//范晔,撰. 李贤,等,注. 后汉书:卷二十八. 北京:中华书局,1965:960.
⑤桓谭. 新论·辨惑//全后汉文:卷十五//严可均,校辑. 全上古三代秦汉三国六朝文. 北京:中华书局,1958:550.
⑥王充. 论衡·超奇//王充,撰. 论衡校释:卷十三. 黄晖,校释. 北京:中华书局,1990:609.
⑦王充. 论衡·定贤//王充,撰. 论衡校释:卷二十七. 黄晖,校释. 北京:中华书局,1990:1122.

不坏乱，则桓谭之论不起。"① 可见，桓谭同王充一样，是"疾虚妄"②，主张"务实诚"③、"归实诚"④ 的。王充主张"真美"⑤、反对"虚妄之美"⑥ 的美学思想，显然是受了桓谭的启示和影响。桓谭明确指出："文家各有所慕，或好浮华而不知实核，或美众多而不见要约。"⑦ 可见，桓谭在美学思想上是反对"好浮华"而主张"实核"的。

汉代神学家把"郑卫之音"看作是"邪僻"的"淫色之声"⑧。桓谭却一反汉代神学家的观点，明确宣称自己的美学观点："余颇离雅乐而更为新弄"⑨，"控揭不如流郑之乐"⑩。扬雄也说他"不好雅颂而悦郑声"⑪。《后汉书·宋弘传》记载，桓谭因宋弘推荐而"拜议郎、给事中"，"帝每宴辄令鼓琴，好其繁声。弘闻之不悦，悔于荐举"，后宋弘指责桓谭"数进郑声以乱雅颂，非忠正者也"。可见，桓谭"离雅乐而更为新弄"的美学观点是十分鲜明的。

---

① 王充. 论衡·对作//王充，撰. 论衡校释：卷二十九. 黄晖，校释. 北京：中华书局，1990：1178.
② 王充. 论衡·佚文//王充，撰. 论衡校释：卷二十. 黄晖，校释. 北京：中华书局，1990：870.
③ 王充. 论衡·对作//王充，撰. 论衡校释：卷二十九. 黄晖，校释. 北京：中华书局，1990：1184.
④ 王充. 论衡·对作//王充，撰. 论衡校释：卷二十九. 黄晖，校释. 北京：中华书局，1990：1177.
⑤ 王充. 论衡·对作//王充，撰. 论衡校释：卷二十九. 黄晖，校释. 北京：中华书局，1990：1179.
⑥ 王充. 论衡·书虚//王充，撰. 论衡校释：卷四. 黄晖，校释. 北京：中华书局，1990：190.
⑦ 刘勰，著. 文心雕龙注：卷六. 范文澜，注. 北京：人民文学出版社，1958：531.
⑧ 陈立，撰. 白虎通疏证：卷三. 吴则虞，点校. 北京：中华书局，1994：97.
⑨ 桓谭. 新论·离事//全后汉文：卷十五//严可均，校辑. 全上古三代秦汉三国六朝文. 北京：中华书局，1958：549.
⑩ 桓谭. 新论·启寤//全后汉文：卷十四//严可均，校辑. 全上古三代秦汉三国六朝文. 北京：中华书局，1958：544.
⑪ 桓谭. 新论·离事//全后汉文：卷十五//严可均，校辑. 全上古三代秦汉三国六朝文. 北京：中华书局，1958：549.

桓谭在《新论·求辅》中说："贾谊不左迁失志，则文彩不发。……扬雄不贫，则不能作《玄》、《言》。"① 他已意识到文学创作与作家的生活经历及其对生活体验有密切的关系。桓谭的这种看法显然是受了司马迁"发愤著书"②说的影响。桓谭还说："余少时，好《离骚》，博观他书，辄欲反学。"③《离骚》是我国文学史上具有浓厚的浪漫主义精神和特色的诗篇。桓谭喜读《离骚》，说明他向往和崇尚屈原的革新、图强的政治思想和屈原在黑暗、混浊的政治环境中所表现的崇高品质，喜爱屈原作品的艺术风格和表现方法，鲜明地表明了他的审美趣味，同时也寄托了他的思想和抱负，表达了他的愤懑之情。桓谭在王莽时期做过掌乐大夫，光武帝时做了议郎给事中。他不满当时的政治，曾经上疏要求改革，但没有得到当权者的采纳。后来又上疏光武帝，要求禁止谶纬迷信，同样遭到拒绝。中元元年，光武帝建灵台，公布图谶于天下，他再次反对，"极言谶之非经"，因而触怒光武帝，说他"非圣无法"，要拿他斩首，他"叩头流血，良久乃得解"，才免于死。④

桓谭还批判了汉代神学家鼓吹的复古主义美学思想。他指出："世咸尊古卑今，贵所闻、贱所见。"⑤ 而且他明确指出，事物是不断发展、不断改进的，艺术也是不断加工、由粗而细的。"夫不翦之屋，不如阿房之宫。不琢之椽，不如磨砻之桷。玄酒不如苍梧之醇。控揭不如流郑之乐。"⑥ 这些思想对后来的王充、曹丕、葛洪、萧统、刘勰等人都产生过不同程度的影响。

---

① 桓谭. 新论·求辅//全后汉文：卷十三//严可均，校辑. 全上古三代秦汉三国六朝文. 北京：中华书局，1958：539.
② 参见：司马迁. 史记：卷一百三十. 北京：中华书局，1959：3300.
③ 桓谭. 新论·道赋//全后汉文：卷十五//严可均，校辑. 全上古三代秦汉三国六朝文. 北京：中华书局，1958：550.
④ 桓谭冯衍列传//范晔，撰. 李贤，等，注. 后汉书：卷二十八. 北京：中华书局，1965：961.
⑤ 桓谭. 新论·闵友//全后汉文：卷十五//严可均，校辑. 全上古三代秦汉三国六朝文. 北京：中华书局，1958：551.
⑥ 桓谭. 新论·启寤//全后汉文：卷十四//严可均，校辑. 全上古三代秦汉三国六朝文. 北京：中华书局，1958：544.

桓谭还提出了五色"皆以其色为地，四色文饰之"和五声"各以其声为地，而用四声文饰之"的思想。① 这种见解体现了多样统一的美学原则。这是对先秦美学思想的继承。《尚书·尧典》说："八音克谐，无相夺伦，神人以和。"② 这就表明了多样统一的思想。《易·系辞》说："物相杂故曰文。"③《礼记·乐记》说："五色成文而不乱。"④ 这些都是讲文采之美是群色形成统一和谐的结果。在桓谭之后，葛洪讲"单弦不能发《韶》、《夏》之和音，孑色不能成衮龙之玮烨"⑤，"五色聚而锦绣丽，八音谐而箫韶美"⑥。刘勰也讲"五色杂而成黼黻，五音比而成韶夏"⑦，"五色之锦，各以本采为地矣"⑧。他们讲的也是多样统一的美学原则。从这一点上可以看到桓谭在中国美学思想发展史上起到了承先启后的作用。

1981 年 9 月

（原载《固原师专学报》〈社会科学版〉1981 年第 2 期）

---

① 桓谭. 新论·离事//全后汉文：卷十五//严可均，校辑. 全上古三代秦汉三国六朝文. 北京：中华书局，1958：549.
② 虞书·舜典第二//尚书正义：卷三. 孔安国，传. 孔颖达，等，正义//阮元，校刻. 十三经注疏. 北京：中华书局，1980：131.
③ 周易·系辞下//周易正义：卷八. 王弼，韩康伯，注. 孔颖达，等，正义//阮元，校刻. 十三经注疏. 北京：中华书局，1980：90.
④ 乐记·乐记//礼记正义：卷三十八. 郑玄，注. 孔颖达，等，正义. 阮元，校刻. 十三经注疏. 北京：中华书局，1980：1536.
⑤ 葛洪. 抱朴子·外篇·交际//葛洪，撰. 抱朴子外篇校笺. 上册. 杨明照，校笺. 北京：中华书局，1991：439.
⑥ 葛洪. 抱朴子·外篇·喻蔽//葛洪，撰. 抱朴子外篇校笺. 下册. 杨明照，校笺. 北京：中华书局，1991：433.
⑦ 刘勰. 文心雕龙·情采//刘勰，著. 文心雕龙注：卷七. 范文澜，注. 北京：人民文学出版社，1958：537.
⑧ 刘勰. 文心雕龙·定势//刘勰，著. 文心雕龙注：卷六. 范文澜，注. 北京：人民文学出版社，1958：530.

王弼美学思想蠡测

王弼（226—249），字辅嗣，是魏晋玄学唯心主义的主要开创者之一，他对中国古代典籍（诸如《老子》、《周易》）的注释和研究，一反两汉以来经学家那种离经辩句的烦琐作风，抛弃了其中阴阳灾异和谶纬之学，注重义理的分析和抽象的思辨。这是对两汉以来神学目的论和烦琐经学形式的一个否定，是思想上的一个解放，是思辨哲学的一个发展。在中国古代哲学思想和理论思维的发展过程中魏晋玄学是一个重要环节，王弼则是这个环节中的代表人物之一。他的著作中的某些论点对后来的文艺创作、文艺理论和美学思想的发展都产生过重要影响。

一

在中国古代美学思想发展史上，王弼是最早明确指出喜爱和追求美是人的本性的人。他说："美者，人心之所进乐（《古逸丛书》本作"乐进"——引者注）也；

恶者，人心之所恶疾也。"① 这就是说，人心是"乐进"美而"恶疾"丑的。人类在长期的社会实践主要是生产劳动实践中创造了美，创造了能够欣赏美的感觉器官，培养、发展、丰富了欣赏美的能力，也就是创造了一个"懂得艺术和能够欣赏美的大众"②；同时，人类在社会实践中，又"按照美的规律来塑造物体"③，因而，"照天性来说，人都是艺术家。他无论在什么地方，总是希望把'美'带到他的生活中去"④。人类文化史上的无数事实证明，人类的本性就是喜爱美和追求美的。诚然，关于美的观念、美的理想，总是有着鲜明的时代的、民族的、阶级的烙印，然而人心爱美是不同时代、不同民族、不同阶级都存在的一个客观事实。王弼虽然没有揭示和论证人心之所以"乐进"美的根本原因，但他明确地指出了人心"乐进"美这一客观事实，这表明他是很有见地的。当然，必须指出王弼关于美的观念、美的理想是受地主阶级的世界观所制约的。从先秦以来，我国已有许多思想家、哲学家对美的本质问题，对美与善的含义、区别和联系问题进行过哲学的思考，提出过一些发人深思的意见。王弼在吸收前人论述的基础之上，在真正思辨的、理性的哲学论证中，明确地把美与善划分为两个不同范畴。他说："美恶犹喜怒也，善不善犹是非也。"⑤ 美与丑既然是喜与怒，那美就是属于情感的范畴；善与不善既然是是与非，那善就是属于道德伦理的范畴。像这样明确指出美属于情感范畴、善属于道德范畴，在中国古代美学思想史上，王弼是最早的一人。

王弼把美归属于情感范畴，表明了他关于美的本质问题的基本态度，就是主张

---

① 王弼. 老子道德经注：上卷//王弼，著. 王弼集校释. 楼宇烈，校释. 北京：中华书局，1980：6.
② 〔德〕马克思.《政治经济学批判》导言//马克思恩格斯选集. 第2卷. 北京：人民出版社，1972：95.
③ 〔德〕马克思. 1844年经济学—哲学手稿. 刘丕坤，译. 北京：人民出版社，1979：51.
④ 〔苏联〕高尔基. 论"渺小的"人及其伟大的工作//高尔基，著. 文学论文选. 孟昌，曹葆华，译. 北京：人民文学出版社，1958：71.
⑤ 王弼. 老子道德经注：上篇//王弼，著. 王弼集校释. 楼宇烈，校释. 北京：中华书局，1980：6.

美是人的情感，是人的主观的意识形态。王弼在《周易略例·卦略》中说："观之为义，以所见为美者也。"①（孔颖达《周易正义》说："观者，王者道德之美而可观也，故谓之观。"②）"以所见为美"，是王弼的一个重要观点，表明了他对美的本质的认识。王弼的"以所见为美"，其"所见"的是什么，为什么是"美"的？王弼在《周易·观卦》注中说："王道之可观者，莫盛乎宗庙。宗庙之可观者，莫盛于盥也。"③ 王弼以"宗庙"、"盥"（指祭祀时的一种仪式）为"可观者"，而且是符合"王道"标准的。"可观者"，所以是美的。可见，王弼以能符合人的主观的道德伦理标准的事物为美。"以所见为美"还包含另一层意思，就是客观事物之所以美，是由于人们能"所见"，或者说审美客体之所以美离不开审美主体之"所见"（"所见"就有所感），要依赖和取决于审美主体之"所见"；也就是说客观事物之所以美不在事物本身（美不存在于事物本身），而在于人的主观的感觉（美存在于人的主观感觉中）。可见，王弼所说的美实际上是美感，他以主观的感受作为评价客观事物的美的尺度。在王弼现存的著作中，用"美"字的地方约四十二处，除少数"美"字是用其赞美之义或与"善"字同义外，多数都是作为美学范畴的概念来使用的，而且主要是用来指社会事物的美和道德伦理的美。如他在《周易·坤·六五》注中说："垂黄裳以获元吉，非用武者也。极阴之盛，不至疑阳，以文在中，美之至也。"④《周易·坤·六五》爻辞说："黄裳，元吉。"⑤《易经》之意，是周人认为黄裳是尊贵吉

---

① 王弼. 周易略例·卦略//王弼, 著. 王弼集校释. 楼宇烈, 校释. 北京：中华书局, 1980：618.
② 周易正义：卷三. 王弼, 韩康伯, 注. 孔颖达, 等, 正义//阮元, 校刻. 十三经注疏. 北京：中华书局, 1980：36.
③ 王弼. 周易注·观//王弼, 著. 王弼集校释. 楼宇烈, 校释. 北京：中华书局, 1980：315.
④ 王弼. 周易注·坤·六五//王弼, 著. 王弼集校释. 楼宇烈, 校释. 北京：中华书局, 1980：228.
⑤ 周易正义：卷一. 王弼, 韩康伯, 注. 孔颖达, 等, 正义//阮元校刻. 十三经注疏. 北京：中华书局, 1980：18.

祥之服，代表吉祥之征；《易传》之意，是黄裳黄裙乃内服之美，比喻人内德之美。① 王弼认为坤卦六五具有中和的品德，是至美之德。

王弼提出了"美恶同门"②、"喜怒同根"③ 的命题。什么是"同门"、"同根"？王弼哲学思想的根本观点是"以无为本"④、"举本统末"⑤，其实质就是把天地万物的特性和作用都归结为由一个共同的根本原则（"无"）所统摄，从而从根本上否定客观世界及其运动变化的真实存在。王弼说："天下之物，皆以有为生。有之所始，以无为本。将欲全有，必反于无也。"⑥ 这就是说，天地万物都是以有具体形象为存在，而有具体形象的万事万物之得以发生，是由于"无"这个根本，要使有具体形象的万事万物得以保全，就必须反回去守住万事万物的根本（"无"）。王弼又说："夫无不可以无明，必因于有，故常于有物之极，而必明其所由之宗也。"⑦ 这就是说，"无"不能够独立自明，必须通过"有"才能表现出来。因此，"无"是存在于天地万物之中，成为天地万物之所以存在的根本原则和根据。王弼又说："万物虽贵，以无为用，不能舍无以为体也。"⑧ 这就是说，天地万物不管它自身如何了不起，都不能离开"无"这个根本而发挥其作用；万事万物离开"无"并没有自身独

---

① 参阅：高亨. 周易大传今注. 济南：齐鲁书社，1979：81.
② 王弼. 老子道德经注：上篇//王弼，著. 王弼集校释. 楼宇烈，校释. 北京：中华书局，1980：43.
③ 王弼. 老子道德经注：上篇//王弼，著. 王弼集校释. 楼宇烈，校释. 北京：中华书局，1980：6.
④ 王弼. 老子道德经注：下篇//王弼，著. 楼宇烈，校释. 王弼集校释. 北京：中华书局，1980：110.
⑤ 王弼. 论语释疑·阳货//王弼，著. 王弼集校释. 楼宇烈，校释. 北京：中华书局，1980：633.
⑥ 王弼. 老子道德经注：下篇//王弼，著. 楼宇烈，校释. 王弼集校释. 北京：中华书局，1980：110.
⑦ 韩康伯，注. 周易注·附系辞上//王弼，著. 王弼集校释. 楼宇烈，校释. 北京：中华书局，1980：548.
⑧ 王弼. 老子道德经注：下篇//王弼，著. 楼宇烈，校释. 王弼集校释. 北京：中华书局，1980：94.

立的实体，它是以"无"为体的；万事万物的"体"与"用"是不能分割的，正因为万事万物以"无"为"体"，才能"以无为用"。总之，在王弼看来，"'无'和'有'只是一种本末、体用的关系。王弼所谓'本'、'体'，指根本或原则，所谓'末'、'用'指表象或作用"。"万物（'有'）所以表现出各种性能或作用，完全由于'无'这个'本'、'体'"。① 王弼所说的美恶（丑）"同门"、"同根"，也就是"以无为本"，以"无"作为共同的根本原则和根据。（在王弼那里，善与不善也是"同门"的，它们也是"以无为本"，以"无"作为共同的根本和根据的。）王弼认为"美恶同门"，因而美恶（丑）是相对相依而存在的，是不可单独偏举的："美恶犹喜怒也，善不善犹是非也。喜怒同根，是非同门，故不可得而偏举也。"② "甚美之名，生于大恶，所谓美恶同门。"③ "唯诃美恶，相去何若。"④

王弼还强调"守母以存其子，崇本以举其末"⑤，就是要以"无"为"本"和"母"来统摄天地万物及万物之美这个"末"和"子"，才能保全和发挥出天地万物及万物之美的特性与作用。因为天地万物及万物之美是有名、有形的，"名则有所分，形则有所止"⑥，"名必有所分，称必有所由。有分则有不兼，有由则有不尽；不兼则大殊其真，不尽则不可以名，此可演而明也"⑦，有名、有形的事物及事物之美的作用是很有限的，即使发挥到最大的限度，也不是完美无缺的。如果拘泥于各

---

① 楼宇烈. 王弼集校释·前言//王弼，著. 楼宇烈，校释. 王弼集校释. 北京：中华书局，1980：4—5.
② 王弼. 老子道德经注：上篇//王弼，著. 王弼集校释. 楼宇烈，校释. 北京：中华书局，1980：6.
③ 王弼. 老子道德经注：上篇//王弼，著. 王弼集校释. 楼宇烈，校释. 北京：中华书局，1980：43.
④ 王弼. 老子道德经注：上篇//王弼，著. 王弼集校释. 楼宇烈，校释. 北京：中华书局，1980：47.
⑤ 王弼. 老子道德经注：下篇//王弼，著. 王弼集校释. 楼宇烈，校释. 北京：中华书局，1980：95.
⑥ 王弼. 老子道德经注：下篇//王弼，著. 王弼集校释. 楼宇烈，校释. 北京：中华书局，1980：95.
⑦ 王弼. 老子指略//王弼，著，王弼集校释. 楼宇烈，校释. 北京：中华书局，1980：196.

自的有限的作用，则绝对不能保持和发挥自己的作用，甚至会走向反面："弃本舍母，而适其子，功虽大焉，必有不济；名虽美焉，伪亦必生"，"虽极其大，必有不周；虽盛其美，必有患忧"。① 只有不拘泥于各自的有限的形、名，"举本统末"，才能完美地发挥出巨大的作用："守母以存其子，崇本以举其末，则形名俱有而邪不生，大美配天而华不作。"②

在王弼看来，"无"不仅是天地万物及万物之美的根本和根据，而且"无"就是美的最高境界。对于这种最高境界，不管如何赞叹、歌颂，也不能表达尽它的美德和博大："是故叹之者不能尽乎斯美，咏之者不能畅乎斯弘。"③ 王弼在解释《老子》"大音希声"时指出："听之不闻名曰希。大音，不可得闻之音也。有声则有分，有分则不宫而商矣。分则不能统众，故有声者非大音也。"④ "分"之意是分位局限，是指部分，是某一部分的、具体的音乐之美；"众"是指全体，是整个的音乐之美。每一种具体的音乐之美，只是整个的音乐之美的一部分，而不是大音之全美，不是音乐之美的极境。音乐之美的最高境界是没有声音的。而这种"大音"的获得，"是道之所成也"⑤，是"道"（"无"）的体现。王弼还指出，具体的有声的音乐虽然可以"娱其耳"，"感悦人心"，给人以美感享受，然而它的作用是有限的，只有"无"（"道"）给予人的美感力量才是"不可穷极"⑥的。

在王弼看来，作为天地万物及万物之美的共同根本的"无"，又是最真实、最朴

---

① 王弼. 老子道德经注：下篇//王弼，著. 王弼集校释. 楼宇烈，校释. 北京：中华书局，1980：94、95.
② 王弼. 老子道德经注：下篇//王弼，著. 王弼集校释. 楼宇烈，校释. 北京：中华书局，1980：95.
③ 王弼. 老子指略//王弼，著. 王弼集校释. 楼宇烈，校释. 北京：中华书局，1980：196.
④ 王弼. 老子道德经注：下篇//王弼，著. 王弼集校释. 楼宇烈，校释. 北京：中华书局，1980：113.
⑤ 王弼. 老子道德经注：下篇//王弼，著. 王弼集校释. 楼宇烈，校释. 北京：中华书局，1980：113.
⑥ 王弼. 老子道德经注：上篇//王弼，著. 王弼集校释. 楼宇烈，校释. 北京：中华书局，1980：88.

素的，它是"至真之极"①，"朴，真也。真散则百行（指各种道德品行——引者注）出，殊类（指各种社会事物与自然事物——引者注）生，若器也。"② 既然"无"就是"真"，而"无"又是天地万事万物（包括"美"与"善"）的共同根本，那么，"真"则成为"美"与"善"的共同的根本和根据，美与善也只有以"真"为根本，才能发挥自己的最大作用。而且"无"是"至真之极"，是"真"的最高境界，"无"又是美与善的最高境界（《老子》四十一章注说："凡此诸善，皆是道之所成也。在象则为大象，而大象无形；在音则为大音，而大音希声。物以之成，而不见其形，故隐而无名也。"③ 因而"无"是善的根本和极境），那么，真、善、美就在"无"里得到统一。当然，这种真、善、美的统一（也就是"无"），是从根本上否定了天地万物作为客观存在的实在性的。王弼是崇尚朴质之美的。在王弼看来，"无"就是"朴"，"朴"就是一种美。他在解释《老子》"信言不美"时，指出"实在质也"；在解释"美言不信"时，指出"本在朴也"④。他在解释《易·履卦》时指出："履道恶华，故素乃无咎"⑤，"履道尚谦，不喜处盈，务在致诚，恶夫外饰者也"⑥。古人有素履，"素履无文采，质而不饰之象"⑦，以素朴为美。他在解释《易·贲·上九》时指出："处饰之终，饰终反素，故任其质素，不劳文饰，而无咎也。以白为饰，而

---

① 王弼. 老子道德经注：上篇//王弼，著. 王弼集校释. 楼宇烈，校释. 北京：中华书局，1980：53.
② 王弼. 老子道德经注：上篇//王弼，著. 王弼集校释. 楼宇烈，校释. 北京：中华书局，1980：75.
③ 王弼. 老子道德经注：下篇//王弼，著. 王弼集校释. 楼宇烈，校释. 北京：中华书局，1980：113.
④ 王弼. 老子道德经注：下篇//王弼，著. 王弼集校释. 楼宇烈，校释. 北京：中华书局，1980：192.
⑤ 王弼. 周易注·履·初九//王弼，著. 王弼集校释. 楼宇烈，校释. 北京：中华书局，1980：273.
⑥ 王弼. 周易注·履·九二//王弼，著. 王弼集校释. 楼宇烈，校释. 北京：中华书局，1980：273.
⑦ 高亨. 周易古经今注. 北京：中华书局，1984：189.

无患忧,得志者也。"① 《易·杂卦》说:"贲,无色也。"② 刘熙载《艺概》说:"白贲占于贲之上爻,乃知品居极上之文,只是本色。"③ 刘勰《文心雕龙·情采》说:"衣锦䌹衣,恶文太章,贲象穷白,贵乎反本。"④ 这都是以自然朴素的白贲作为一种美的理想。

二

鲁迅说:"曹丕的一个时代可说是'文学的自觉时代',或如近代所说是为艺术而艺术的一派。"⑤ 魏晋不仅是"文学的自觉时代",而且也是绘画、书法等艺术的自觉时代,在前人已经取得的成就的基础上,文学、艺术创作达到了相当高的水平,文学艺术理论有了新的发展。文艺家和文艺理论批评家都注意对文艺特点的研究,注意对艺术形式的探讨。当时玄学中的言意之辨,对中国古代文艺理论和审美理论的发展起了很大的促进作用。文艺是"象成"⑥,即反映再现现实生活的,是"言志"、"缘情"的(而中国古代美学思想是更侧重于表现即抒写情志的),如何用语言、笔墨等形式、技巧把情志充分地完美地表达出来,乃是文艺理论和美学理论需要回答的问题,而这个问题同魏晋玄学中的言意之辨有着非常密切的关系。文艺家和文艺理论批评家在总结前人创作理论的基础上意识到,文艺作品中的"意",不单

---

① 王弼. 周易注·贲·上九//王弼,著. 王弼集校释. 楼宇烈,校释. 北京:中华书局,1980:328.
② 韩康伯,注. 周易注·附杂卦//王弼,著. 王弼集校释. 楼宇烈,校释. 北京:中华书局,1980:588.
③ 刘熙载,撰. 艺概:卷一. 上海:上海古籍出版社,1978:45.
④ 刘勰,著. 文心雕龙注:卷七. 范文澜,注. 北京:人民文学出版社,1958:538.
⑤ 鲁迅. 魏晋风度及文章与药及酒之关系//魏晋风度及其他. 上海:上海古籍出版社,2000:188.
⑥ 礼记正义:卷三十九. 郑玄,注. 孔颖达,等,正义//阮元,校刻. 十三经注疏. 北京:中华书局,1980:1542.

指思想、概念，而更多的是指情感、想象，这些是难于用言辞、笔墨等形式完全表达出来的，要想以有限的形式表达出无限内容，就必须充分考虑和调动欣赏者的感知、想象、情感、理解等心理功能，让欣赏者从具体生动的形象中去领略体味在言辞、笔墨之外的情思和意趣。诗歌讲求言外之意，音乐讲求弦外之音，绘画讲求象外之趣，书法讲求字外之味，这是中国古代文艺创作的重要特点和审美理论的重要内容。而王弼关于"得意忘象"这个哲学中的唯心主义的命题，对于上述的文艺规律的认识和把握，同样有着很重要的启示作用。

王弼玄学唯心主义的理论特点，是企图从根本上否定客观物质世界的存在。他把天地万物等具体物象及其运动变化，仅仅看作是一种探索世界的根本的工具，而以揭示出天地万物及其运动变化以"寂然至无"① 为归宿，作为其理论的最终结论。② 王弼说："夫象者，出意者也。言者，明象者也。尽意莫若象，尽象莫若言。""然则，忘象者，乃得意者也；忘言者，乃得象者也。得意在忘象，得象在忘言。故立象以尽意，而象可忘也；重画以尽情，而画可忘也。"③ 王弼所说的"象"、"言"是指《周易》中的卦象及卦辞、爻辞，"意"是指卦象所包含的意义。"得意忘象"、"得象忘言"具有普遍的认识论和方法论上的意义，只有不执着、不拘泥于具体物象、言辞，才能真正获得其中所包含的意义。王弼的见解对于文艺创作、文艺理论的美学意义，在于要求通过有限的言辞、形象（言辞、形象都是可以穷尽的传达工具），传达出某种无限的内在意义。

王弼"得意忘象"的命题对文艺创作和审美理论曾发生过很大的影响。南齐画论家谢赫在《古画品录》中把陆探微列为第一品的第一人来评价，认为陆氏的绘画

---

① 王弼. 周易注·复·象//王弼，著. 王弼集校释. 楼宇烈，校释. 北京：中华书局，1980：337.
② 楼宇烈. 王弼集校释·前言//王弼，著. 王弼集校释. 楼宇烈，校释. 北京：中华书局，1980：7.
③ 王弼. 周易略例·明象//王弼，著. 王弼集校释. 楼宇烈，校释. 北京：中华书局，1980：609.

是"穷理尽性,事绝言象"①,这就是要求绘画必须生动地表现人物的内在的胸襟、气质、情思,而不执着、不拘泥于外在的环境、事件、形状的描写,"若拘以体物,则未见精粹;若取之象外,方厌膏腴,可谓微妙也"②。谢赫的论述,正好是"得意忘象"这个命题在绘画理论上的运用。宋代文学家欧阳文忠《盘车图诗》云:"古画画意不画形,梅诗咏物无隐情。忘形得意知者寡,不若见诗如见画。"③ "画意不画形"可以说是对"得意忘象"的诠释。宋人黄伯思论画,不仅重传神,而且更重"得意",他说:"昔人深于画者,得意忘象。其形模位置,有不可以常法规者,顾、陆、王、吴之迹,时有若此。如雪与蕉同景,桃李与芙蓉并秀,或手大于面,或车阔于门。"他认为"真赏者"是能够欣赏这样的作品的:"故九方皋之相马,略其玄黄,取其骃俊,惟真赏者独知之。"④ 明代书画家王绂指出,绘画家在反映客观事物和抒写情志时,应"兴至则神超理得,景物逼肖;兴尽则得意忘象,矜慎不传"⑤。清代画论家笪重光特别称赏那些"脱作家习,得意忘象"⑥的作品。上述黄、王、笪等人都是直接引用"得意忘象"来评论画家及作品的。明人岳正说,绘画"在意不在象,在韵不在巧"⑦。清人查礼说:"画梅要不象,象则失之刻;要不到,到则失之描,不象之象有神,不到之到有意。染翰家能传其神意,斯得之矣。"⑧ 清人董

---

① 谢赫. 古画品录//于安澜,编. 画品丛书. 上海:上海人民美术出版社,1982:6.
② 谢赫. 古画品录//于安澜,编. 画品丛书. 上海:上海人民美术出版社,1982:7.
③ 王直方. 王直方诗话·东坡论诗画//郭绍虞,辑. 宋诗话辑佚. 北京:中华书局,1980:41.
④ 跋滕子济所藏唐人出游图//黄伯思. 东观余论//卢辅圣,主编. 中国书画全书. 第1册. 上海:上海书画出版社,1993:878.
⑤ 李来源,林木,编. 中国古代画论发展史实. 上海:上海人民美术出版社,1997:193.
⑥ 笪重光. 画筌//于安澜,编. 画论丛刊. 上卷. 香港:中华书局香港分局,1977:170.
⑦ 岳正《画葡萄说》:"画书之余也,学者于游艺之暇,适趣写怀,不忘挥洒,大都在意不在象,在韵不在巧。巧则工,象则俗矣。虽然其所画者必有意焉,是故于草木也,兰之芳,菊之秀,梅之洁,松竹之操,皆托物寄兴,以资自修,非徒然也。"(岳正. 类博稿:卷八//影印《文渊阁四库全书》. 第1246册. 台北:台湾商务印书馆,1986:423〈上〉.)
⑧ 查礼. 题画梅//俞剑华,编. 中国画论类编. 下卷,北京:人民美术出版社,1986:1161.

棨认为，"画固所以象形，然不可求之于形象之中，而当求之于形象之外。"① 从他们的论述中也可以窥见"得意忘象"这个思想的影响。王弼"得意忘象"的命题，不仅对绘画创作和绘画理论，而且对文学创作和文学理论也产生过显著的影响。重视含蓄蕴藉之美，是中国古代文学的重要特色，是中国古典美学的重要原则。刘勰的"余味"说、钟嵘的"滋味"说、刘禹锡的"境生于象外"② 说、司空图的"韵味"说、严羽的"兴趣"说、王士祯的"神韵"说，等等，都是从不同的角度强调要充分运用语言形象的启发性，充分调动欣赏者的想象和情感等心理功能的积极性，充分估计欣赏者的接受和欣赏能力的能动性，使之通过作品的有限的形象，给欣赏者以意味无穷的美感享受，以收到言有尽而意无穷的艺术效果。王士祯指出："唐人五言绝句，往往入禅，有得意忘言之妙，与净名默然，达摩得髓，同一关捩。"③ "世谓王右丞画雪中芭蕉，其诗亦然。如'九江枫树几回青，一片扬州五湖白'。下连用兰陵镇、富春郭、石头城诸地名，皆寥远不相属。大抵古人诗画，只取兴会神到④；若刻舟缘木求之，失其指矣。"⑤ 在他看来，不必在诗歌中追求记叙的信实，只"作记里鼓"⑥，应该充分驰骋诗人的想象力，只要"兴会神到"，能够恰到好处地抒发诗人的情思就会使作品具有强烈的美感力量。王弼作为中国哲学史上著名的

---

① 董棨. 养素居画学勾深//于安澜，编. 画论丛刊. 下卷. 香港：中华书局香港分局，1977：468.

② 刘禹锡. 董氏武陵集纪//刘禹锡，撰. 刘禹锡集：卷十九. 卞孝萱，校订. 北京：中华书局，1990：238.

③ 王士祯，著. 张宗柟，纂集. 带经堂诗话：卷三. 夏闳，校点. 北京：人民文学出版社，1963：69.

④《带经堂诗话》的纂集者张宗柟对此做了解释："宗柟案：诗家唯论兴会，道里远近不必尽合，此神到之作，古人有之，后人正藉口不得。或谓山人此条有为而言，潜以自解者，则又非也。"（王士祯，著. 张宗柟，纂集. 带经堂诗话：卷三. 夏闳，校点. 北京：人民文学出版社，1963：68.）

⑤ 王士祯，著. 张宗柟，纂集. 带经堂诗话：卷三. 夏闳，校点. 北京：人民文学出版社，1963：68.

⑥ 王士祯，著. 张宗柟，纂集. 带经堂诗话：卷三. 夏闳，校点. 北京：人民文学出版社，1963：68.

唯心主义哲学家，他的哲学思想对后世产生过较大的影响，他的美学思想应如何评价，他在中国美学思想发展史上占有什么样的位置，是值得我们研究和探讨的。

1982 年元旦

（原载《西南师范大学学报》1982 年第 3 期）

葛洪美学思想初探

葛洪（284—364①）字稚川，丹阳句容人。他是东晋时期道教的领袖。他的著作中，最重要的是《抱朴子》。该书虽然是一部宗教理论和政论性著作，但其中有关于文学、音乐、绘画的论述，有涉及美、美感和审美的言论，特别是艺术鉴赏方面的见解，却是我们探讨我国古代美学思想的重要资料。

一 以道为本，以儒为末

葛洪的思想是汉以来儒家思想和道教思想的结合物。他的神仙化的道教思想反映了当时封建门阀士族阶级的享乐心理，以及力图用宗教欺骗人民的企图；他的道教化的儒家思想则表现了门阀士族阶级竭力维护礼法、保护权利的要求。葛洪思想的这种特点，集中体现在《抱朴子》中。该书分为内篇、外篇。"其内篇言神仙方药、鬼怪变化、养生延年、禳邪却祸之事，属道家；其外篇言人间得失，世事臧否，

---

① 任继愈，主编. 中国哲学史. 第2册. 北京：人民出版社，1979：233.

属儒家"①。关于"道"与"儒"的关系，葛洪是以道为本、以儒为末。"道者，儒之本也；儒者，道之末也。"② 他又明确地指出"欲求长生"、"欲求仙"，又必须实行儒家之道，以儒家的忠孝仁义之道为本。"欲求仙者，要当以忠孝和顺仁信为本。若德行不修，而但务方术，皆不得长生也。"③ "欲求长生者，必欲积善立功，慈心于物，恕己及人，仁逮昆虫……如此乃为有德，受福于天，所作必成，求仙可冀也。"④ 可见，葛洪又是以儒补道，力图把儒、道结合在一起的。总之，葛洪的思想体系，既不是纯粹的道家，他的道学是祈求长生不死的神仙化的道教；也不是纯粹的儒家，他的儒学是经过道教化的儒学，可以说是以道为本、以儒为末、以儒补道、儒道结合的。我们从他的社会理想和人生理想看出，一方面他要做出世的隐士和仙人，力图在炼丹采药中追求长生不死的神仙境界⑤；另一方面他又要做入世的卫士和儒生，费尽心机维护他所属的门阀士族阶级的人间利益⑥，但是他无论是想做卫士和儒生，还是想做隐士和仙人，都是为门阀士族政权服务的。他明确地说："在朝者陈力以秉庶事，山林者修德以厉贪浊，殊途同归，俱人臣也。"⑦ "嘉遁高蹈，先圣所许；或出或处，各从攸好。"⑧ "穷达任所值，出处无所系。其静也，则为逸民

---

① 杨明照. 抱朴子外篇·前言//葛洪，撰. 抱朴子外篇校笺. 上册. 杨明照，校笺. 北京：中华书局，1991：1.

② 葛洪. 抱朴子内篇·明本//葛洪，撰. 抱朴子内篇校释. 王明，校释. 北京：中华书局，1985：184.

③ 葛洪. 抱朴子内篇·对俗//葛洪，撰. 抱朴子内篇校释. 王明，校释. 北京：中华书局，1985：53.

④ 葛洪. 抱朴子内篇·微旨//葛洪，撰. 抱朴子内篇校释. 王明，校释. 北京：中华书局，1985：126.

⑤ 神仙道教的特点，就是幻想在超人间的神仙世间里永远地自由地过着人间贵族般的生活。参见，侯外庐，等. 中国思想通史：第3卷. 北京：人民出版社，1957：291—292.

⑥ 葛洪提倡神仙道教，这同他的出身、所处的时代和个人的经历遭遇有着密切的关系。参见《抱朴子·外篇·自叙》和《晋书·葛洪传》。

⑦ 葛洪. 抱朴子外篇·逸民//葛洪，撰. 抱朴子外篇校笺. 上册. 杨明照，校笺. 北京：中华书局，1991：100.

⑧ 葛洪. 抱朴子外篇·逸民//葛洪，撰. 抱朴子外篇校笺. 上册. 杨明照，校笺. 北京：中华书局，1991：86.

之宗；其动也，则为元凯之表。"①

葛洪的思想虽然是儒道的结合物，却鲜明地表现出道本儒末，并把老庄思想彻底加以宗教化的特点。

葛洪是把理念世界作为审美对象，把获得"玄"（也就是"道"、"一"）这种绝对理念作为最大的美感享受的。他说："故玄之所在，其乐不穷。玄之所去，器弊神逝。"② 他对获得了"玄"之后的"其乐不穷"的情状做了形象的描绘："经乎汗漫之门，游乎窈眇之野。逍遥恍惚之中，徜徉仿佛之表。咽九华于云端，咀六气于丹霞。徘徊茫昧，翱翔希微，履略蜿虹，践跚旋玑，此得之者也。"③ 正像庄子所说的，得"道"之后就可以"乘云气，御飞龙，而游乎四海之外"④，获得无穷的神力，获得绝对的精神自由。

"玄"是什么呢？葛洪把"玄"作为创造天地万物之母，是产生天地万物的总根源："玄者，自然之始祖，而万殊之大宗也。"⑤ "道者，万殊之源也。"⑥ 它有广大的神通："乾以之高，坤以之卑，云以之行，雨以之施。胞胎元一，范铸两仪，吐纳大始，鼓冶亿类。"⑦ 这个神秘主义的"玄"是先验的绝对的精神性的实体，不是某

---

① 葛洪. 抱朴子外篇·任命//葛洪，撰. 抱朴子外篇校笺. 上册. 杨明照，校笺. 北京：中华书局，1991：481.
② 葛洪. 抱朴子内篇·畅玄//葛洪，撰. 抱朴子内篇校释. 王明，校释. 北京：中华书局，1985：1.
③ 葛洪. 抱朴子内篇·畅玄//葛洪，撰. 抱朴子内篇校释. 王明，校释. 北京：中华书局，1985：2.
④ 庄子·逍遥游//郭庆藩，撰. 庄子集释：卷一（上）. 王孝鱼，点校. 北京：中华书局，1961：28.
⑤ 葛洪. 抱朴子内篇·畅玄//葛洪，撰. 抱朴子内篇校释. 王明，校释. 北京：中华书局，1985：1.
⑥ 葛洪. 抱朴子内篇·塞难//葛洪，撰. 抱朴子内篇校释. 王明，校释. 北京：中华书局，1985：138.
⑦ 葛洪. 抱朴子内篇·畅玄//葛洪，撰. 抱朴子内篇校释. 王明，校释. 北京：中华书局，1985：1.

种物质性的实体。它是超越时间的永恒不变的东西,"其唯玄道,可与为永"①。这样的"玄"只能从内心里掌握它,因为它客观上并不存在,它只是内心里虚构出来的,"玄道者,得之乎内,守之者外,用之者神,忘之者器"②,一旦掌握了它,它就会发生无穷的神力和妙用。③

葛洪的人生理想和社会理想反映出他的美学理想。他竭力赞赏和追求"肥遁勿用,颐光山林"④,也就是隐遁勿用于世,颐养精神于山林,做出世的隐士和仙人,以遁世隐逸和炼丹升仙的生活为美妙的理想的生活。他说:"隐居求志,先民嘉焉。"⑤ 他还指出隐士的生活是极为"尊乐"的:"躬耕以食之,穿井以饮之,短褐以蔽之,蓬庐以覆之,弹咏以娱之,呼吸以延之,逍遥竹素,寄情玄毫,守常待终,斯亦足矣。"⑥ "求饱乎耒耜之端,索缊乎杼轴之间,腹仰河而已满,身集一枝而余安,万物芸芸,化为埃尘矣。馆粥糊口,布褐缊袍,淡泊肆志,不忧不喜,斯为尊乐。"⑦ 在葛洪看来,这样"尊乐""斯亦足矣"的生活,是怡然自得的、自由的:"聊且优游以自得,安能苦形于外物哉!"⑧ 这同老庄"天道无为,任物自然"⑨ 的

---

① 葛洪. 抱朴子内篇·畅玄//葛洪,撰. 抱朴子内篇校释. 王明,校释. 北京:中华书局,1985:1.
② 葛洪. 抱朴子内篇·畅玄//葛洪,撰. 抱朴子内篇校释. 王明,校释. 北京:中华书局,1985:2.
③ 参阅:任继愈,主编. 中国哲学史:第四编. 北京:人民出版社,1979:233—234.
④ 葛洪. 抱朴子内篇·畅玄//葛洪,撰. 抱朴子内篇校释. 王明,校释. 北京:中华书局,1985:2.
⑤ 葛洪. 抱朴子外篇·逸民//葛洪,撰. 抱朴子外篇校笺. 上册. 杨明照,校笺. 北京:中华书局,1991:87.
⑥ 葛洪. 抱朴子外篇·嘉遁//葛洪,撰. 抱朴子外篇校笺. 上册. 杨明照,校笺. 北京:中华书局,1991:44.
⑦ 葛洪. 抱朴子外篇·逸民//葛洪,撰. 抱朴子外篇校笺. 上册. 杨明照,校笺. 北京:中华书局,1991:96.
⑧ 葛洪. 抱朴子外篇·嘉遁//葛洪,撰. 抱朴子外篇校笺. 上册. 杨明照,校笺. 北京:中华书局,1991:27.
⑨ 葛洪. 抱朴子内篇·塞难//葛洪,撰. 抱朴子内篇校释. 王明,校释. 北京:中华书局,1985:136.

思想是一脉相承的。

葛洪还盛赞隐士生活是"含醇守朴"、"执太璞于至醇之中"的生活，也就是极其朴素自然的生活，这透露出他像老庄一样主自然之道，重自然之美。他说，隐逸生活是"以芳林为台榭，峻岫为大厦，翠兰为绚床，绿叶为帏幌，被褐代衮衣，薇藿当嘉膳"①，是"执太璞于至醇之中"②，"含醇守朴，无欲无忧，全真虚器，居平味澹。恢恢荡荡，与浑成等其自然。浩浩茫茫，与造化钧其符契"③。他明确指出"摘华骋艳，质直所不尚"④，"藜藿嘉于八珍，寒泉旨于醴、酥；摄缕美于赤舄，缊袍丽于衮服"⑤，也就是自然朴素之美胜于雕饰文绣之美。

但必须指出，老庄的学说是哲学，不是宗教，而葛洪却把道家的学说加以宗教化、神仙化。比如，他推崇老庄"天道无为，任物自然"⑥的思想，又提倡有"方术"，认为只是"任物自然"而"无方术者"，"未必不有终其天年者也，然不可以值暴鬼之横枉，大疫之流行，则无以却之矣"。⑦ 他强调指出，"夫神仙之法，所以与俗人不同者，正以不老不死为贵耳"⑧，要掌握"长生之道"，以求"长生不死"和"升仙"，就必须炼金丹服金丹。"长生之道，不在祭祀事鬼神也，不在道引与屈伸

---

① 葛洪. 抱朴子内篇·释滞//葛洪，撰. 抱朴子内篇校释. 王明，校释. 北京：中华书局，1985：152.

② 葛洪. 抱朴子内篇·论仙//葛洪，撰. 抱朴子内篇校释. 王明，校释. 北京：中华书局，1985：15.

③ 葛洪. 抱朴子内篇·畅玄//葛洪，撰. 抱朴子内篇校释. 王明，校释. 北京：中华书局，1985：3.

④ 葛洪. 抱朴子内篇·明本//葛洪，撰. 抱朴子内篇校释. 王明，校释. 北京：中华书局，1985：188.

⑤ 葛洪. 抱朴子外篇·嘉遁//葛洪，撰. 抱朴子外篇校笺. 上册. 杨明照，校笺. 北京：中华书局，1991：47.

⑥ 葛洪. 抱朴子内篇·塞难//葛洪，撰. 抱朴子内篇校释. 王明，校释. 北京：中华书局，1985：136.

⑦ 葛洪. 抱朴子内篇·道意//葛洪，撰. 抱朴子内篇校释. 王明，校释. 北京：中华书局，1985：177.

⑧ 葛洪. 抱朴子内篇·道意//葛洪，撰. 抱朴子内篇校释. 王明，校释. 北京：中华书局，1985：174.

也，升仙之要，在神丹也。"① 服金丹"则长生不死"，"任意所欲，无所禁也"②。葛洪的人生理想，完全反映了当时剥削阶级害怕生命有限，深感人间的荣华富贵有如朝露，转眼间就会烟消云散，因而妄想长生成仙，寻求神仙世界以自慰，幻想在清静恬愉的神仙境界里求寄托与超脱的心理状态。

葛洪为了祈求长生不死，信奉神仙道教，幻想在神仙世界里寻寄托、求超脱，他就竭力提倡"全真"③、"守真"④，保全天然的性分，反对艺术的审美作用与怡情作用，反对好恶、利害、情欲。他认为声音之美与华采之美是"损伤"、"聪明"之性的："夫五声八音，清商流徵，损聪者也。鲜华艳采，彧丽炳烂，伤明者也。"⑤ 他提出"绝声色，专心以学长生之道"，"玄黄不过乎目"，"八音不关乎耳"⑥，"嘿《韶》《夏》而韬藻棁"⑦，美乐彩色皆弃而不用，"遏欲视之目，遣损明之色，杜思音之耳，远乱听之声"，"遣欢戚之邪情，外得失之荣辱"，"以全天理"⑧，以保全天然的性分，不被"荣华势利诱其意，素颜玉肤惑其目，清商流徵乱其耳，爱恶利害搅其神，功名声誉束其体"⑨。

---

① 葛洪. 抱朴子内篇·金丹//葛洪，撰. 抱朴子内篇校释. 王明，校释. 北京：中华书局，1985：77.
② 葛洪. 抱朴子内篇·金丹//葛洪，撰. 抱朴子内篇校释. 王明，校释. 北京：中华书局，1985：83.
③ 葛洪. 抱朴子内篇·畅玄//葛洪，撰. 抱朴子内篇校释. 王明，校释. 北京：中华书局，1985：3.
④ 葛洪. 抱朴子内篇·道意//葛洪，撰. 抱朴子内篇校释. 王明，校释. 北京：中华书局，1985：170.
⑤ 葛洪. 抱朴子内篇·畅玄//葛洪，撰. 抱朴子内篇校释. 王明，校释. 北京：中华书局，1985：1.
⑥ 葛洪. 抱朴子内篇·论仙//葛洪，撰. 抱朴子内篇校释. 王明，校释. 北京：中华书局，1985：18.
⑦ 葛洪. 抱朴子内篇·畅玄//葛洪，撰. 抱朴子内篇校释. 王明，校释. 北京：中华书局，1985：3.
⑧ 葛洪. 抱朴子内篇·至理//葛洪，撰. 抱朴子内篇校释. 王明，校释. 北京：中华书局，1985：111.
⑨ 葛洪. 抱朴子内篇·至理//葛洪，撰. 抱朴子内篇校释. 王明，校释. 北京：中华书局，1985：110.

不可讳言，葛洪的思想（包括美学思想）充满着矛盾，一方面他推崇老庄思想（当然是把老庄思想宗教化）；另一方面他又用儒家观点批判老庄学说，他说"道家之言，高则高矣，用之则弊，辽落迂阔"，"可得而论，难得而行"①，"常恨庄生言行自伐，桎梏世业。身居漆园，而多诞谈，好画鬼魅，憎图狗马。狭细忠贞，贬毁仁义"②。特别是在《诘鲍》篇中，葛洪从封建正统派的立场出发，对遵信老庄的无为学说的鲍敬言进行了攻击。但是从整体来看，葛洪是力图把儒、道结合起来，以阐明他道本儒末的思想体系的。

二 妍媸有定

葛洪在《抱朴子》中讲到了黄金有"光明美色"③，讲到了"美玉"④、"珠美"⑤、"水泽美"⑥、形体美⑦、声色美⑧、服饰美⑨、德行美⑩、风俗美⑪、艺术

---

①葛洪. 抱朴子外篇·用刑//葛洪，撰. 抱朴子外篇校笺. 上册. 杨明照，校笺. 北京：中华书局，1991：362.

②葛洪. 抱朴子外篇·应嘲//葛洪，撰. 抱朴子外篇校笺. 下册. 杨明照，校笺. 北京：中华书局，1991：411.

③葛洪. 抱朴子内篇·黄白//葛洪，撰. 抱朴子内篇校释. 王明，校释. 北京：中华书局，1985：289.

④葛洪. 抱朴子内篇·祛惑//葛洪，撰. 抱朴子内篇校释. 王明，校释. 北京：中华书局，1985：345.

⑤⑧葛洪. 抱朴子外篇·广譬//葛洪，撰. 抱朴子外篇校笺. 下册. 杨明照，校笺. 北京：中华书局，1991：375、388.

⑥葛洪. 抱朴子内篇·极言//葛洪，撰. 抱朴子内篇校释. 王明，校释. 北京：中华书局，1985：240.

⑦葛洪. 抱朴子内篇·塞难//葛洪，撰. 抱朴子内篇校释. 王明，校释. 北京：中华书局，1985：141.

⑨⑩葛洪. 抱朴子外篇·逸民//葛洪，撰. 抱朴子外篇校笺. 上册. 杨明照，校笺. 北京：中华书局，1991：72、87.

⑪葛洪. 抱朴子内篇·明本//葛洪，撰. 抱朴子内篇校释. 王明，校释. 北京：中华书局，1985：186.

美①等等，他在实际上指出了美是客观存在的。他说："色不均而皆艳，音不同而咸悲，香非一而并芳，味不等而悉美。"②"五味舛而并甘，众色乖而皆丽。"③ 这就是说世界上是存在着色彩之美与声音之美的，"艳""色"与"悲""音"都会给人以美感，"美色不同面，皆佳于目；悲音不共声，皆快于耳"。④ 他还多次用美女与丑女的对比，证明美与丑都是客观存在的。他说："昔者西施心痛而卧于道侧，姿颜妖丽，兰麝芬馥，见者咸美其容而念其疾，莫不踌躇焉。于是邻女慕之，因伪疾伏于路间，形状既丑，加之酷臭，行人皆憎其貌而恶其气，莫不睨面掩鼻，疾趋而过焉。"⑤ 他指出西施"姿颜妖丽"，因而"见者咸美其容"，邻女"形丑"，因而"行人皆憎其貌"。可见，西施之美与邻女之丑，是客观存在的。他又说："不可以无盐宿瘤之丑，而谓在昔无南威西施之美。"⑥ "嫫母、宿瘤，恶见西施之艳容。"⑦ 无盐、宿瘤系战国时期的丑女，南威、西施均为春秋时期的美女。这些例子只是论及人体的美与丑的客观存在，还是非常肤浅的看法，然而人们对于美与丑这对美学范畴的认识总是由浅入深、逐步深化的。

在葛洪看来，美与丑都是有质的规定性的，因而是有区别的。他说："妍媸有定矣，而憎爱异情，故两目不相为视焉。雅郑有素矣，而好恶不同，故两耳不相为听

---

① 葛洪. 抱朴子外篇·钧世//葛洪，撰. 抱朴子外篇校笺. 下册. 杨明照，校笺. 北京：中华书局，1991：74.
② 葛洪. 抱朴子外篇·广譬//葛洪，撰. 抱朴子外篇校笺. 下册. 杨明照，校笺. 北京：中华书局，1991：333.
③ 葛洪. 抱朴子外篇·辞义//葛洪，撰. 抱朴子外篇校笺. 下册. 杨明照，校笺. 北京：中华书局，1991：395.
④ 王充. 论衡·自纪//王充，撰. 论衡校释：卷三十. 黄晖，校释. 北京：中华书局，1990：1201.
⑤ 葛洪. 抱朴子外篇·刺骄//葛洪，撰. 抱朴子外篇校笺. 下册. 杨明照，校笺. 北京：中华书局，1991：33.
⑥ 葛洪. 抱朴子内篇·论仙//葛洪，撰. 抱朴子内篇校释. 王明，校释. 北京：中华书局，1985：17.
⑦ 葛洪. 抱朴子外篇·博喻//葛洪，撰. 抱朴子外篇校笺. 下册. 杨明照，校笺. 北京：中华书局，1991：245.

焉。真伪有质矣，而趋舍舛忤，故两心不相为谋焉。……此三者乖殊，炳然可知，如此其易也，而彼此终不可得而一焉。"① "有定"、"有素"、"有质"，乃指美丑、雅郑、真伪都有自己的本质和质的规定性，它们之间的区别"炳然可知"，彼此是不会混同为一个东西的。"好丑修短"，"已有天壤之觉，冰炭之乖矣"②。如果否认美与丑"有定"，否认它们有质的差别，那就会是非颠倒，"以丑为美"。③ 他还举出"西施"与"嫫母"为例证明他的论断："西施有所恶，而不能减其美者，美多也；嫫母有所善，而不能救其丑者，丑笃也。"④ 因为西施"美多"，所以即使有某些短处也不能"减其美"；嫫母"丑笃"，所以即使有某些长处也不能"救其丑"。"美多"与"丑笃"就是由美与丑的质所决定的。

从葛洪的论述中可以看出，他更多的是提到了形式之美，或者说，他更多的是看到了美的形式。他无论是在讲音乐之美，还是在讲"黼黻文物"之美，还是在讲文章之美时，更多的也是从形式上着眼的。这无疑是受到当时风气的影响。鲁迅说过魏晋是"文学的自觉时代"⑤，也可以说魏晋是绘画、书法等艺术的"自觉时代"。文学理论在前人的理论和文学创作实践的基础上有了新的进步。绘画和书法艺术达到了很高的水平，绘画和书法理论都有新的发展。文学艺术家和文艺理论批评家都注意对文艺特点的研究，注意对艺术形式的探讨。当时笼罩晋代文坛的创作风气是趋于绮丽，其创作的基本倾向是崇尚形式的华美。从葛洪关于声音之美与色彩之美的论述中，可以窥见我国古代的审美观念是重视形式的统一和谐的。他说："单弦不

---

① 葛洪. 抱朴子内篇·塞难//葛洪，撰. 抱朴子内篇校释. 王明，校释. 北京：中华书局，1985：141.
② 葛洪. 抱朴子内篇·论仙//葛洪，撰. 抱朴子内篇校释. 王明，校释. 北京：中华书局，1985：14.
③ 葛洪. 抱朴子内篇·塞难//葛洪，撰. 抱朴子内篇校释. 王明，校释. 北京：中华书局，1985：141.
④ 葛洪. 抱朴子外篇·博喻//葛洪，撰. 抱朴子外篇校笺. 下册. 杨明照，校笺. 北京：中华书局，1991：266.
⑤ 鲁迅. 魏晋风度及文章与药及酒之关系//魏晋风度及其他. 上海：上海古籍出版社，2000：188.

能发《韶》、《夏》之和音,子色不能成衮龙之玮烨。"① "华衮粲烂,非只色之功。"② "群色会而衮藻丽,众音杂而《韶》、《濩》和也。"③ "五色聚而锦绣丽,八音谐而《箫韶》美。"④ "清音贵于雅韵克谐"⑤。他把五色的"会"、"聚",看成衮藻锦绣、美丽灿烂的重要因素,而"会"、"聚"乃是讲色彩的配合与统一,他把八音的"杂"、"谐",看成韶濩"和"箫韶"美"的重要因素,而"杂"、"谐"乃是讲声音的排比与和谐。"和"是我国古代的一个美学范畴。早在先秦时代,就提出了和谐统一的美学思想。《尚书·尧典》"八音克谐,无相夺伦,神人以和"就表明了多样统一的思想。《易·系辞》"物相杂故曰文"、《礼记·乐记》"五色成文而不乱",都强调文采之美是由群色形成统一和谐的结果。《国语·郑语》记载,史伯提出"声一无听,色一无文",说明只有单一的声色而没有多样的统一和谐,就没有声色之美。《左传·昭公二十年》讲到了晏子反对音乐上的单调,赞成多样的统一,他说音乐的美要"清浊、小大、短长、疾徐、哀乐、刚柔、迟速、高下、出入、周疏以相济","一气、二体、三类、四物、五声、六律、七音、八风、九歌以相成","相济相成"就是讲音乐的和谐与统一。在葛洪之后,南朝的刘勰讲"五色杂而成黼黻,五音比而成韶夏"⑥,也是把统一、和谐看成构成形式美的重要因素。

---

① 葛洪. 抱朴子外篇·交际//葛洪,撰. 抱朴子外篇校笺. 上册. 杨明照,校笺. 北京:中华书局,1991:439.
② 葛洪. 抱朴子外篇·博喻//葛洪,撰. 抱朴子外篇校笺. 下册. 杨明照,校笺. 北京:中华书局,1991:279.
③ 葛洪. 抱朴子外篇·尚博//葛洪,撰. 抱朴子外篇校笺. 下册. 杨明照,校笺. 北京:中华书局,1991:103.
④ 葛洪. 抱朴子外篇·喻蔽//葛洪,撰. 抱朴子外篇校笺. 下册. 杨明照,校笺. 北京:中华书局,1991:433.
⑤ 葛洪. 抱朴子外篇·辞义//葛洪,撰. 抱朴子外篇校笺. 下册. 杨明照,校笺. 北京:中华书局,1991:393.
⑥ 刘勰,著. 文心雕龙注:卷七. 范文澜,注. 北京:人民文学出版社,1958:537.

三 观听殊好，爱憎难同

人们对于客观事物的美或丑的认识，是来源于听觉器官和视觉器官所获得的感性经验。葛洪在实际上是涉及了这个问题的。他说："夫聩者不可督之以分雅郑，瞽者不可责之以别丹漆。"① 不能"以明鉴给瞢瞽，以丝竹娱聋夫"②。"华章藻蔚，非矇瞍所玩"，"夫瞻视不能接物，则衮龙与素褐同价矣"，"眼不见，则美不入神焉"。③ 人们在长期社会实践中，在美感经验的积累中，逐步形成自己的审美观念，从而能对客观事物的美与不美做出自己的审美判断。因此，盲者与聋者是不能获得声音之美与色彩之美的认识的。葛洪还在实际上指出了美感来源于客观事物的影响："情感物而外起，智接事而旁溢。"④ 人们的审美情感和理智等主观感受与认识，是离不开"事""物"的影响和刺激的，是人们"感物"与"接事"的结果。他又说："心受制于奢玩，情浊乱于波荡。"⑤ 葛洪虽然反对艺术对人们的怡情作用，然而他毕竟承认"心"、"情"是在"奢玩"、"波荡"中产生的，实际上指出了美的情感是产生于审美活动之中的。葛洪还指出了美感不仅是感官上所获得的生理的快感，而且是感情和意志上所获得的心理和精神的愉悦。他说："和音悦耳，冶姿娱心。"⑥

---

① 葛洪. 抱朴子外篇·守塉//葛洪，撰. 抱朴子外篇校笺. 下册. 杨明照，校笺. 北京：中华书局，1991：183.
② 葛洪. 抱朴子内篇·极言//葛洪，撰. 抱朴子内篇校释. 王明，校释. 北京：中华书局，1985：246.
③ 葛洪. 抱朴子·外篇·擢才//葛洪，撰. 抱朴子外篇校笺. 上册. 杨明照，校笺. 北京：中华书局，1991：456.
④ 葛洪. 抱朴子内篇·道意//葛洪，撰. 抱朴子内篇校释. 王明，校释. 北京：中华书局，1985：170—171.
⑤ 葛洪. 抱朴子内篇·道意//葛洪，撰. 抱朴子内篇校释. 王明，校释. 北京：中华书局，1985：171.
⑥ 葛洪. 抱朴子外篇·知止//葛洪，撰. 抱朴子外篇校笺. 下册. 杨明照，校笺. 北京：中华书局，1991：614.

"妍姿媚貌，形色不齐，而悦情可均；丝、竹、金、石，五声诡韵，而快耳不异。"① 所谓"悦耳"、"娱心"、"快耳"、"悦情"，就是指美感不仅要悦耳悦目，还需要娱心悦情。早于葛洪的西汉时代的司马长卿，就讲过音乐舞蹈会引起人们"洞心骇耳"、"娱耳目乐心意"②的美感。后于葛洪的南北朝的姚最，也讲过优秀的绘画"赋彩鲜丽，观者悦情"③，会引起欣赏者感情上的愉快。

葛洪说："观听殊好，爱憎难同。"④"妍媸有定矣，而憎爱异情，故两目不相为视焉。雅郑有素矣，而好恶不同，故两耳不相为听焉。"⑤ 他明确指出了人们在审美趣味上的差异性。葛洪的看法是符合人们审美的实际情况的。他说："人情莫不爱红颜艳姿，轻体柔身，而黄帝逮笃丑之嫫母，陈侯怜可憎之敦洽。"⑥ 嫫母貌丑，但有"德"，黄帝喜之；敦洽丑而有"德"，陈侯悦之。⑦ 可见，黄帝逮嫫母，陈侯怜敦洽，乃是爱其有"德"，有其精神之美。葛洪又举出人们对于天籁之声与丝竹之声的不同喜好加以证明："魏明好椎凿之声，不以易丝竹之和音。"⑧ 此事见刘昼《新论·殊好篇》："汉顺听山鸟之音，云胜丝竹之响；魏文侯好槌凿之声，不贵金石之

---

① 葛洪. 抱朴子外篇·博喻//葛洪，撰. 抱朴子外篇校笺. 下册. 杨明照，校笺. 北京：中华书局，1991：289.
② 司马相如. 上林赋//萧统，编. 李善，等，注. 六臣注文选：卷八. 北京：中华书局，1987：163、164.
③ 姚最. 续画品//于安澜，编. 画品丛书. 上海：上海人民美术出版社，1982：21.
④ 葛洪. 抱朴子外篇·广譬//葛洪，撰. 抱朴子外篇校笺. 下册. 杨明照，校笺. 北京：中华书局，1991：388.
⑤ 葛洪. 抱朴子内篇·塞难//葛洪，撰. 抱朴子内篇校释. 王明，校释. 北京：中华书局，1985：141.
⑥ 葛洪. 抱朴子内篇·辨问//葛洪，撰. 抱朴子内篇校释. 王明，校释. 北京：中华书局，1985：230.
⑦ 嫫母、敦洽事见：吕氏春秋·遇合篇//许维遹. 吕氏春秋集释：卷十四. 北京：中华书局，2009：343.
⑧ 葛洪. 抱朴子内篇·辨问//葛洪，撰. 抱朴子内篇校释. 王明，校释. 北京：中华书局，1985：230.

和。"① 他认为"山鸟之音"、"椎凿之声"胜过"丝竹之响"、"金石之和",这是一种以自然朴素之美为贵的审美趣味。葛洪还举出人们在欣赏音乐中的差异来详加论证。"清听于《韶》、《濩》者,岂暇垂耳于桑间。"②"郢人美《下里》之淫哇,而薄《六茎》之和音。"③"注清听于《九韶》者,《巴人》之声不能悦其耳。"④ 对于人们在审美趣味上的差异,葛洪认为是不能强求一致的。"人各有意,安可求此以同彼乎?"⑤"好尚不可以一概枒。"⑥

实践告诉我们,人们在对事物的美或美的事物的欣赏过程中,除了运用一定的审美观点外,无疑是带有功利观点的,或者说在审美过程中,往往有功利的因素在起作用。葛洪说:"夫不用譬犹售章甫于夷越,徇髯蛇于华夏矣。"⑦"章甫不售于蛮越,赤舄不用于跣夷,何可强哉?"⑧"被发之域,憎章甫之饰。"⑨"章甫不售于越"事出《庄子·逍遥游》:"宋人资章甫而适诸越,越人断发文身,无所用之。"⑩"章

---

① 刘昼. 新论·殊好篇//北京大学哲学系美学教研室,编. 中国美学史资料选编. 上册. 北京:中华书局,1980:228.
② 葛洪. 抱朴子外篇·博喻//葛洪,撰. 抱朴子外篇校笺. 下册. 杨明照,校笺. 北京:中华书局,1991:295.
③ 葛洪. 抱朴子外篇·博喻//葛洪,撰. 抱朴子外篇校笺. 下册. 杨明照,校笺. 北京:中华书局,1991:316.
④ 葛洪. 抱朴子外篇·守塉//葛洪,撰. 抱朴子外篇校笺. 下册. 杨明照,校笺. 北京:中华书局,1991:184.
⑤ 葛洪. 抱朴子内篇·辨问//葛洪,撰. 抱朴子内篇校释. 王明,校释. 北京:中华书局,1985:230.
⑥ 葛洪. 抱朴子外篇·守塉//葛洪,撰. 抱朴子外篇校笺. 下册. 杨明照,校笺. 北京:中华书局,1997:183.
⑦ 葛洪. 抱朴子·外篇·审举//葛洪,撰. 抱朴子外篇校笺. 上册. 杨明照,校笺. 北京:中华书局,1991:416.
⑧ 葛洪. 抱朴子内篇·塞难//葛洪,撰. 抱朴子内篇校释. 王明,校释. 北京:中华书局,1985:141.
⑨ 葛洪. 抱朴子外篇·广譬//葛洪,撰. 抱朴子外篇校笺. 下册. 杨明照,校笺. 北京:中华书局,1991:366.
⑩ 郭庆藩,撰. 庄子集释:卷一(上). 王孝鱼,点校. 北京:中华书局,1961:31.

甫"是冠名，宋人作首饰用，"必须云鬟承冠"①，"越国逼近江湖，断发文身，以避蛟龙之难"②，因而不需用"章甫"。古越人"断发文身"还见《墨子·公孟》："越王勾践，剪发文身。"《淮南子·齐俗训》云："中国冠笄，越人劗鬋。"③《史记·周本纪集解》引应劭曰：越人"常在水中，故断其发，文其身，以象龙子，故不见伤害"。据说这样做是便于从事渔猎活动。可见，宋人以"云鬟承冠"为美，越人以"断发文身"为美，都是同功利观点联系在一起的。

　　葛洪还指出了美的观念是随着时代的发展而发生变化的。他说："且夫爱憎好恶，古今不均，时移俗易，物同价异。譬之夏后之璜，曩直连城，鬻之于今，贱于铜铁。"④ 他明确指出"古今不同"是由于"时移俗易"，审美观念随着时代的推移而发生了变化。他还明确地提出了文学艺术的发展是今胜于古的论点。他说："古者事事醇素，今则莫不雕饰，时移世改，理自然也。"⑤ 因此，"虥锦丽而且坚"胜过"褰衣"，"辒輴妍而又牢"超过"椎车"⑥。文章由古之"质朴"变为今之"赡丽"，也是"时移世改，理自然也"。基于这样的认识，他坚决反对贵古贱今之说。他说："古书虽多，未必尽美"，"然守株之徒，喽喽所玩，有耳无目，何肯谓尔！其于古人所作为神，今世所著为浅，贵远贱近，有自来矣。故新剑以诈刻加价，弊方以伪题

---

① 《庄子·逍遥游》成玄英疏//郭庆藩，撰. 庄子集释：卷一（上）. 王孝鱼，点校. 北京：中华书局，1961：33.
② 《庄子·逍遥游》成玄英疏//郭庆藩，撰. 庄子集释：卷一（上）. 王孝鱼，点校. 北京：中华书局，1961：33.
③ 刘安. 淮南子·齐俗训//刘安，撰. 淮南子集释：卷十一. 何宁，集释. 北京：中华书局，1998：780.
④ 葛洪. 抱朴子外篇·擢才//葛洪，撰. 抱朴子外篇校笺. 上册. 杨明照，校笺. 北京：中华书局，1991：456.
⑤ 葛洪. 抱朴子外篇·钧世//葛洪，撰. 抱朴子外篇校笺. 下册. 杨明照，校笺. 北京：中华书局，1991：77.
⑥ 葛洪. 抱朴子外篇·钧世//葛洪，撰. 抱朴子外篇校笺. 下册. 杨明照，校笺. 北京：中华书局，1991：77.

见宝也。"①"世俗率神贵古昔而黩贱同时","虽有连城之珍,犹谓之不及楚人之所泣也","虽有益世之书,犹谓之不及前代之遗文也","俗士多云:今山不及古山之高,今海不及古海之广,今日不及古日之热,今月不及古月之朗。何肯许今之才士,不减古之枯骨?重所闻,轻所见,非一世之所患矣"②。这种对贵古贱今的批判是相当尖锐而深刻的。

四 音为知者珍

葛洪就文艺的鉴赏问题提出了较为系统的意见,为我国审美理论的发展做出了贡献。

他十分强调对文艺的欣赏必须具有鉴赏力,必须具有审美经验。他说:"音为知者珍,书为识者传。"③ 一件作品,之所以能使人感兴趣,除了作品本身具有美感力量之外,必须是欣赏者对它有相当的了解,有欣赏的能力,否则,是不会对它感兴趣的。因为,对"无赏解之客"来说,优美的音乐和绘画,是没有意义的,"何异奏雅乐于木梗之侧,陈玄黄于土偶之前哉"④。"若夫驰骤于诗论之中,周旋于传记之间,而以常情览巨异,以褊量测无涯,以至粗求至精,以甚浅揣甚深,虽始自髫龀,讫于振素,犹不得也。夫赏其快者,必誉之以好;而不得晓者,必毁之以恶。自然

---

① 葛洪. 抱朴子外篇·钧世//葛洪,撰. 抱朴子外篇校笺. 下册. 杨明照,校笺. 北京:中华书局,1991:71.
② 葛洪. 抱朴子外篇·尚博//葛洪,撰. 抱朴子外篇校笺. 下册. 杨明照,校笺. 北京:中华书局,1991:118—120.
③ 葛洪. 抱朴子外篇·喻蔽//葛洪,撰. 抱朴子外篇校笺. 下册. 杨明照,校笺. 北京:中华书局,1991:434.
④ 葛洪. 抱朴子外篇·知止//葛洪,撰. 抱朴子外篇校笺. 下册. 杨明照,校笺. 北京:中华书局,1991:640.

之理也。"① 因为没有鉴赏能力，不仅不能对作品感兴趣，甚至会由厌弃而"毁之以恶"。他又说："夫见玉而指之曰石，非玉之不真也，待和氏而后识焉。见龙而命之曰蛇，非龙之不神也，须蔡墨而后辨焉。"② 审美是需要"识"、"辨"的审美能力的。人们对艺术的欣赏的实践证明，要能欣赏音乐与绘画之美，必须要有"感受音乐的耳朵、感受形式美的眼睛"，"对于不辨音律的耳朵说来，最美的音乐也毫无意义"③。同样，对于不能欣赏形式美的眼睛来说，再美的绘画也没有意义。葛洪在讲到欣赏音乐时涉及了这个问题。他说："九成、六变，不为聋夫设；高唱远和，不为庸愚吐。"④ "若夫聆繁会之响，而顾问于庸工，非延州（春秋时吴季札——引者注）之清听也。"⑤ "伯喈识绝音之器于烟烬之余，平子剔逸响之竹于未用之前。"⑥ （蔡邕字伯喈，张衡字平子，均系东汉人，他们都有"感受音乐的耳朵"，因而能"识绝音之器"，"剔逸响之竹"。）

葛洪还指出，在欣赏作品时，要正确鉴赏，必须具备该种艺术的知识修养，否则，是不能深入领会艺术之美的。他讲的"离朱剖秋毫于百步，而不能辨八音之雅俗；子野合通灵之绝响，而不能指白黑于咫尺"⑦，就是这个道理。葛洪还强调要广泛进行审美实践，多欣赏优秀作品，不断提高审美能力，才能对作品做出正确的审美评价。他说："不睹琼琨之熠烁，则不觉瓦砾之可贱；不觑虎豹之或蔚，则不知犬

---

① 葛洪. 抱朴子外篇·尚博//葛洪，撰. 抱朴子外篇校笺. 下册. 杨明照，校笺. 北京：中华书局，1991：117.
② 葛洪. 抱朴子内篇·塞难//葛洪，撰. 抱朴子内篇校释. 王明，校释. 北京：中华书局，1985：141.
③ 〔德〕马克思. 1844 年经济学—哲学手稿. 北京：人民出版社，1979：79.
④ 葛洪. 抱朴子外篇·博喻. 葛洪，撰. 抱朴子外篇校笺. 下册. 杨明照，校笺. 北京：中华书局，1991：254.
⑤ 抱朴子外篇·博喻//杨明照：葛洪，撰. 抱朴子外篇校笺. 下册. 杨明照，校笺. 北京：中华书局，1991：276.
⑥ 葛洪. 抱朴子外篇·清鉴//葛洪，撰. 抱朴子外篇校笺. 上册. 杨明照，校笺. 北京：中华书局，1991：530.
⑦ 葛洪. 抱朴子外篇·博喻//葛洪，撰. 抱朴子外篇校笺. 下册. 杨明照，校笺. 北京：中华书局，1991：263.

羊之质漫。聆《白雪》之九成，然后悟《巴人》之极鄙。"① 只有善于从众多的作品中加以比较、鉴别，才能逐步提高鉴赏能力。

葛洪还十分强调在艺术欣赏中要力求客观，切忌主观片面，反对以个人的爱憎为标准。他说："近人之情，爱同憎异，贵乎合己，贱于殊途。夫文章之体，尤难详赏。苟以入耳为佳，适心为快，鲜知忘味之九成，雅颂之风流也。所谓考盐梅之咸酸，不知大羹之不致；明飘飘之细巧，蔽于沉深之弘邃也。……文贵丰赡，何必称善如一口乎？"② "是以偏嗜酸咸者，莫能知其味；用思有限者，不能得其神也。"③ 这就是说，艺术作品的风格是丰富多彩的，鉴赏者不应当以自己个人的爱好为标准去进行评价，而应当力求客观地进行正确的评价。否则，很容易"真伪颠倒，玉石混淆"④，得出错误的结论。

五　美玉出乎丑璞

葛洪基于他今胜于古的观点，认为"今诗与古诗俱有义理，而盈于差美"⑤。诗的高下突出地表现于文辞之华美有差别，今诗比古诗具有艺术上更高的成就。与这种审美观点有关，葛洪是强调"饰染质素"、"雕锻矿璞"⑥，重视雕饰之美的。他认

---

① 葛洪. 抱朴子外篇·广譬//葛洪，撰. 抱朴子外篇校笺. 下册. 杨明照，校笺. 北京：中华书局，1991：327.
② 葛洪. 抱朴子外篇·辞义//葛洪，撰. 抱朴子外篇校笺. 下册. 杨明照，校笺. 北京：中华书局，1991：385—397.
③ 葛洪. 抱朴子外篇·尚博//葛洪，撰. 抱朴子外篇校笺. 下册. 杨明照，校笺. 北京：中华书局，1991：116.
④ 葛洪. 抱朴子外篇·尚博//葛洪，撰. 抱朴子外篇校笺. 下册. 杨明照，校笺. 北京：中华书局，1991：105.
⑤ 葛洪. 抱朴子外篇·钧世//葛洪，撰. 抱朴子外篇校笺. 下册. 杨明照，校笺. 北京：中华书局，1991：74.
⑥ 葛洪. 抱朴子外篇·勖学//葛洪，撰. 抱朴子外篇校笺. 上册. 杨明照，校笺. 北京：中华书局，1991：111.

为"贵珠出乎贱蚌，美玉出乎丑璞"①，"美玉"是对"丑璞"进行雕饰加工的结果。他说："虽云色白，匪染弗丽；虽云味甘，匪和弗美。故瑶华不琢，则耀夜之景不发；丹青不治，则纯钩之劲不就。……故质虽在我，而成之由彼也。"②他指出了瑶华要"琢"，才能发出"耀夜之景"；"质素"要"饰染"，才会美丽。他还从进行雕饰可以使美者增丽、丑者藏丑的角度，说明进行艺术加工的重要。他说："南威、青琴（《汉书·司马相如传》注：'青琴，古神女也。'——引者），姣冶之极，而必俟盛饰以增丽。"③"粉黛至则西施以加丽，而宿瘤以藏丑。"④

但是，另一方面，葛洪从文艺要有利于"助教"⑤的观点出发，反对那种无益于教化的"徒饰弄华藻，张磔迂阔，属难验无益之辞，治靡丽虚言之美"⑥的创作风气。他认为创作如果不具有移风易俗、"通疑"、"赈贫"和"刺过失"的作用，即使美如春花、馨如苣兰，那也只是浮艳之作，是没有什么价值的："不能拯风俗之流遁，世途之凌夷，通疑者之路，赈贫者之乏。何异春华不为肴粮之用，苣蕙不救冰寒之急。古诗刺过失，故有益而贵；今诗纯虚誉，故有损而贱也。"⑦

在关于自然之美与雕饰之美的问题上，葛洪从出世隐士的角度出发，认为自然朴素之美胜于雕饰文绣之美（见前论述）；另一方面，他又从入世儒生的角度出发，

---

① 葛洪. 抱朴子外篇·博喻//葛洪，撰. 抱朴子外篇校笺. 下册. 杨明照，校笺. 北京：中华书局，1991：287.
② 葛洪. 抱朴子·外篇·勖学//葛洪，撰. 抱朴子外篇校笺. 上册. 杨明照，校笺. 北京：中华书局，1991：114.
③ 葛洪. 抱朴子·外篇·博喻//葛洪，撰. 抱朴子外篇校笺. 下册. 杨明照，校笺. 北京：中华书局，1991：261.
④ 葛洪. 抱朴子·外篇·勖学//葛洪，撰. 抱朴子外篇校笺. 上册. 杨明照，校笺. 北京：中华书局，1991：117.
⑤ 葛洪. 抱朴子·外篇·应嘲//葛洪，撰. 抱朴子外篇校笺. 下册. 杨明照，校笺. 北京：中华书局，1991：414.
⑥ 葛洪. 抱朴子·外篇·应嘲//葛洪，撰. 抱朴子外篇校笺. 下册. 杨明照，校笺. 北京：中华书局，1991：416.
⑦ 葛洪. 抱朴子·外篇·辞义//葛洪，撰. 抱朴子外篇校笺. 下册. 杨明照，校笺. 北京：中华书局，1991：398—399.

重视德行修养，重视雕饰之美。这两种似乎矛盾的观点，是统一在他道本儒末的思想体系之中的。

葛洪的思想体系是宗教唯心主义的，然而他的某些见解是合理的、唯物的。①不可讳言，他鄙视"下里巴人"、"桑间濮上"，指斥它们"极鄙"，乃"淫蛙之声"，"不悦于耳"，明显地暴露出他的审美趣味是属于门阀士族阶级的。当我们在做披沙拣金、剖石取玉的工作中，应该批判葛洪的唯心主义的思想体系，分析研究他论述中所涉及的美学思想资料，为深入开展美学研究工作服务。

1980年8月

（原载《四川师范大学学报》1981年第2期，后收入"高等院校社会科学学报论丛"：《复旦学报》〈社会科学版〉编辑部编《中国古代美学史研究》，复旦大学出版社1983年7月版）

---

① 王明. 抱朴子内篇校释·序言. 北京：中华书局，1985：8—11.

谢灵运美学思想钩玄

在我国美学思想发展史上,魏晋南北朝是一个大转折时期,一些哲学家、文学艺术家、文艺理论批评家提出了许多超越前人的、重要的美学观点,对后世美学和文艺创作发生过深远影响。文学家谢灵运是将东晋玄理诗转到宋初山水诗的主导人物,他没有专门的美学或文论著作,他的美学见解散见于其所创作的诗、文、赋中。但吉光片羽,独特而新颖,闪耀着时代的光辉,值得我们重视。

一 情用赏为美

什么是美?古往今来的哲学家、文艺家们一直在探索、思考,直到今天,仍在就此问题进行热烈的讨论。我国古人给美下定义的很少,谢灵运有一句近乎给美下定义的诗,特别值得注意。他说:"情用赏为美,事昧竟谁辨?"① 李善注:"言事无

---

① 谢灵运. 从斤竹涧越岭溪行//黄节注汉魏六朝诗六种. 黄节,注. 北京:人民文学出版社,2008:661.

高玩，而情之所赏，即以为美。此理幽昧，谁能分别乎？"① 我们认为，李善的解释较好地揭示了谢灵运诗句的美学意蕴，基本上是符合他的原意的。谢灵运还在《游名山志序》中指出：

夫衣食人生之所资，山水性分之所适。今滞所资之累，拥其所适之性耳。②

这里，谢灵运提出了"适性"说。如果把这与前诗联系起来考虑，可以见出"情用赏为美"就是以适合个人性情而又为人们所赏爱的东西为美。这表明了谢灵运对美的本质的认识：美就是人们所欣赏的东西，而且是适合个人性情的东西。这样的见解强调了审美主体的主观感受在审美活动中的重要性，并以个人的主观好恶作为评价客观事物的美的尺度，而且强调了审美感受的能动性。在审美活动中，审美主体的审美经验、审美能力、审美理想以及当时的情绪和心境都会参加到审美活动中去，积极地影响审美感受的深度和广度，影响审美感受是否正确和全面。"情用赏为美"这一美学命题的产生不是偶然的，它是"文学的自觉时代"③的产物，是人对自己主观能动性的价值的充分认识和肯定，标志着人的觉醒，应该看作是一种历史前进的音响。④

在历史上，孔子提出的"里仁为美"⑤，是从伦理学的观点来研究美的本质的。孟子提出的"充实之谓美"⑥，是从人格修养的角度来探讨美的本质的。而谢灵运的

---

① 谢灵运. 从斤竹涧越岭溪行//黄节注汉魏六朝诗六种. 黄节，注. 北京：人民文学出版社，2008：661—662.
② 谢灵运. 游名山志序//全宋文：卷三十三//严可均，校辑. 全上古三代秦汉三国六朝文. 北京：中华书局，1958：2616.
③ 鲁迅. 魏晋风度及文章与药及酒之关系//鲁迅，著. 魏晋风度及其他. 上海：上海古籍出版社，2000：188.
④ 李泽厚，著. 美的历程. 北京：文物出版社，1981：85—87.
⑤ 论语集注：卷二//朱熹，撰. 四书章句集注. 北京：中华书局，1983：69.
⑥ 孟子集注：卷十四//朱熹，撰. 四书章句集注. 北京：中华书局，1983：370.

"情用赏为美"的命题，则是从人对自然的审美关系来论美的，他们之间无疑是大相径庭的。在前者那里，美学观点还仅仅是伦理学的附庸，所以美与善往往不能分开，他们所说的"美"，往往只能体现出对一种完美人格的向往，而后者才是从自己的艺术实践和审美实践中所概括和总结出来的审美理论，才使美学观点具有相对独立的性质。似乎可以说，在我国美学思想发展史上，魏晋六朝开始进入美学的"自觉的时代"，而谢灵运的美学思想，正是这个时代审美意识发生重要转变的表现之一。

一个时代审美意识的转变，取决于整个社会意识的转变，而在社会意识中居于重要地位的哲学思想，必然对审美意识产生巨大影响。魏晋玄学唯心主义的主要开创者之一的王弼，是一位天才的哲学家，他的思想对后世美学的发展影响深远。他所提出的"以所见为美"①的命题，可看作是开了谢灵运"情用赏为美"之先声。甚至可以说，谢灵运的美学观点是王弼的哲学之树上开出的美学花朵。但是，谢灵运的"情用赏为美"比起王弼的"以所见为美"来，至少有两点重大的突破。其一，"所赏"比"所见"具有了更多的情感色彩，可以更进一步揭示审美中的心理活动特点；其二，在审美对象上，王弼所美者，是宗庙、祭器。他在《周易·观卦》注中说："王道之可观者，莫盛乎宗庙。宗庙之可观者，莫盛于盥也。"②（"盥"，《说文》："澡手也"③，是祭祀时净手的器皿。）可见，王弼是以符合人的伦理道德标准的事物为美的。而谢灵运所美者，则是山水风光。清人方东树指出，谢康乐诗能"言山水烟霞邱壑之美"④，这是就谢诗中所描写的永嘉一带奇秀山水而言的。确实，当我们读他的诗集时，俨如观赏一部鲜美的写生画册。大量的山水景物，各以其娇妍的姿容，展现于他的诗篇中，闪耀出清美的光辉，给人以美的享受。我们还能从

---

① 王弼《周易略例·卦略》："观之为义，以所见为美者也"。见：王弼，著. 王弼集校释. 楼宇烈，校释. 北京：中华书局，1980：618.
② 王弼. 周易注·观//王弼，著. 王弼集校释. 楼宇烈，校释. 北京：中华书局，1980：315.
③ 许慎. 说文解字. 北京：中华书局，1963：104.
④ 方东树，著. 昭昧詹言：卷五. 王绍楹，校点. 北京：人民文学出版社，1961：129.

他的诗篇中，了解到他对山水喜爱的心情："昏旦变气候，山水含清晖。清晖能娱人，游子憺忘归"①；"景夕群物清，对玩咸可喜"②；"弄波不辍手，玩景岂停目"③。读着这些诗句，其对山水耽玩的情态，历历如在目前。《宋书》说他"出为永嘉太守。郡有名山水，灵运素所爱好，出守既不得志，遂肆意游遨，遍历诸县，动逾旬朔"。为了游山方便，他还专门造了一种鞋子，"寻山陟岭，必造幽峻，岩嶂千重，莫不备尽。登蹑常著木履，上山则去前齿，下山去其后齿"。④ 这就是后来李白诗中所说的有名的"谢公屐"⑤。在《山居赋》一文中，谢灵运一连用了十七个"美"字，尽情描写了"江山之美"、"湖水之美"、"草木之美"、"鸟兽之美"、"居室之美"⑥，读起来可谓湖光山色，尽收眼底。

谢灵运为何对山水这样入迷地爱好呢？首先，我们可以从时代风尚演变方面加以考察，从两汉以来，山水已渐次进入文学创作和审美领域。钱锺书先生指出："尝试论之，诗文之及山水者，始则陈其形势产品，如《京》、《都》之《赋》，或喻诸心性德行，如《山》、《川》之《颂》，未尝玩物审美。继乃山水依傍田园，若茑萝之施松柏，其趣明而未融，谢灵运《山居赋》所谓'仲长愿言'、'应璩作书'、'铜陵卓氏'、'金谷石子'，皆'徒形域之荟蔚，惜事异于栖盘'，即指此也。终则附庸蔚成大国，殆在东晋乎？"⑦ 钱先生鲜明地勾画出山水进入审美领域的三个阶段：第一阶段以两汉大赋、山川之"颂"为标志，这些作品中所描写的仅是山川形势、土地出

---

①谢灵运. 石壁精舍还湖中作//黄节注汉魏六朝诗六种. 黄节，注. 北京：人民文学出版社，2008：647.
②谢灵运. 初往新安桐庐口//黄节注汉魏六朝诗六种. 黄节，注. 北京：人民文学出版社 2008：678.
③谢灵运. 初发入南城//黄节注汉魏六朝诗六种. 黄节，注. 北京：人民文学出版社，2008：675.
④谢灵运传//沈约. 宋书：卷六十七. 北京：中华书局，1974：1753—1754、1775.
⑤李白. 梦游天姥吟留别//李白，著. 李太白全集：卷十五. 王琦，注. 北京：中华书局，1977：706.
⑥谢灵运. 山居赋//全宋文：卷三十一//严可均，校辑. 全上古三代秦汉三国六朝文. 北京：中华书局，1958：2604—2609.
⑦钱锺书，著. 管锥编. 第3册. 北京：中华书局，1979：1037.

产，或是人之品格德性的比譬、象征，还未能进入"玩物审美"。第二阶段以仲长统《乐志论》及应璩《与程文信书》为代表，此二家对山水之赏还不能与享受田园出产之乐分别开。郭熙《林泉高致》云："山水有可行者，有可望者，有可游者，有可居者。"仲、应二家局于"可居"，尚是"田园安稳之意多，景物流连之韵少"①，即还不是纯粹的审美。第三阶段是以山水为审美对象的阶段，以谢灵运的创作实践为代表，并由他首先做了理论上的总结。他在《山居赋》中说：

> 昔仲长愿言，流水高山；应璩作书，邙阜洛川，势有偏侧，地阙周员，铜陵之奥，卓氏充钣槻之端；金谷之丽，石子致音徽之观，徒形域之荟蔚，惜事异于栖盘。至若风丛二台，云梦青丘，漳渠淇园，橘林长洲，虽千乘之珍苑，孰嘉遁之所游。且山川之未备，亦何议于兼求。②

钱锺书先生评曰："按此节以山水之赏别于田园之乐，足证风尚演变，'惜事异于栖盘'，'孰嘉遁之所游'，即谓隐遁之适非即盘游之胜。"③ 钱先生指出谢灵运将"山水之赏"同"田园之乐"判然分别，标志着时代风尚的演变。确实，几乎与谢灵运同时，书法和山水画都应运突起，不少书法家和山水画家对山川之美表示了极大的兴趣。书法家王献之写道："镜湖澄澈，清流泻注，山川之美，使人应接不暇。"④ 画家宗炳写道："峰岫峣嶷，云林森渺，圣贤映于绝代，万趣融其神思。余复何为哉？畅神而已。"⑤ 山水使他感到神清气爽，畅快极了，于是他"身所盘桓，目所绸

---

① 钱锺书，著. 管锥编. 第3册. 北京：中华书局，1979：1036.
② 谢灵运. 山居赋//全宋文：卷三十一//严可均，校辑. 全上古三代秦汉三国六朝文. 北京：中华书局，1958：2604.
③ 钱锺书，著. 管锥编. 第4册. 北京：中华书局，1979：1289.
④ 王献之. 杂帖//全晋文：卷二十七//严可均，校辑. 全上古三代秦汉三国六朝文. 北京：中华书局，1958：1617.
⑤ 宗炳. 画山水序//沈子丞，编. 历代论画名著汇编. 北京：文物出版社，1982：15.

缪，以形写形，以色貌色"①，全身心投入描摹山水之中。至于《世说新语》中所描写的众人言山水之美之盛况，更是精彩（参见《世说新语·言语》）。魏晋六朝人对山水之爱好，说明人们对自然美的认识进入了一个崭新的阶段，即对自然物的审美属性进行认识和再现的阶段。谢灵运的山水诗和审美理论，既是此阶段中应运而生的骄子，也是一杆鲜艳夺目具有号召性的旗帜。

其次，我们再从谢灵运个人的政治遭遇上加以考察。他是大将军谢玄之孙，本有一番匡世济物的宏伟抱负，但由于统治阶级内部的剧烈斗争，使他在政治上的抱负得不到施展，才转而寄情于山水。从这里我们也可以看到，文人走向山林，自然美进入艺术作品，不尽出于逸兴野趣，而常是政治上失意后的慰藉。这是中国美学史上值得注意的一种现象。

谢灵运"情用赏为美"的思想同王弼"以所见为美"的观点一脉相承，而王弼是著名的唯心主义哲学家，那么，谢灵运的这个观点是否就必然属于唯心主义的思想体系呢？我们认为，还不能这样简单地归附。我们在前面已说过谢灵运"情之所赏"的对象是山水。他在《拟魏太子邺中集诗八首》之《王粲》一诗中说："沮漳自可美，客心非外奖。"②"沮漳"指荆山和漳水，诗句的意思是说，荆山漳水自有其可美之处，"言征客之心，非外物所能奖劝"③，从而鲜明地提出了山水"自可美"的观点。可见他对美的本质的认识，虽然强调了以个人的主观感受作为评价客观事物的美的尺度，具有主观唯心主义的色彩，但也指出了美是客观事物本身（客观事物具有审美属性），因而包含了某些朴素的唯物主义的因素。

---

① 宗炳. 画山水序//沈子丞，编. 历代论画名著汇编. 北京：文物出版社，1982：14.
② 谢灵运. 拟魏太子邺中集诗八首. 王粲//黄节注汉魏六朝诗六种. 黄节，注. 北京：人民文学出版社，2008：684.
③ 谢灵运. 拟魏太子邺中集诗八首. 王粲//黄节注汉魏六朝诗六种. 黄节，注. 北京：人民文学出版社，2008：685.

二 遗情舍尘物，贞观丘壑美

谢灵运《述祖德》诗云："遗情舍尘物，贞观丘壑美。"①（李善注："贞，正也。观，视也。言正见丘壑之美。"②）所谓"尘物"，又称为"物虑"、"物累"，质言之，即所谓世俗的考虑，也就是功利思想。他在这两句诗中，表达了他审美时的一种亲身体验，即当观赏山水、丘壑之美时，人可以进入一种抛弃一切世俗的功利欲念而忘情的美妙境界。

审美可以超功利的观点，在美学思想发展史上，是一定阶段中出现的一种新的见解。普列汉诺夫曾指出："使用价值是先于审美价值的。"③ 在生产力不发达的原始社会，人们的审美意识一般是建立在实用功利的基础上的。殷周的陶器和青铜器上装饰的图案，大都是与人们的狩猎耕稼有关的鸟兽植物，原始的歌舞"操牛尾，投足以歌八阕"④ 也与生产劳动有关，远古的乐器也多为生产工具（《尚书·尧典》："予击石拊石，百兽率舞。"⑤ 据考证，"石"为一种生产工具）。先秦诸子论美，也大都没有脱离功利的观点。如孔子提出的"比德"说和荀子提出的"致用"说。直到两汉时期，淮南王刘安主编的《淮南子》，还是把"美"和"功用"联系起来考虑的。在西方，认为审美可以超功利的思想，始于十八世纪德国古典美学家康德。他

---

① 谢灵运. 述祖德//黄节注汉魏六朝诗六种. 黄节，注. 北京：人民文学出版社，2008：606.
② 谢灵运. 述祖德//黄节注汉魏六朝诗六种. 黄节，注. 北京：人民文学出版社，2008：606.
③ 普列汉诺夫，著. 论艺术（没有地址的信）. 曹葆华，译. 北京：生活·读书·新知三联书店出版社，1973：117.
④ 吕不韦，等. 吕氏春秋·古乐//文化部文学艺术研究院音乐研究所，编. 中国古代乐论选辑. 北京：人民音乐出版社，1981：38.
⑤ 虞书·舜典第二//孔安国，传. 十三经注疏. 孔颖达，等，正义. 尚书正义：卷三//阮元，校刻. 北京：中华书局，1980：131.

说:"每个人必须承认,一个关于美的判断,只要夹杂着极少的利害感在里面,就会有偏爱而不是纯粹的欣赏判断了。"① 而谢灵运生活于四五世纪之间,比康德要早一千多年。

还应该指出,谢灵运关于在审美时可以遣去物欲的思想,也是和佛家的"顿悟"说与道家的"以无为本"说分不开的。

谢灵运生于佛学东来之际。初期的佛教哲学,几乎全盘借用了玄学"贵无派"的概念体系。谢灵运在《辨宗论》等文中,也竭力用道家的"以无为本"说,来解释佛教的"顿悟"说。他在《答僧维问》中,曾反复阐明"一悟"则"累尽","累尽则无"的观点。

> 夫累既未尽,无不可得;尽累之弊,始可得无耳。累尽则无,诚如符契。将除其累,要须傍教。在有之时,学而非悟,悟在有表,托学以至,但阶级教愚之谈,一悟得意之论矣。②

在谢灵运看来,世俗的物累之心未去尽,就无法达到"无"的最高境界;只有通过教育学习,到"学之至"的时候才能在一悟之下,物累去尽,达到"无"的境界。从这里,我们既可看到佛家"去物累而顿悟"的思想,亦可看到玄学家王弼所发挥的老子"以无为本"的思想。谢灵运将释、道二家"顿悟"、"反无"之说镕为一炉,并运用于审美欣赏,就得到"观此遗物虑,一悟得所遣"的美感效果。黄节引刘坦之评此诗云:"夫情以赏适为美,况往事暗昧,竟无为之辨明者。仍乃自贻忧念,而不为乐哉。且当观此佳胜,遗去物虑,释然一悟,斯得排遣之道矣。"③ 刘氏

---

① 〔德〕康德,著. 判断力批判. 上卷. 北京:商务印书馆,1964:41.
② 谢灵运. 答僧维问//广弘明集:卷十八//大正藏. 第52册. 第2103号. 台北:台湾新文丰出版公司,1986:225(中).
③ 黄节引刘坦之评语,见:黄节注汉魏六朝诗六种. 黄节,注. 北京:人民文学出版社,2008:662.

此评，阐发谢诗精微，颇中肯綮。在观赏佳丽山水时，能产生"遗去物虑，释然一悟"的美感效果。这揭示了审美感受的一个特点，即审美在形式上对个人来说，是一种自由的观点，而不是一种功利的欲求，正如康德所说，是一种"纯粹的鉴赏判断"①。谢灵运对于审美感受的这种认识，比起先秦诸子来，显然大大前进了一步。

但必须明确指出，审美感受尽管在形式上对个人来说不是实用功利的，但在这种直观形式和个人的非功利需要的现象后面，仍然潜藏着社会的功利性质和内容。由此才决定了美感的阶级性、民族性、时代性等种种差异。鲁迅在《艺术论》译本《序》中说："社会人之看事物和现象，最初是从功利底观点的，到后来才移到审美底观点去。在一切人类所以为美的东西，就在于他有用——于为了生存而和自然以及别的社会人生的斗争上有着意义的东西。功用由理性而被认识，但美则凭直感底能力而被认识。享受着美的时候，虽然几乎并不想到功用，但可由科学底分析而被发见。所以美底享乐的特殊性，即在那直接性，然而美底愉乐的根柢里，倘不伏着功用，那事物也就不见得美了。并非人为美而存在，乃是美为人而存在的。"②鲁迅的话说得相当深刻，仍可作为迄今为止对美与功用关系认识的代表。我们今天的认识，是经过美学史上多次否定之否定的结果。我们对于古人只能考察他比他的前人提供了多少新的东西，而不能用今天的标准去要求古人。

三　理为情先

在审美（包括欣赏和创作）活动中，如何处理"情"与"理"的关系是至关重要的。对"情"、"理"的定义以及二者相互关系的探讨，是中国古典哲学和美学的中心议题之一。"理"，是一个关于客观方面的概念。《说文》："理，治玉也。"段玉

---

① 〔德〕康德，著. 判断力批判. 上卷. 北京：商务印书馆，1964：61.
② 鲁迅.《艺术论》译本序//鲁迅全集. 第4卷. 北京：人民文学出版社，1981：269.

裁注云:"玉虽至坚,而治之得其鳃理以成器不难,谓之理。"① 这是将"理"训为动词的。作为名词来看,应该说,"玉之鳃理"才是"理"之本义。《韩非子·解老》云:"理者,成物之文也。"② 引申为万事万物均有其理,无论日月运行、星移斗转,还是草木萌灭、动物繁息,以及社会人生发展变化,都有其客观规律所在,是之谓理。"情",是一个关于主观方面的概念。《说文》:"情,人之阴气有欲者。"③ 段玉裁引董仲舒曰:"情者,人之欲也。"引《礼记》云:"何谓人情?喜、怒、哀、惧、爱、恶、欲。"可见,所谓"情"是指发自人的内心的各种欲念、情绪。综合上述,"情"与"理"的关系就是主、客观的关系。诚然,"理"还有另外一方面的含义,比如伦理、天理等,它又是一个关于主观方面的概念。在"情"与"理"的问题上,谢灵运主张"理为情先",反对"情居理上"。他在《答僧维问》中专门讲了一个"庄公纳妾"的故事来说明这个问题:

> 窃有微证,巫臣谏庄王之言,物赊于己,故理为情先。及纳夏姬之时,己交于物,故情居理上。情理云互,物己相倾,亦中智之率任也。若以谏日为悟,岂容纳时之惑邪?④

庄公纳夏姬之事,是历史上一个有名的"乱伦"故事。巫臣劝谏庄公不要纳夏姬,是从国家的治乱安危上考虑问题。一国之主的所作所为必须符合天理伦常,如果任性胡作非为,必将给国家带来祸乱。所以必须"理为情先",也就是将"理"摆在首位,用伦理道德来规范情欲,用理智来控制感情。但是,庄公不听巫臣的劝谏,

---

① 许慎,撰. 说文解字注. 段玉裁,注. 上海:上海古籍出版社,1981:15.
② 韩非子. 韩非子·解老//王先慎,撰. 韩非子集解. 钟哲,点校. 北京:中华书局,1998:146.
③ 许慎,撰. 说文解字注. 段玉裁,注. 上海:上海古籍出版社,1981:502.
④ 谢灵运. 答僧维问//全宋文:卷三十二//严可均,校辑. 全上古三代秦汉三国六朝文. 北京:中华书局,1958:2612(下)—2613(上).

"情居理上",终于纳了夏姬,背弃了伦理道德,落得个身败名裂的下场。在这里,谢灵运还反对"情理云互,物己相倾",即反对"情理"和"物我"之间的关系可以颠倒、相互为用的说法,认为这只不过是中等智力的人率尔为之,不足为训。这就为"理为情先"说奠定了更坚实的基础。

尽管在《答僧维问》中的"理"指伦理,"情"指情欲,但必须指出,谢灵运是在一篇佛学论文中谈到"情理"问题的,此文通过有关伦理的论述要说明的是佛家的"悟理",也就是"禅室栖空观,讲宇析妙理"① 之"妙理"。则此处之"理"已经超出伦理的范围,而具有哲学上的真理(或佛家之"禅迎"、道家之"玄理")的意味了。谢灵运将"理为情先"的观点引进文学创作,贯穿于他的诗歌中。《庐陵王墓下作》诗云:"理感心(深)情恸,定非识所将。"②(李善注:"斯则理感既深,情便悲痛。"③ 黄节补注:"则非吾识见之所能及也。"④)《石门新营所住四面高山迴溪石濑茂林修竹》诗云:"感往虑有复,理来情无存。"⑤(李善注:"言悲感已往,而夭寿纷错,故虑有回复,妙理若来,而物我俱丧,故情无所存。"⑥)

后世人们读谢诗,也会感到有很浓厚的思理交织其中。清人王夫之说:"谢灵运一意回旋往复,以尽思理,吟之使人卞躁之意消。《小宛》抑不仅此,情相若,理尤

---

① 谢灵运. 石壁立招提精舍//黄节注汉魏六朝诗六种. 黄节,注. 北京:人民文学出版社,2008:646.
② 谢灵运. 庐陵王墓下作//黄节注汉魏六朝诗六种. 黄节,注. 北京:人民文学出版社,2008:650.
③ 谢灵运. 庐陵王墓下作//黄节注汉魏六朝诗六种. 黄节,注. 北京:人民文学出版社,2008:651.
④ 谢灵运. 庐陵王墓下作//黄节注汉魏六朝诗六种. 黄节,注. 北京:人民文学出版社,2008:652.
⑤ 谢灵运. 石门新营所住四面高山回溪石濑茂林修竹//黄节注汉魏六朝诗六种. 黄节,注. 北京:人民文学出版社,2008:644.
⑥ 谢灵运. 石门新营所住四面高山回溪石濑茂林修竹//黄节注. 汉魏六朝诗六种. 黄节,注. 北京:人民文学出版社,2008:644.

居胜也。王敬美谓：'诗有妙悟，非关理也。'非理抑将何悟？"① 由此看来，王夫之是赞成"理为情先"说的，他的"情相若，理尤居胜"说，可看成在谢灵运基础上的补充和发展。

应该指出，谢灵运对于情理关系的论述也是对前人的继承和发展。先秦的儒家和道家都对情理的问题进行了出色的探讨，并得出了各自不同的结论。

比较儒、道两家的情理论，我们可以看出儒家更偏重于人世的伦理，而道家更偏重于万物的天理。儒家主张以"理"节"情"，"情"、"理"相互为用，是将"情"结合于伦理之中，道家表面上反对情欲，实质上是将"情"结合于天理之上。因此，儒家更接近于现实，道家更倾向于理想。

谢灵运的"理为情先"说显然受到庄子"无人之情"②说的深刻影响，但他并不一般地反对情欲，只是说"情"同"理"相比，不能不居于次要的地位。并且还提出"理感深情动"，认识到在理智的支配和引导下，情感可以得到更好的抒发。这就比庄子的学说合理多了。另外，他也吸收了儒家"以理节情"的思想，而扬弃了儒家"情理相互为用"的观点。

谢灵运"理为情先"说的积极意义在于强调了"理"在审美中的重要性，以及"理"对"情"的规范和指导作用。但是，这种说法也有它的消极方面，即理智过分压抑了情感的抒发，体现在创作中就是说理过多，抒情味较少。

在谢灵运之前，西晋文学家陆机提出了"诗缘情而绮靡"③的重要命题。这个论断要求诗歌既要有强烈的感情色彩，又要通过精美的语言，塑造出鲜明生动的艺术形象。这就鲜明地强调了文学的两个特点：形象性与情感性。就陆机特别强调诗歌的感情因素这一点来讲，这无疑是对我国古代文论和美学的一个杰出贡献。但他

---

①王夫之，著. 姜斋诗话笺注：卷一. 戴鸿森，笺注. 北京：人民文学出版社，1981：30—31.
②郭庆藩，撰. 庄子集释：卷二（下）. 王孝鱼，点校. 北京：中华书局，1961：271.
③陆机. 文赋//萧统，编. 六臣注文选：卷十七. 李善，注. 北京：中华书局，1987：312.

在强调诗歌"情"的因素的同时，忽略了诗歌"理"的因素，这不能不说是一个偏颇。而谢灵运的"理为情先"说同陆机的"缘情"说正好相反相成，互相补充，表明中国古典美学理论中"情"与"理"这对美学范畴的基本含义：一方面，理智是情感的基础，情感是受理智支配的。"情"不能泛滥无归，必须合乎"理"，以"理"为准则、规范。另一方面，"理"不宜明说，不能自显，即不能以概念的形式表现出来，必须寓理于情，"理"在"情"中，通过情感的抒发，让事物的规律性通过情感的类型性自然而然地表现出来。这样的情理关系说，对今天的文艺创作仍然具有借鉴作用。

四　去饰取素

明代学者张溥在《谢康乐集题辞》中说："《山居赋》云：'废张左、寻台皓，致在去饰取素。'宅心若此，何异秋水齐物。诗冠江左，世推富艳。以予观之，吐言天拔，政繇（正由）素心独绝耳。"①（按：《山居赋》原文云："览者废张左之艳辞，寻台皓之深意，去饰取素。"据《山居赋》自注，"张左"，指张衡、左思，张有《两京赋》，左有《三都赋》，都是辞藻华丽，铺张扬厉的大赋，"台皓"，指台孝威和商山四皓，都是古代著名的隐士。）

张溥独标举谢灵运"去饰取素"一语，是颇有见地的。"去饰取素"可以见出谢氏的审美理想，乃在废除浮华轻艳之辞，崇尚自然朴素之美。叶梦得《石林诗话》评谢灵运《登池上楼》一联云："'池塘生春草，园柳变鸣禽。'世多不解此语为工，盖欲以奇求之耳。此语之工，正在无所用意，猝然与景相遇，借以成章，不假绳削，故非常情所能到。诗家妙处，当须以此为根本，而思苦言难者，往往不悟。"②叶氏

---

①张溥. 谢康乐集题辞//黄节注汉魏六朝诗六种. 黄节，注. 北京：人民文学出版社，2008：571.
②叶梦得. 石林诗话：卷中//何文焕，辑. 历代诗话. 上册. 北京：中华书局，1981：426.

指出谢诗"无所用意","不借绳削",正是从审美意象的突然获得方面指出其"自然"的特点,从修辞的角度指出其不假雕饰的"朴素"的特点的。谢诗中古今传诵的名句,如:"白云抱幽石,绿筱媚清涟"①,"野旷沙岸净,天高秋月明"② 等,都以自然、朴素、鲜美取胜。南朝文学家鲍照推举谢诗"如初发芙蓉,自然可爱"③,汤惠休也大加赞赏"谢诗如芙蓉出水"④(钟嵘《诗品》评颜延之条),都指出了谢诗自然、朴素、鲜美的风格特点。李白的名句"清水出芙蓉,天然去雕饰"⑤,其出处也在于此。谢灵运自己在《山居赋》中也说:"虽备物之偕美,独扶渠之华鲜。"⑥由此看来,推崇芙蓉之美,还是谢灵运自许。

崇尚自然朴素之美,古来有之。老子就说过:"为天下谷,常得乃足,复归于朴。"⑦庄子也主张"既雕既琢,复归于朴"⑧,并说:"朴素而天下莫能与之争美。"⑨ 可见,庄子把自然朴素看成一种不可比拟之美、一种理想之美。而影响谢灵运最直接的,还是玄学家王弼,王氏在解释《易·贲·上九》时指出:"处饰之终,饰终反素,故任其质素,不劳文饰,而无咎也。以白为饰,而无患忧,得志者

---

① 谢灵运. 过始宁墅//黄节注汉魏六朝诗六种. 黄节,注. 北京:人民文学出版社,2008:615.
② 谢灵运. 初去郡//黄节注汉魏六朝诗六种. 黄节,注. 北京:人民文学出版社,2008:639.
③ 李延寿,撰. 南史·颜延之传:"延之尝问鲍照己与灵运优劣,照曰:'谢五言如初发芙蓉,自然可爱。君诗若铺锦列绣,亦雕缋满眼。'"(李延寿. 南史:卷三十四. 北京:中华书局,1975:881.)
④ 钟嵘,著. 诗品注. 陈延杰,注. 北京:人民文学出版社,1961:43.
⑤ 李白. 经乱离后,天恩流夜郎,忆旧游书怀赠江夏韦太守良宰//李白,著. 李太白全集:卷十一. 王琦,注. 北京:中华书局,1977:574.
⑥ 谢灵运. 山居赋//全宋文:卷三十一//严可均,校辑. 全上古三代秦汉三国六朝文. 北京:中华书局,1958:2605.
⑦ 老子校释. 朱谦之,校释. 北京:中华书局,1963:73.
⑧ 郭庆藩,撰. 庄子集释:卷七(上). 王孝鱼,点校. 北京:中华书局,1961:677.
⑨ 郭庆藩,撰. 庄子集释:卷五(中). 王孝鱼,点校. 北京:中华书局,1961:458.

也。"① 谢灵运的"去饰取素"说正是从王弼的"饰终反素"说演化而来的。在《山居赋》中，谢灵运写道：

> 夫巢穴以风露贻患，则《大壮》（卦名——引者注）以栋宇祛弊；宫室以瑶旋致美，则白贲以丘园殊世。②

又自注云：

> 《易》云："上古穴居野处，后世圣人易之以宫室。"上栋下宇，以蔽风雨，盖取诸《大壮》，璇堂自是素，故曰白贲最是上爻也。③

以白贲为上爻，就是以自然朴素的本色作为美的最高理想。所以在同一篇文章中，他还要"谢丽塔于郊廓，殊世间于城傍，欣见素以抱朴，果甘露于道场"，又自注云"贫者既不以丽为美，所以安茅茨而已，是以谢郊廓而殊城傍"，走上了隐居山林的道路。他赞美昙隆法师"长别荣冀，永息幽岭，含华袭素，去繁就省"④。他本人也采取了"未若长疏散，万事恒抱朴"⑤的人生态度，"选自然之神丽，尽高栖之

---

① 王弼. 周易注·贲·上九//王弼, 著. 王弼集校释. 楼宇烈, 校释. 北京：中华书局, 1980：328.
② 谢灵运. 山居赋//全宋文：卷三十一//严可均, 校辑. 全上古三代秦汉三国六朝文. 北京：中华书局, 1958：2604.
③ 谢灵运. 山居赋自注//全宋文：卷三十一//严可均, 校辑. 全上古三代秦汉三国六朝文. 北京：中华书局, 1958：2604.
④ 谢灵运. 昙隆法师诔//全宋文：卷三十三//严可均, 校辑. 全上古三代秦汉三国六朝文. 北京：中华书局, 1958：2620.
⑤ 谢灵运. 过白岸亭//黄节注汉魏六朝诗六种. 黄节, 注. 北京：人民文学出版社, 2008：626.

意得"①，精心经营他祖传的山居别业，"谢平生于知游，栖清旷于山川"② 了。

谢灵运指出，之所以"去饰取素"还与描写题材有关。他在《山居赋序》中说：

> 杨子云云："诗人之赋丽以则"，文体宜兼，以成其美。今所赋既非京都宫观、游猎声色之盛，而叙山野、草木、水石、谷稼之事。才乏昔人，心放俗外，咏于文则可勉而就之，求丽，邈以远矣。③

因为自己所描写的题材内容与两汉大赋不同，所以明确宣布与两汉大赋铺张华丽的风格分道扬镳。谢灵运在理论和创作实践上，都贯彻了其"去饰取素"的美学主张，从而成就了其诗作自然鲜美的风格特色。

黄节《谢康乐诗注序》云："康乐之诗，合诗、易、聃、周、骚、辩、仙、释以成之。其所寄怀，每寓本事，说山水则苞名理，康乐诗不易识也。徒赏其富艳，唐宋以后，浅涉其樊者知之。"④ 明代的焦竑就是一个代表，他评谢诗为："弃淳白之用，而竞舟艧之奇，离质木之音，而任宫商之巧。"⑤ 究其实，这种绘色绘声的语言特征，乃是后来沈约、谢朓"新体诗"的语体风格，用来评价谢灵运诗，未免隔靴搔痒。我们认为，谢灵运诗由玄理初入山水，惟其首创，正是所谓"初景革绪风，

---

① 谢灵运. 山居赋//全宋文：卷三十一//严可均，校辑. 全上古三代秦汉三国六朝文. 北京：中华书局，1958：2604.
② 谢灵运. 山居赋//全宋文：卷三十一//严可均，校辑. 全上古三代秦汉三国六朝文. 北京：中华书局，1958：2604.
③ 谢灵运. 山居赋序//全宋文：卷三十一//严可均，校辑. 全上古三代秦汉三国六朝文. 北京：中华书局，1958：2604.
④ 黄节. 谢康乐诗注序//黄节注汉魏六朝诗六种. 黄节，注. 北京：人民文学出版社，2008：568.
⑤ 焦竑. 谢康乐集题辞//黄节注汉魏六朝诗六种. 黄节，注. 北京：人民文学出版社，2008：569.

新阳改故阴"①，给人以耳目全新之感。

要之，在南朝文藻日竞雕华的风气之下，谢灵运在文坛上首倡"去饰取素"，以自然朴素为宗。钟嵘、刘勰继之，而又从理论上加以全面地总结和评说。这给当时和后世的文坛带来了良好的影响。

1983 年 5 月

（原载《四川师范大学学报》1983 年第 3 期。与詹杭伦合写）

---

① 谢灵运. 登池上楼//黄节注汉魏六朝诗六种. 黄节，注. 北京：人民文学出版社，2008：619.

从《文心雕龙·隐秀》篇看刘勰的美学观

《文心雕龙·隐秀》篇是刘勰关于创作论的一个重要篇章，它不仅从作品字句的修改、锤炼和润色等问题提出了一些重要的创作原则，而且从美学理论的高度提出了一些重要的美学原则，表明了刘勰的美学见解。过去，由于清人纪昀和近人黄侃断定《隐秀》篇补文是明人伪造，致使大家忽视了对《隐秀》篇的理论的探讨和研究。实际上，即使我们对《隐秀》篇的四百多字的补文置而不论，《隐秀》篇的其余部分也表明了刘勰的真知灼见，也是值得我们认真研究的。

一 揭橥"自然会妙"，反对"雕削取巧"

南朝从刘宋以来，文学创作日趋藻绘轻艳，至"江左齐梁，其弊弥甚，贵贱贤愚，唯矜吟咏。遂复遗理存异，寻虚逐微，竞一韵之奇，争一字之巧。连篇累牍，不出月露之形，积案盈箱，唯是风云之状"①。面对这种弥漫文坛的形式主义和唯美

---

① 李谔. 上书正文体//全隋文：卷二十//严可均，校辑. 全上古三代秦汉三国六朝文. 北京：中华书局，1958：4135（上）.

主义文风，一部分批评家深表不满，并进行了坚决的斗争。在这场斗争中，刘勰企图以儒家经典的质朴的文风为准绳来扭转当时的不良倾向。他明确地倡导文学的自然之美，揭橥"自然会妙"之说。这种主张贯穿了《文心雕龙》全书。刘勰多次提出并强调"自然"。

> 故自然会妙，譬卉木之耀英华；……英华曜树，浅而炜烨。①

> 心生而言立，言立而文明，自然之道也。②

> 傍及万品，动植皆文：龙凤以藻绘呈瑞，虎豹以炳蔚凝姿；云霞雕色，有逾画工之妙；草木贲华，无待锦匠之奇；夫岂外饰，盖自然耳。③

> 人禀七情，应物斯感，感物吟志，莫非自然。④

> 夫情致异区，文变殊术，莫不因情立体，即体成势也。势者，乘利而为制也。如机发矢直，涧曲湍回，自然之趣也。……譬激水不漪，槁木无阴，自然之势也。⑤

> 夫心生文辞，运裁百虑，高下相须，自然成对。⑥

> 自后汉以来，碑碣云起。才锋所断，莫高蔡邕。……察其为才，自然而至。⑦

---

① 刘勰，著. 文心雕龙注：卷八. 范文澜，注. 北京：人民文学出版社，1958：633.
② 刘勰，著. 文心雕龙注：卷一. 范文澜，注. 北京：人民文学出版社，1958：1.
③ 刘勰，著. 文心雕龙注：卷一. 范文澜，注. 北京：人民文学出版社，1958：1.
④ 刘勰，著. 文心雕龙注：卷二. 范文澜，注. 北京：人民文学出版社，1958：65.
⑤ 刘勰，著. 文心雕龙注：卷八. 范文澜，注. 北京：人民文学出版社，1958：529—530.
⑥ 刘勰，著. 文心雕龙注：卷七. 范文澜，注. 北京：人民文学出版社，1958：588.
⑦ 刘勰，著. 文心雕龙注：卷三. 范文澜，注. 北京：人民文学出版社，1958：214.

纪昀在评《隐秀》篇时指出："纯任自然，彦和之宗旨，即千古之定论。"① 又在评《文心雕龙·原道》篇时指出："齐梁文藻日竞雕华，标自然以为宗，是彦和吃紧为人处。"② 总之，在中国文学批评史上，刘勰是最早直接提出自然的文学，倡导文学的自然之美的。他提倡和推崇文学的"自然会妙"，是为了反对当时"雕削取巧"③ 的形式主义和唯美主义倾向，在文学发展史上是具有进步意义的。

贵自然、贱矫饰的思想，不始于刘勰。其源头，可以追溯到老子和庄子。道家是崇尚自然、崇尚朴素的。《老子》说："人法地，地法天，天法道，道法自然"④，"复归于朴""处其厚不处其薄，居其实不居其华"⑤。他讲的都是这个意思。《庄子》书中谈艺的寓言如"庖丁解牛"、"轮扁斫轮"、"佝偻者承蜩"、"吕梁丈夫蹈水"等，所阐发的也是崇尚自然的思想。老子主张无为而治，要求回到殷周即理想化了的奴隶社会。而庄子则进一步主张绝对无为，从根本上反对任何的治，要求回到"浑沌"时代，即非人类社会。他们对文化学术是采取否定态度的，这种态度是不符合社会发展规律的。但他们主张自然之美，反对雕琢堆砌、矫揉造作之风的思想，却被后代文艺理论家加以改造，赋予了新的意义，成为反对形式主义和唯美主义的工具。当然他们的主张是哲学家的主张，不是文学理论批评家的主张。刘勰有选择地吸取了老庄论述中的有关部分，做了新的解释，用来抨击齐梁的不良文风。比如他引申庄子关于"道隐于小成，言隐于荣华"⑥ 的论述来阐明内容决定形式，来反对那种片面追求华美形式的浮靡之风："情者，文之经，辞者，理之纬；经正而后纬成，理

---

① 黄霖，编著. 文心雕龙会评. 上海：上海古籍出版社，2005：133.
② 纪昀评《文心雕龙·原道》"齐梁文藻，日竞雕华，标自然以为宗，是彦和吃紧为人处。""自汉以来，论文者罕能及此。彦和以此发端，所见在六朝文士之上。文以载道，明其当然；文原于道，明其本然，识其本乃不逐其末。首揭文体之尊，所以截断众流。"（黄霖，编著. 文心雕龙会评. 上海：上海古籍出版社，2005：14、13）
③ 刘勰，著. 文心雕龙注. 卷八. 范文澜，注. 北京：人民文学出版社，1958：633.
④ 老子校释. 朱谦之，撰. 北京：中华书局，1963：66.
⑤ 老子校释. 朱谦之，撰. 北京：中华书局，1963：73，99.
⑥ 郭庆藩，撰. 庄子集释：卷一. 王孝鱼，点校. 北京：中华书局，1961：62.

定而后辞畅，此立文之本源也……是以联辞结采，将欲明经，采滥辞诡，则心理愈翳。固知翠纶桂饵，反所以失鱼。言隐荣华，殆谓此也。"①

刘勰为什么倡导文学的"自然会妙"呢？刘勰认为，在文学创作上提倡自然，有助于创作思想的解放，便于真实地反映现实生活，真实地表达作家的思想感情，使之"为情而造文"，做到"要约而写真"②。在刘勰看来，文学创作是"序志述时"，即是要反映现实生活和表达作家的思想感情的。"心生而言立，言立而文明，自然之道也"，有了思想感情就需要语言表达形式，有了语言表达形式就会产生文章，这乃是自然的道理。"人禀七情，应物斯感，感物吟志，莫非自然。"作家受到现实生活的影响和刺激，就会产生相应的感应活动，有感而发，抒发内心的思想感情，这也完全出于自然。如果作家不"为情而造文"，而是一味追求褥丽，以藻饰相高，作家的思想感情就会为雕章琢句所束缚，成为"为文而造情"，以致"真宰弗存，翩其反矣"，"言与志反，文岂足征！"③既然作家不能表达自己内心的真情实感，文章中就只能看到虚情假意，这种作品又有什么价值呢？

刘勰主张文学的"自然会妙"，也是基于他对自然美的认识，对艺术美与自然美的关系的认识而提出来的。刘勰认为，自开天辟地以来，自然界的各个方面普遍地存在着美。天上有日月叠璧、云霞雕色，地面有山川焕绮、林籁结响、泉石结韵；动物有龙凤"形立则章成矣，声发则文生矣"④，这就形成了自然界各方面的形态之美、色彩之美和声音之美。这种美是天然生成的，不是另外加上去的，"夫岂外饰？盖自然耳"；而且这种美有不可比拟的生动性和丰富性，"有逾画工之妙"，"无待锦匠之奇"。它超过了"画工"、"锦匠"的技巧和作品的"奇"、"妙"。在刘勰看来，自然事物之美，是出自天然、非人工之美所能相比的，那么，文学作品是反映生活的，就应该像自然事物那样，顺理成章，正如"机发矢直，涧曲湍回"和"激水不

---

① 刘勰，著．文心雕龙注：卷七．范文澜，注．北京：人民文学出版社，1958：538.
② 刘勰，著．文心雕龙注：卷七．范文澜，注．北京：人民文学出版社，1958：538.
③ 刘勰，著．文心雕龙注：卷七．范文澜，注．北京：人民文学出版社，1958：538.
④ 刘勰，著．文心雕龙注：卷一．范文澜，注．北京：人民文学出版社，1958：1.

漪，槁木无阴"，乃"自然之趣"和"自然之势"，出自自然，使作品"自然会妙"具有自然之美，而不应该矫揉造作，"雕削取巧"。

刘勰重视自然之美，是否就忽视人工之美呢？他说："拙辞或孕于巧义，庸事或萌于新意，视布于麻，虽云未费（贵），杼轴献功，焕然乃珍。"① 可见，他并没有忽视"润色取美"②，因为"拙辞孕巧义，修饰则巧义显；庸事萌新意，润色则新意出"③。他是主张自然之美和人工之美相结合的。他是主张经过人工的锤炼，来达到"自然会妙"的艺术高境的。通观《文心雕龙》全书，我们可以看到，从《神思》到《附会》共十八篇文章，是刘勰的创作论，就是阐明文学创作如何经过千锤百炼以达到"自然会妙"的境地，同时要求摆脱雕琢藻饰的人为的精神枷锁，以便自由地表达作家的真思想、真情感，使作品具有"视之则锦绘，听之则丝簧，味之则甘腴，佩之则芬芳"④ 的艺术感染力。

二 "英华曜树"之美与"朱绿染缯"之美

刘勰深入地研究和总结了历代作家的创作经验和前人关于文学理论批评的论述，从而认识到，在文学发展史上、在文学创作中，存在着两种不同的艺术风格、两种不同的美感，这就是"英华曜树"之美和"朱绿染缯"⑤ 之美。早于刘勰的南朝宋代文学家鲍照在比较谢灵运和颜延之的作品的风格特点时，谓谢诗"如初发芙蓉，

---

① 刘勰，著. 文心雕龙注：卷六. 范文澜，注. 北京：人民文学出版社，1958：495.
② 刘勰，著. 文心雕龙注：卷八. 范文澜，注. 北京：人民文学出版社，1958：633.
③ 黄侃释《文心雕龙·神思》之"杼轴献功"云："此言文贵修饰润色。拙辞孕巧义，修饰则巧义显；庸事萌新意，润色则新意出。凡言文不加点，文如宿构者，其刊改之功，已用之平日，练术既熟，斯疵累渐除，非生而能然者也。"（黄侃. 文心雕龙札记. 上海：上海古籍出版社，2000：95.）
④ 刘勰，著. 文心雕龙注：卷九. 范文澜，注. 北京：人民文学出版社，1958：656.
⑤ 刘勰，著. 文心雕龙注：卷八. 范文澜，注. 北京：人民文学出版社，1958：633.

自然可爱",颜诗"若铺锦列绣,亦雕缋满眼"①。"初发芙蓉"与"铺锦列绣"实际上表明了两种艺术风格和两种美感。但是,鲍照只是对两位诗人的不同风格的形象进行了描绘。而刘勰却从文学理论的高度、从美学原则的高度,在对历代作家的作品进行深入分析研究的基础上,对关于文学创作中的两种不同艺术风格和两种不同美感做出了概括和总结,具有更为重要的理论意义和对创作的指导作用。

刘勰是从阐明"秀"的特点来指明两种风格和两种美感的。他说:"秀也者,篇中之独拔者也","秀以卓绝为巧"②。秀句可以突出地表现作品的风格特点和美感特点,展现作品所塑造的艺术境界,因而历代有名的作家,都在创造秀句上付出了辛勤的劳动,真可谓"呕心吐胆,煅岁炼年"。而批评家、欣赏者又往往是从对作品的秀句的分析研究入手,去把握作品的艺术境界、艺术风格和美感特点的。

在刘勰看来,"英华曜树"是一种"浅而炜烨"之美、自然朴素之美;"朱绿染缯"是一种"深而繁鲜"③之美,润色雕饰之美。刘勰又往往用"实"和"华"来表明这两种美感,而且认为这两种美感特点的结合,是最理想的美的境界。他从儒家传统的文学观出发,认为圣人的经典就是这两种美感密切结合的理想的作品:"然则圣文之雅丽,固衔华而佩实者也。"④ 因为经典是"雅"、"丽"也就是"实"、"华"的结合。(刘勰企图以经典为依据,建立一个艺术标准,因而不恰当地解释并夸大了经典是"雅丽"之篇,"衔华佩实"之作,实际上除《诗经》、《左传》是这样的文学作品外,其他的经典,一般来说都是很质朴而缺少文采的。)刘勰还提出了"华"、"实"结合的原则和方法:"凭轼以倚雅颂,悬辔以驭楚篇,酌奇而不失其真(注:一作'贞'。贞者,正也),玩华而不坠其实。"⑤ 这就是以儒家经典的雅正朴实之文风作为准绳,并适当地吸取楚辞的华丽奇特的表现方法,使文辞艳丽,从而

---

① 李延寿. 南史:卷三十四. 北京:中华书局,1974:881.
② 刘勰,著. 文心雕龙注:卷八. 范文澜,注. 北京:人民文学出版社,1958:632.
③ 刘勰,著. 文心雕龙注:卷八. 范文澜,注. 北京:人民文学出版社,1958:633.
④ 刘勰,著. 文心雕龙注:卷一. 范文澜,注. 北京:人民文学出版社,1958:16.
⑤ 刘勰,著. 文心雕龙注:卷一. 范文澜,注. 北京:人民文学出版社,1958:48.

把"奇"与"真"、"华"与"实"结合起来，使作品既"雅"又"丽"，既"实"又"华"，但两者的结合要不离"依雅颂"、"驭楚篇"的原则，不失去经典的雅正朴实之风。刘勰还认识到，作家的才、气、学、习不同，即作家的生活经历、思想感情、文化修养、创作特点不同，个性不同，因而对"华"与"实"这两种风格和美感，少能"兼善"，常是"偏美"①。因此，他明确指出，"随性适分，鲜能圆通"，"华实异用，惟才所安"②，作家应该发挥自己的创作特长，保持自己的艺术风格。刘勰还进一步指出了塑造这两种不同风格和美感的作品，都要出自自然，"并思合而自逢，非研虑之所求也"，若"雕削取巧，虽美非秀矣"③。他还认为，自然朴素之作，不应陷入浅露朴陋之域，应"直而不野"④；润色雕绘之篇，不要流于"淫丽而烦滥"⑤之区，应"文丽而不淫"⑥。

文学创作的实践证明，"英华曜树"之美和"朱绿染缯"之美都是符合人们的审美需要的，"作诗虽贵古淡，而富丽不可无。譬如松筼之于桃李，布帛之于锦绣也"⑦。刘勰对这两种美感都重视，认为两者都可以"照文苑"⑧，但他又特别重视"英华曜树"这种"自然会妙"之境。什么是他所主张的"自然会妙"呢？他说："若远山之浮烟霭，娈女之靓容华。然烟霭天成，不劳于妆点；容华格定，无待于裁熔；深浅而各奇，秾纤而俱妙。"⑨ 这是一种艺术上浑然天成、妙造自然的高境，有

---

① 刘勰，著. 文心雕龙注：卷二. 范文澜，注. 北京：人民文学出版社，1958：67.
② 刘勰，著. 文心雕龙注：卷二. 范文澜，注. 北京：人民文学出版社，1958：67.
③ 刘勰，著. 文心雕龙注：卷八. 范文澜，注. 北京：人民文学出版社，1958：633.
④ 刘勰，著. 文心雕龙注：卷二. 范文澜，注. 北京：人民文学出版社，1958：66.
⑤ 刘勰，著. 文心雕龙注：卷七. 范文澜，注. 北京：人民文学出版社，1958：538.
⑥ 刘勰，著. 文心雕龙注：卷一. 范文澜，注. 北京：人民文学出版社，1958：23.
⑦ 谢榛. 四溟诗话：卷一//丁福保，辑. 历代诗话续编. 下册. 北京：中华书局，1983：1139.
⑧ 刘勰，著. 文心雕龙注：卷八. 范文澜，注. 北京：人民文学出版社，1958：633.
⑨ 系《隐秀》补文。这些引文是符合刘勰的思想的。见：刘勰，著. 文心雕龙注释. 周振甫，注. 北京：人民文学出版社，1981：431.

如大匠运斤，不露斧凿痕迹，"譬诸裁云制霞，不让乎天工，斫卉刻葩，有同乎神匠矣"①。

创作实践证明，作家只有经过长期的艺术实践，锲而不舍地艰苦锤炼，"至精而后阐其妙，至变而后通其数"②，从而掌握文学创作的规律，掌握高超的写作技巧，才能在创作上达到这种出神入化的境界。苏轼说过："大凡为文，当使气象峥嵘，五色绚烂，渐老渐熟，乃造平淡。"③ 他是把"平淡"视为"老"、"熟"的境界，指出创作必须先经过"气象峥嵘，五色绚烂"，然后才能"渐老渐熟"，达到妙造自然的极境。葛立方也说："大抵欲造平淡，当自组丽中来，落其华芬，然后可造平淡之境。"④ 刘勰所主张的"自然会妙"就是这种绚烂之后归于"平淡"的境界。"平淡"并非平庸和淡而无味，而是用朴实、精练的语言表达出深刻的思想和丰富的情感，"平淡有思致"⑤，"平淡而到天然处，则善矣"⑥。郭沫若曾经说过："真正的名家年轻时大都从平易出发，经过修饰，再归于平易，即不隔——隔，再到不隔。这就是所谓'经过点化后的自然'。真正好的诗都是这样一派。"⑦ 可见，"平淡"乃"点化后的自然"，这"点化后的自然"是作家经过匠心"经营而反于自然"⑧ 之境，是高度功力所达到的炉火纯青之境。刘勰所要求达到的"自然会妙"，正是这种"点化后的自然"。

刘勰主张文学的自然之美，倡导"自然会妙"之说，这对后代的影响是大的。

---

①系《隐秀》补文。这些引文是符合刘勰的思想的。见：刘勰，著. 文心雕龙注释. 周振甫，注. 北京：人民文学出版社，1981：431—432.
②刘勰，著. 文心雕龙注：卷六. 范文澜，注. 北京：人民文学出版社，1958：495.
③周紫芝. 竹坡诗话//何文焕，辑. 历代诗话. 上册. 北京：中华书局，1981：348.
④葛立方. 韵语阳秋：卷一//何文焕，辑. 历代诗话. 下册. 北京：中华书局，1981：483.
⑤葛立方. 韵语阳秋：卷一//何文焕，辑. 历代诗话. 下册. 北京：中华书局，1981：483.
⑥葛立方. 韵语阳秋：卷一//何文焕，辑. 历代诗话. 下册. 北京：中华书局，1981：484.
⑦郭沫若. 关于大规模收集民歌问题//雄鸡集. 北京：北京出版社，1959：160.
⑧沈德潜，著. 说诗晬语. 霍松林，校注. 北京：人民文学出版社，1979：203.

继刘勰而起的南朝梁代的钟嵘，更标举"自然英旨"①，主张诗歌应直抒胸臆，反对堆砌典故，反对齐梁淫侈烦烂的文风。唐代大诗人李白继陈子昂之后，大力提倡诗歌的清新自然之美："清水出芙蓉，天然去雕饰。"②"圣代复元古，垂衣贵清真。"③他否定六朝那种雕章琢句、丧失天真的文风："自从建安来，绮丽不足珍。"④"一曲斐然子，雕虫丧天真。"⑤这都是要求摆脱雕章绘句的束缚，使作家的真思想、真情感能得到自由的抒发。

三 "余味曲包"——含蓄蕴藉之美

许多优秀作家的创作实践证明，那些含蓄蕴藉的优秀作品给人的美感享受往往是特别强烈的。它可以引起人们丰富的联想，使欣赏者根据自己的生活经历、审美理想去补充、丰富作家所塑造的艺术形象，开拓新的艺术境界。刘勰在研究总结前代作家的创作经验的基础上，提出了"余味曲包"⑥之说，主张文学作品应有含蓄之美。他说："情在词外曰隐"（张戒《岁寒堂诗话》引刘勰云"情在词外曰隐，状溢目前曰秀"⑦），"隐也者，文外之重旨者也"，"隐以复意为工"，"隐之为体，义主文外，秘响傍通，伏采潜发，譬爻象之变互体，川渎之韫珠玉也"。⑧总之，具有

---

① 钟嵘，著．诗品注．陈延杰，注．北京：人民文学出版社，1961：4.
② 李白．经乱离后，天恩流夜郎，忆旧游书怀赠江夏韦太守良宰//李白，著．王琦，注．李太白全集：卷十一．北京：中华书局，1977：574.
③ 李白．古风五十九首·其一//李白，著．李太白全集：卷二．王琦，注．北京：中华书局，1977：87.
④ 李白．古风五十九首·其一//李白，著．李太白全集：卷二．王琦，注．北京：中华书局，1977：87.
⑤ 李白．古风五十九首·其三十五//李白，著．李太白全集：卷二．王琦，注．北京：中华书局，1977：133.
⑥ 刘勰，著．文心雕龙注：卷八．范文澜，注．北京：人民文学出版社，1958：633.
⑦ 张戒．岁寒堂诗话：卷上//丁福保，辑．历代诗话续编．上册．北京：中华书局，1983：456.
⑧ 刘勰，著．文心雕龙注：卷八．范文澜，注．北京：人民文学出版社 1958：632.

含蓄之美的作品，可以使人"如食橄榄，真味久愈在"①。刘勰主张含蓄之美，并不是主张晦塞艰深，他认为"晦塞为深，虽奥非隐"②。他认为隐句也应自然得之。他对那些故作晦涩艰深之文，是持否定态度的。

从刘勰对"含蓄"的解释，可以看到，所谓作品之"余味"，是文学作品塑造的艺术境界所产生的强烈的艺术感染力。刘勰指出，作家在塑造艺术形象时，应该做到"物色尽而情有余"③。所谓"物色尽"，首先是指形象的真实性，要求作家对现实生活做深入细致的观察和认识，使万千的生活形象了然于心，然后采用"以少总多"④的艺术概括方法，塑造出典型形象，忠实地再现和反映现实生活，使之"情貌无遗"⑤。这种形神兼备的艺术形象，必然"使味飘飘而轻举，情晔晔而更新"⑥，具有耐人寻味的艺术魅力，从而启发人们去领会"文外之重旨"。其次是指意境的独特性，由于作家的审美理想和个性不同，因而在"应物斯感"时，总是"各师成心，其异如面"⑦，有着自己独特的感受，在"神思"中构成自己独特的"意象"，作家会"窥意象而运斤"⑧，根据自己的审美理想和独特感受塑造出不同于他人的、饱和着作家感情的艺术境界。这种倾注了作家激情的、情景交融的意境，必然能引起人们浮想联翩，情思激荡，从而去领会词外之情。所谓"情有余"，就是作家要给欣赏者留下广阔的联想的空间，留下充分的思考和回味的余地，让欣赏者从作品的意境中体味到无穷的文外之旨，从而"欢然内怿"⑨，获得强烈的美感享受。如果把话说

---

① 欧阳修，著. 六一诗话. 郑文，校点. 北京：人民文学出版社，1962：10.
② 刘勰，著. 文心雕龙注：卷八. 范文澜，注. 北京：人民文学出版社，1958：633.
③ 刘勰，著. 文心雕龙注：卷十. 范文澜，注. 北京：人民文学出版社，1958：694.
④ 刘勰，著. 文心雕龙注：卷十. 范文澜，注. 北京：人民文学出版社，1958：694.
⑤ 刘勰，著. 文心雕龙注：卷十. 范文澜，注. 北京：人民文学出版社，1958：694.
⑥ 刘勰，著. 文心雕龙注：卷十. 范文澜，注. 北京：人民文学出版社，1958：694.
⑦ 刘勰，著. 文心雕龙注：卷六. 范文澜，注. 北京：人民文学出版社，1958：505.
⑧ 刘勰，著. 文心雕龙注：卷六. 范文澜，注. 北京：人民文学出版社，1958：493.
⑨ 刘勰，著. 文心雕龙注：卷十. 范文澜，注. 北京：人民文学出版社，1958：715.

尽,"尽则又浅露也"①。所以,"若句中无余字,篇中无长语,非善之善者也;句中有余味,篇中有余意,善之善者也"②。在刘勰看来,"物色尽"与"情有余"是密切联系而不可分割的两个方面,要做到"情在词外",首先必须做到情在景中,作家必须塑造出真实的、"情貌无遗"的艺术形象,开拓出情景渗透的、富有作家独特感受的艺术境界,把忠实地再现生活的特征与形象地表现作家独特的感受结合起来,这样的作品就会令人"玩泽（绎）"③,使人"既随物以宛转","亦与心而徘徊"④,"使玩之者无穷,味之者不厌矣"⑤。

刘勰的"余味曲包"之说,在中国文学理论批评史上,是占有重要位置的,而且对后代文学创作和文学批评发生过重要影响。早于刘勰的晋代文论家陆机,在《文赋》中曾讲过:"每除烦而去滥,阙大羹之遗味。"虽然已涉及"味"的问题,但他是从要防止创作中的五种弊病（其中就有缺乏真味的问题）而提出来的,并没有对这个问题展开深入的论述。刘勰在吸收前人论述的基础上,对"文外重旨"之说做了具体深入的阐述,他强调文学应反映现实,强调文学应具有形象性的特征,强调作品应开拓耐人寻味的意境,这些理论具有重要的指导作用。晚唐时代的司空图,更大力提倡"韵味说",主张诗歌应有"韵外之致"、"味外之旨",做到"近而不浮,远而不尽"⑥,也是强调作品应含蓄蕴藉和饶有韵味。似乎可以说,"近而不浮"是"物色尽"的引申,"远而不尽"是"情有余"的发展,司空图的"韵味说"是受了刘勰"余味说"的影响。但司空图把这个问题谈得更加具体和深入,而且明确地把

---

① 张戒. 岁寒堂诗话：卷上//丁福保,辑. 历代诗话续编. 上册. 北京：中华书局,1983：454.
② 姜夔. 白石道人诗说//何文焕,辑. 历代诗话. 下册. 北京：中华书局,1981：681.
③ 刘勰,著. 文心雕龙注：卷十. 范文澜,注. 北京：人民文学出版社,1958：715.
④ 刘勰,著. 文心雕龙注：卷十. 范文澜,注. 北京：人民文学出版社,1958：693.
⑤ 系《隐秀》补文。这些引文是符合刘勰的思想的。见：刘勰,著. 周振甫,注. 文心雕龙注释. 北京：人民文学出版社,1981：431.
⑥ 与李生论诗书//司空图,著. 诗品集解. 郭绍虞,集解. 北京：人民文学出版社,1963：47.

含蓄和韵味强调成为诗歌的首要的艺术特征,并形成了较有系统的理论,对后世产生了很大的影响。可是他的理论有一个最大的缺点,就是贬低反映现实、批判现实的作品的积极意义,贬低新乐府一类诗歌的艺术价值,如说"元白力勍而气孱,乃都市豪估耳"①,因而他的"韵味说"的具体内容,就表现出他文学思想上存在逃避现实的严重消极倾向。而刘勰的"余味说"是建立在文学应真实地反映现实生活的基础之上的,因而闪现着唯物论思想的光辉,这就更加显出其理论在文学批评史上的重要意义。

刘勰的美学思想的内容是十分丰富的,本文只是从《隐秀》篇所提出的几个问题,从一个侧面剖析了他的美学观。在刘勰的美学思想中,是存在着明显矛盾的,如他对宇宙本源所做的解释,表现出唯心主义观点,而他对文学创作规律所做的阐述,却充满着唯物主义思想。对于这些问题,应该做深入的分析研究,以便更好地批判继承这份古代美学遗产。

1979 年 8 月

(原载《四川师范大学学报》1979 年第 4 期)

---

① 司空图. 与王驾评诗书//司空图,著. 诗品集解. 郭绍虞,集解. 北京:人民文学出版社,1963:50.

《文心雕龙》与老庄思想

刘勰写《文心雕龙》，是根据儒家传统的文学观来阐明他的许多理论的。但是魏晋以来的"文学自觉"，往往与老庄思想的流行有着千丝万缕的联系。作为具备系统的文学理论思想的刘勰，不能不受到对文学创作很有影响的老庄思想的濡染。在《文心雕龙》中，我们可以明显地窥见老庄思想影响的痕迹，在一些问题上，刘勰选取了老庄论述中的观点和材料，加以改造，赋予新的思想，作为自己文论的组成部分和进行战斗的思想武器。这个问题，是值得探讨的。

一

《文心雕龙》开宗明义第一篇是《原道》，阐明了刘勰文"本乎道"[①]，创作要以"道"为根本的主张，同时，表明了刘勰对人类文化起源的看法。刘勰指出天文地文是"道之文"，人文是"自然之道"，就是说天文地文都是"道"的表现。那么，为

---

① 刘勰，著. 文心雕龙注：卷十. 范文澜，注. 北京：人民文学出版社，1958：727.

什么要称"道"为"自然之道","自然之道"中的"自然"与"道"的含义是什么呢?

在中国文学理论批评史上,刘勰是最先把"自然"与"道"两个词联系在一起使用的。刘勰对"自然"与"道"的含义的理解,同老庄有许多相似之处。

《老子》二十五章说:"人法地,地法天,天法道,道法自然。"① 他是以"道法自然"和"道常无为而无不为"(《老子》三十七章)② 来建立他的天道自然无为的思想的。老子第一个提出"道"作为哲学的最高范畴,"道"就构成了他的整个客观唯心主义体系的核心。《老子》四十二章说:"道生一,一生二,二生三,三生万物。"③ 老子所说的"道",不是物质实体,而是产生整个物质世界的总根源,是绝对精神之类的东西。④ 老子所谓的"道法自然",就是"道"以它自己的样子为法则。王弼《老子注》:"法谓法则也";"道不违自然,乃得其性","自然者,无称之言,穷极之辞也"。可见,"自然"是对"道"的形态的描写。《老子》五十一章还说:"道之尊,德之贵,夫莫之命而常自然。"⑤ 就是说,"道"所以被尊重,并没有谁来命令,它自己就是这样的。因此,"道法自然"与"夫莫之命而常自然"里的"自然",都是形容和说明"道"的形态是自然而然的,像它自身本来的样子。(《老子》中用"自然"有五处,除上引两处外,还有十七章"百姓谓我自然",⑥ 二十三章"希言自然"⑦,六十四章"以辅万物之自然而不敢为"⑧。其意思都是自然而然或本来如此的样子。)庄子继承了老子的唯心主义,对老子所讲的"道"做了进一步的唯心主义的解释。他说"道"是"自本自根,未有天地,自古以固存;神鬼神帝,

---

① 老子校释. 朱谦之,校释. 北京:中华书局,1963:66.
② 老子校释. 朱谦之,校释. 北京:中华书局,1963:94.
③ 老子校释. 朱谦之,校释. 北京:中华书局,1963:112.
④ 任继愈,主编. 中国哲学史. 北京:人民出版社,1979:45.
⑤ 老子校释. 朱谦之,校释. 北京:中华书局,1963:131.
⑥ 老子校释. 朱谦之,校释. 北京:中华书局,1963:45.
⑦ 老子校释. 朱谦之,校释. 北京:中华书局,1963:60.
⑧ 老子校释. 朱谦之,校释. 北京:中华书局,1963:168.

生天生地；在太极之先而不为高，在六极之下而不为深，先天地生而不为久，长于上古而不为老"①。在庄子看来，"道"是世界万物的本源，它是在天地之前就已经存在的，上帝、鬼神都是靠着它显示作用的，天地万物都是由它所产生的。这样一个独立存在的"道"，只能是一个精神实体。郭象在《庄子·庚桑楚》疏中指出，庄子所称的"道"是"自然之道"；成玄英在《庄子·庚桑楚》疏中也指出，庄子的"道"是"自然之道"或"天然之道"。（庄子《庚桑楚》："天道已行矣。"郭注："皆得自然之道，故不为也。"成疏："天然之道已自行焉，故忘其生有之德也。"②《庄子·德充符》："道与之貌，天与之形，无以好恶内伤其身。"③ 这里"道"与"天"是互文。成疏："自然之道，授与汝形，夭寿妍丑，其理已定。"④）郭象又说："自然者，不为而自然者也。"⑤ 可见，"自然之道"，就是说"道"是天然而然的，"自本自根"，它自己就是自己的本、自己的根，就是它自己本来的样子，而"自然"是用来说明和形容"道"的状态的。

刘勰所讲的"自然之道"，可以说是受了老庄关于"道"与"自然"的思想的启示和影响的。黄侃《文心雕龙札记》指出：

> 《序志》篇云："《文心》之作也，本乎道。"案彦和之意，以为文章本由自然生，故篇中数言"自然"，一则曰："心生而言立，言立而文明，自然之道也。"再则曰："夫岂外饰，盖自然耳。"三则曰："谁其尸之，亦神理而已。"寻绎其旨，甚为平易。盖人有思心，即有言语，既有言语，即有文章，言语以表思心，文章以代言语，惟圣人为能尽文之妙。所谓道者，如此而已。⑥

---

①郭庆藩，撰. 庄子集释：卷三（上）. 王孝鱼，点校. 北京：中华书局，1961：246—247.
②郭庆藩，撰. 庄子集释：卷八（上）. 王孝鱼，点校. 北京：中华书局，1961：771.
③郭庆藩，撰. 庄子集释：卷二（下）. 王孝鱼，点校. 北京：中华书局，1961：222.
④郭庆藩，撰. 庄子集释：卷二（下）. 王孝鱼，点校. 北京：中华书局，1961：223.
⑤郭庆藩，撰. 庄子集释：卷一（上）. 王孝鱼，点校. 北京：中华书局，1961：20.
⑥黄侃. 文心雕龙札记. 上海：上海古籍出版社，2000：5.

黄侃是把"道"作为"自然"的同义语来看待的，可以说，刘勰同老庄的理解一样，是用"自然"来说明和形容"道"的状态的，是说"道"就是自然而然的，就是它自身本来的样子，没有经过人工雕饰的。从《文心雕龙》全书来看，使用"自然"一词达九处（除黄侃所引两处外，《明诗》篇"感物吟志，莫非自然"，《体性》篇"岂非自然之恒资，才气之大略哉"，《定势》篇"自然之趣"、"自然之势"，《丽辞》篇"高下相须，自然成对"，《隐秀》篇"自然会妙"，《诔碑》篇"察其为才，自然而主"），它们的意思都是一样的。

《原道》篇中有一段文字，是理解刘勰本人对这一问题看法的重要段落。

> 人文之元，肇自太极，幽赞神明，易象惟先。庖牺画其始，仲尼翼其终。而乾坤两位，独制文言。言之文也，天地之心哉！若乃河图孕乎八卦，洛书韫乎九畴，玉版金镂之实，丹文绿牒之华，谁其尸之．亦神理而已。①

首先，刘勰认为人类文化的开端，起始于天地混沌而尚未分判之时。在远古时代，对天地万物那种神奇变化的情况和道理加以深入地阐明的，最早是《易经》中的卦及其所表征的象。其次，刘勰指出了《易经》和《易传》产生、形成的情况。当然，庖牺画八卦这个传说是不可靠的，但文王演为六十四卦，是西汉以前多数学者所认可的说法；司马迁还认为《易传》是孔子整理过的。刘勰充分肯定《易传》中只有乾、坤两卦才有的《文言》，认为它是天地的心脏，集中体现了天地的精神，这实际上就是通过对《文言》的肯定来肯定人文。再次，刘勰指出庖牺是依据河图始作八卦的，而"河出图，洛出书"又是受了"神理"的主宰的。由此可以看出，刘勰正是通过层层论述，力图使人相信，人类文化的产生是受"神理"主宰的。在《文心雕龙》中，还有其他的文字可以同上引文字互相参证。《正纬》篇说："夫神道

---

① 刘勰，著．文心雕龙注：卷一．范文澜，注．北京：人民文学出版社，1958：2.

阐幽，天命微显，马龙出而大易兴，神龟见而洪范耀。故系辞称河出图，洛出书，圣人则之，斯之谓也。"《情采》篇说："故立文之道，其理有三：一曰形文，五色是也；二曰声文，五音是也；三曰情文，五性是也。五色杂而成黼黻，五音比而成韶夏，五情（性）发而为辞章，神理之数也。"① 这就是说包括"黼黻"、"韶夏"、"辞章"在内的人类文化的产生和创作，都是由"神理"所决定的。

那么"神理"又是什么呢？刘勰认为"神理"就是"道"，又称"道心"（《原道》篇："原道心以敷章，研神理而设教"，"道心"与"神理"互文）、"神道"、"天命"（《正纬》篇："神道阐幽，天命微显"。"神道"与"天命"互文）、"天道"。在刘勰看来，"道"是十分深奥、十分微妙、变化神奇，不可用言语文字加以透彻说明的。他说："道心惟微"②，"天道难闻"③，"神道难摹，精言不能追其极"④。这同老庄对"道"的描述是非常相似的。《老子》说："道之为物，唯恍唯惚"⑤（二十一章），"视之不见，名曰夷；听之不闻，名曰希；搏之不得，名曰微。此三者不可致诘，故混而为一。其上不皦，在下不昧。绳绳不可名，复归于无物。是谓无状之状，无物之象，是谓惚恍"（十四章）⑥。《庄子》说："夫道，有情有信，无为无形；可传而不可受，可得而不可见"⑦；"道不可闻，闻而非也；道不可见，见而非也；道不可言，言而非也"⑧。总之，刘勰同老庄一样，把"道"看成一种绝对精神之类的东西，而"太极"这种物质的东西，是由"道"所主宰的。

刘勰讲"自然之道"是强调"文章本由自然生"，文学创作应顺理成章，出自自然，提倡自然的文学，提倡文学的自然之美的。这也是从老庄论述中吸取的思想资

---

① 刘勰，著．范文澜，注．文心雕龙注：卷七．北京：人民文学出版社，1958：537．
② 刘勰，著．范文澜，注．文心雕龙注：卷一．北京：人民文学出版社，1958：3．
③ 刘勰，著．范文澜，注．文心雕龙注：卷一．北京：人民文学出版社，1958：16．
④ 刘勰，著．范文澜，注．文心雕龙注：卷八．北京：人民文学出版社，1958：608．
⑤ 老子校释．朱谦之，校释．北京：中华书局，1963：56．
⑥ 老子校释．朱谦之，校释．北京：中华书局，1963：33．
⑦ 郭庆藩，撰．王孝鱼，点校．庄子集释：卷三（上）．北京：中华书局，1961：246．
⑧ 郭庆藩，撰．王孝鱼，点校．庄子集释：卷七（下）．北京：中华书局，1961：757．

料。老庄都从根本上反对文化学术的发展，主张清静无为，归于自然和朴素。《老子》说"道法自然"（二十五章），"为天下谷，常得乃足，复归于朴"（二十八章）①。《庄子》也说"顺物自然"②、"雕琢复朴"③。"朴"的意思也是自然而然，未经人工雕削。《说文》："朴，木素也。"《庄子》二十八章"朴散则为器"中的"朴"字，《玉篇》引用作"璞"，并释"璞"为"玉未治者"。本来，老庄崇尚自然朴素，反对雕琢，是主张回到"小国寡民"甚至"浑沌"时代，要把早已和"自然界区分开来"的"自觉的人"拉回到"本能的人，即野蛮人"的状态④，是违反社会发展规律的。刘勰却吸取了这种思想，加以改造，主张文学创作要表现"自然之道"，用以反对齐梁时代的形式主义和唯美主义，这有利于冲破形式主义的束缚，有利于创作思想的解放，在中国文学发展史上是起了积极作用的。

二

刘勰在深入研究历代作家创作经验的基础上，认识到文学有它自己的特点，文学创作有它自己的特殊规律，这就是"神思"——在艺术构思中，思想高度集中所进行的创造性想象活动。在《文心雕龙》中，刘勰把《神思》篇作为创作论的纲领，把"神思"问题作为创作的首要问题加以论述。在这个问题上，他也从老庄论述中选取了一些观点和材料。

《庄子》中许多生动的寓言，包蕴着很深刻的哲理，表现了庄子异常丰富和奇特的想象。庄子用"逍遥游"命篇，一个"游"字可以概括庄子想象的"放纵"、"缥

---

① 老子校释. 朱谦之，校释. 北京：中华书局，1963：66，73.
② 郭庆藩，撰. 庄子集释：卷三（下）. 王孝鱼，点校. 北京：中华书局，1961：294.
③ 郭庆藩，撰. 庄子集释：卷三（下）. 王孝鱼，点校. 北京：中华书局，1961：306.
④ 列宁："本能的人，即野蛮人没有把自己同自然界区分开来。自觉的人则区分开来了……"
（列宁，著. 哲学笔记. 北京：人民出版社，1974：90）

缈奇变"①。庄子多处用到"游"字，表明庄子追求一种精神上绝对自由的理想境界："乘云气，御飞龙，而游乎四海之外。""乘天地之正，而御六气之辩，以游无穷者，彼且恶乎待哉！"②庄子的想象真是"其来无迹，其往无崖"③。刘勰正是从庄子那里得到启示：文学创作需要丰富的想象力，而想象活动是不受时间、空间限制的，"文之思也，其神远矣。故寂然凝虑，思接千载；悄焉动容，视通万里"④。他借用《庄子·让王》篇中魏牟对瞻子说的"身在江海之上，心居乎魏阙之下，奈何！"一段话来说明什么叫"神思"，"以示人心之无远不届"⑤。刘勰还从庄子的论述中体会到，作家在创作时，必须进行"神思"，才能把从生活中观察得来的生活形象转化成为"意象"，从而"窥意象而运斤"⑥，把"意象"转化成为艺术形象。《庄子·齐物论》中有一则庄周梦为蝴蝶的寓言，描写了一种迷离恍惚的梦境，"不知周之梦为蝴蝶与？蝴蝶梦为周与？"在庄子看来，自己是蝴蝶也可，蝴蝶是庄周也可，二者是合而为一的，从而阐明他关于"天地与我并生，而万物与我为一"⑦的思想。虽然庄子讲"物化"并非谈论文学创作，但他关于人在想象活动中会出现变幻无定的形象的描述，使刘勰得到有关文学创作过程中主观与客观的关系的启示：人们在观察、认识客观事物时，不但会引起想象活动，而且会引起许多幻觉，主观的思维必然要与客观事物的表象交游在一起，飞翔遨游在想象世界里，思维凭形象以深入，形象靠思维而凝聚。作家正是在这种"神与物游"⑧的想象活动中塑造艺术形象的。

刘勰十分强调在"神思"过程中，思想要高度集中，沉寂宁静，使思维通畅，

---

①刘熙载，撰.艺概：卷一.上海：上海古籍出版社，1978：9.
②郭庆藩，撰.庄子集释：卷一（上）.王孝鱼，点校.北京：中华书局，1961：28，17.
③郭庆藩，撰.庄子集释：卷七（下）.王孝鱼，点校.北京：中华书局，1961：741.
④刘勰，著.文心雕龙注：卷六.北京：人民文学出版社，1958：493.
⑤刘勰，著.文心雕龙注：卷六.北京：人民文学出版社，1958：496.
⑥刘勰，著.文心雕龙注：卷六.北京：人民文学出版社，1958：493.
⑦郭庆藩，撰.庄子集释：卷一（下）.王孝鱼，点校.北京：中华书局，1961：79.
⑧刘勰，著.文心雕龙注：卷六.范文澜，注.北京：人民文学出版社，1958：493.

精神净化："是以陶钧文思，贵在虚静，疏瀹五藏，澡雪精神。"① 刘勰把"虚静"强调到十分重要的地位，这显然也是从老庄思想中吸取的论点。《老子》十六章说："致虚极，守静笃。万物并作，吾以观其复。"② 主张要虚心、静观万物的发展变化。他认为万物的变化是循环往复的，变来变去又回到它原来的出发点，等于不变，所以叫作静。这就是老子的以"道"观物。《庄子·知北游》说："夫虚静恬淡寂漠无为者，万物之本也。"③ "老聃曰：汝斋戒，疏瀹而心，澡雪而精神，掊击而知。"（这是回答什么是"至道"时所讲的话。）从老庄的观点中，只能引出清静无为、消极避世的人生态度。但刘勰从总结历代作家丰富的创作实践中，认识到在进行艺术构思过程中必须保持思想的高度集中、专一和寂静，并在此基础上来吸取老庄关于要虚心静观万物的发展变化的论证。而且把"贵在虚静"建立在作家必须扩大生活阅历、丰富学识的基础上，而不是避开现实，只在幻想世界中生活。《庄子·达生》篇中关于"佝偻者承蜩"和"梓庆削木为鐻"的寓言，说明掌握一种技艺应该"用志不分，乃凝于神"，佝偻者"虽天地之大，万物之多，而唯蜩翼之知"。梓庆"斋以静心"，"未尝敢以耗气"，甚至忘记自己的"四枝形体"，不分心于外界事物，胸中只有"鐻"的形象。这使刘勰体会到，作家进行艺术构思时，只有将全部注意力集中在所认识观察的客观事物上，才能使"情曈昽而弥鲜，物昭晰而互进"④，从而塑造出动人的艺术形象来。

《庄子》中有许多关于谈技艺的寓言，是讲人生处世哲学的原则，最终是用来证明庄子的唯心主义哲学的。庄子在讲述一些寓言故事（如《养生主》中的"庖丁解牛"，《天道》中的"轮扁斫轮"，《徐无鬼》中的"匠石运斤成风"，《达生》中的"佝偻者承蜩"、"吕梁丈夫蹈水"等）时，说明技艺可以达到一种神化的境界。庄子

---

① 刘勰. 文心雕龙注：卷六. 范文澜，注. 北京：人民文学出版社，1958：493.
② 老子校释. 朱谦之，校释. 北京：中华书局，1963：41.
③ 郭庆藩，撰. 庄子集释：卷五（中）. 王孝鱼，点校. 北京：中华书局，1961：457.
④ 陆机. 文赋//萧统，编. 六臣注文选：卷十七. 李善，吕延济，等，注. 北京：中华书局，1987：310.

认为这种神化的境界，其"数"是"口不能言"的。① 在庄子看来，语言所能表达的，只能是形色名声等事物的外界现象，而"意之所随者"的"道"，是"不可以言传"的②。庄子完全抹杀了语言能够表达人们的理性认识的作用，但他也不得不承认客观事物"有数存焉于其间"③，是有"数"（规律）可循的。人们要精通技艺，就得深刻了解和掌握客观事物的"数"。只要长期坚持不懈，所谓"行年七十而老斫轮"④，"累五而不坠"⑤，"生于陵而安于陵"，"长于水而安于水"，⑥ 就能在技艺上达到得心应手、游刃有余、承蜩犹掇之、蹈水如履平地这种神化的境界。刘勰从《庄子》谈艺的寓言中引申出这样的结论：对于创作规律，虽然如"伊挚不能言鼎，轮扁不能语斤"⑦，但是，通过长期的艺术实践，是可以了解和掌握这种规律，"至精而后阐其妙，至变而后通其数"⑧，达到出神入化的境地的。

三

内容和形式的关系问题，是文学理论研究中的一个关键性的问题。刘勰在论述内容和形式的关系问题方面，也从老庄论述中吸取了一些思想资料，他要求"情采自凝"⑨，做到内容和形式有机的、完美的结合。他认为，内容应该决定形式，而形式应该为内容服务。《庄子·齐物论》中有句话："道隐于小成，言隐于荣华。"庄子的话是责备学者、辩者的，指责儒墨各家被自己局部、片面的认识所蒙蔽，因此有

---

① 郭庆藩，撰. 庄子集释：卷五（中）. 王孝鱼，点校. 北京：中华书局，1961：491.
② 郭庆藩，撰. 庄子集释：卷五（中）. 王孝鱼，点校. 北京：中华书局，1961：488.
③ 郭庆藩，撰. 庄子集释：卷五（中）. 王孝鱼，点校. 北京：中华书局，1961：491.
④ 郭庆藩，撰. 庄子集释：卷五（中）. 王孝鱼，点校. 北京：中华书局，1961：491.
⑤ 郭庆藩，撰. 庄子集释：卷五（中）. 王孝鱼，点校. 北京：中华书局，1961：640.
⑥ 郭庆藩，撰. 庄子集释：卷五（中）. 王孝鱼，点校. 北京：中华书局，2012：658.
⑦ 刘勰，著. 文心雕龙注：卷六. 范文澜，注. 北京：人民文学出版社，1958：495.
⑧ 刘勰，著. 文心雕龙注：卷六. 范文澜，注. 北京：人民文学出版社，1958：495.
⑨ 刘勰，著. 文心雕龙注：卷六. 范文澜，注. 北京：人民文学出版社，1958：532.

了他们各家的是非争论。刘勰则引申庄子"言隐荣华"的话来阐明形式为内容服务，反对片面追求华美形式的不良文风，"是以联辞结采，将欲明经（理），采滥辞诡，则心理愈翳。固知翠纶桂饵，反所以失鱼。言隐荣华，殆谓此也"①。《庄子·缮性》说："知而不足以定天下，然后附之以文，益之以博。文灭质，博溺心，然后民始惑乱，无以反其性情而复其初。"② 庄子是反对"文博"的，在庄子看来，"文灭质，博溺心"。成玄英疏曰："质是文之本，文华则隐灭于素质；博是心之末，博学则没溺于心灵。唯当绝学而去文，方会无为之美也。"③ 刘勰引申庄子的话，要求作品做到形式华美但要不掩盖其内容，辞采繁富但要不埋没作家的真实感情，"使文不灭质，博不溺心"④，从而使内容与形式很好地统一起来。刘勰是反对形式主义的，但他在反对形式主义的同时又肯定形式美的地位和作用，主张用优美的语言来表达真实的思想感情。他明确指出，老子和庄子虽然是反对言辞辩说的，但他们为了使自己的论证具有说服力，也是十分重视语言的精妙和优美的："老子疾伪，故称美言不信；而五千精妙，则非弃美矣。"⑤

在使"情"与"采"也就是内容和形式的有机结合中，刘勰特别强调要在作品中表达作家的真情实感，必须"为情而造文"⑥，而且作家在表达自己的真实感受时，必须顺理成章，使作品具有"自然之趣"和"自然之势"⑦。刘勰认为作家胸存"真宰"⑧，具有真情实感，才能使作品具有感人的力量。"真宰"一词出自《庄子·齐物论》："若有真宰，而特不得其朕。"其含义就是"真君"，就是"道"中之

---

① 刘勰，著. 文心雕龙注：卷六. 范文澜，注. 北京：人民文学出版社，1958：538.
② 郭庆藩，撰. 庄子集释：卷六（上）. 王孝鱼，点校. 北京：中华书局，1961：552.
③ 成玄英.《庄子·缮性》疏//郭庆藩，撰. 庄子集释：卷六（上）. 王孝鱼，点校. 北京：中华书局，1961：554.
④ 刘勰，著. 文心雕龙注：卷七. 范文澜，注. 北京：人民文学出版社，1958：539.
⑤ 刘勰，著. 文心雕龙注：卷七. 范文澜，注. 北京：人民文学出版社，1958：537.
⑥ 刘勰，著. 文心雕龙注：卷七. 范文澜，注. 北京：人民文学出版社，1958：538.
⑦ 刘勰，著. 文心雕龙注：卷六. 范文澜，注. 北京：人民文学出版社，1958：530.
⑧ 刘勰，著. 文心雕龙注：卷七. 范文澜，注. 北京：人民文学出版社，1958：538.

"主"，也就是"真宰"。庄子还强调情性的真实："真者，精诚之至也。不精不诚，不能动人。故强哭者虽悲不哀，强怒者虽严不威，强亲者虽笑不和。真悲无声而哀，真怒未发而威，真亲未笑而和。真在内者，神动于外，是所以贵真也。"① 刘勰借用庄子关于"真宰"的论述，强调作家要具有真实感情，反对那种"志深轩冕，而汎泳皋壤，心缠机务，而虚述人外"的"真宰弗存"②的虚情假意之作。在刘勰看来，作品要能够真实地表达作家的思想感情，就应该使"体势"具有"自然之趣"、"自然之势"。他引用《庄子》关于"邯郸学步"的典故来抨击齐梁时代的形式主义是"率好诡巧"，"穿凿取新"③，而无自然之美的。不少"辞人"矫揉造作，装腔作势，其结果是"枉辔学步，力止襄（寿）陵"④。

刘勰还主张作家在表现真情实感时，应表现出自己的艺术个性。他在总结前代作家的创作经验中认识到，不同时代的作家和同一时代的不同作家，他们的作品所表现出来的个性是各不相同的："各师成心，其异如面。"⑤"各师成心"语出《庄子·齐物论》："夫随其成心而师之，谁独且无师乎？"⑥ 庄子是在指斥儒墨各家都坚持以自己的成见作为判断是非的标准。刘勰却借用庄子的话以阐明作家个性与作品风格的密切关系。

刘勰在《体性》篇之后，列了一个专章论述"风骨"。"风骨"是刘勰对艺术风格提出的更高的美学要求。而且为着使作品具有强烈的感染力，刘勰还提出了"风骨"要"飞"的主张，并且认为要做到这一点，关键在于作家要能"守气"："是以缀虑裁篇，务盈守气，刚健既实，辉光乃新，其为文用，譬征鸟之使翼也。"⑦ "翰

---

①郭庆藩，撰．庄子集释：卷十（上）．王孝鱼，点校．北京：中华书局，1961：1032.
②刘勰，著．文心雕龙注：卷七．范文澜，注．北京：人民文学出版社，1958：538.
③刘勰，著．文心雕龙注：卷七．范文澜，注．北京：人民文学出版社，1958：531.
④刘勰，著．文心雕龙注：卷六．范文澜，注．北京：人民文学出版社，1958：532.
⑤刘勰，著．文心雕龙注：卷六．范文澜，注．北京：人民文学出版社，1958：505.
⑥郭庆藩，撰．庄子集释：卷一（下）．王孝鱼，点校．北京：中华书局，1961：56.
⑦刘勰，著．文心雕龙注：卷六．范文澜，注．北京：人民文学出版社，1958：513.

飞戾天，骨劲而气猛也"①。反之，如果"索莫乏气"，作品"无风"、"无力"，"风骨"也就不能"飞"了。刘勰这个"征鸟使翼"的譬喻，可以说是受了庄子关于大鹏展翅"怒而飞"的描述的影响。庄子指出，大鹏怒而高飞，需要"风积"之"厚"，否则，"风之积也不厚，则其负大翼也无力"②。而"风"来源于"气"。（《庄子·齐物论》："大块噫气，其名曰风。"）因此，气猛才会风厚，风厚才能使鹏"怒而飞"。由此可见，尽管他们二者所要说明的问题不同，但在"气"、"风"、"飞"三者的关系上的观点，是相同的。

怎样"守气"？刘勰用了一个专章讲"养气"，实际上是讲"养神"。庄子是很强调"养神"和"守神"的："纯粹而不杂，静一而不变，淡而无为，动而以天行，此养神之道也。""纯素之道，唯神是守；守而勿失，与神为一。"③刘勰在《文心雕龙·养气》中，引用庄子《养生主》、《骈拇》、《秋水》中的论点或寓言达四处。刘勰提出"玄神宜宝，素气资养"④，反对"精气内销"、"神志外伤"："若夫器分有限，智用无涯，或慙凫企鹤，沥辞镌思，于是精气内销，有似尾闾之波，神志外伤，同乎牛山之木；怛惕之盛疾，亦可推矣。"⑤"器分有限，智用无涯"语出《庄子·养生主》："吾生也有涯，而知也无涯。以有涯随无涯，殆已。"⑥庄子是在反对汲汲追求知识，宣传不可知论。而刘勰从人的生命有限而知识无限这一点上，借用庄子的说法作为论证作家必须重视养气的材料。"慙凫企鹤"出自《庄子·骈拇》："凫胫虽短，续之则忧；鹤胫虽长，断之则悲。"⑦庄子意在指责儒墨之徒"皆多骈旁枝，非天下之至正"。"尾闾之波"出自《庄子·秋水》："天下之水，莫大于海，万川归

---

① 刘勰，著．文心雕龙注：卷六．范文澜，注．北京：人民文学出版社，1958：514．
② 郭庆藩，撰．庄子集释：卷一（上）．王孝鱼，点校．北京：中华书局，1961：7．
③ 郭庆藩，撰．庄子集释：卷六（上）．王孝鱼，点校．北京：中华书局，1961：544、546．
④ 刘勰，著．文心雕龙注：卷九．范文澜，注．北京：人民文学出版社，1958：647．
⑤ 刘勰，著．文心雕龙注：卷九．范文澜，注．北京：人民文学出版社，1958：646—647．
⑥ 郭庆藩，撰．庄子集释：卷二（上）．王孝鱼，点校．北京：中华书局，1961：115．
⑦ 郭庆藩，撰．庄子集释：卷四（上）．王孝鱼，点校．北京：中华书局，1961：317．

之，不知何时止而不盈；尾闾泄之，不知何时已而不虚。"① 庄子意在论证他的相对主义。刘勰从新的意义上使用"渐凫企鹤"与"尾闾之波"，说明作家宜养气宝神，不使"精气内销"，"神志外伤"。刘勰明确提出了"卫气"之方："意得则舒怀以命笔，理伏则投笔以卷怀，逍遥以针劳，谈笑以药倦，常弄闲于才锋，贾余于文勇，使刃发如新，凑理无滞。"② "逍遥"是庄子追求的理想，是庄子的风格。"刃若新发"③ 则出自"庖丁解牛"这则寓言故事。

1979 年 12 月

（原载《四川师范大学学报》1980 年第 2 期）

---

①郭庆藩，撰. 庄子集释：卷六（下）. 王孝鱼，点校. 北京：中华书局，1961：563.
②刘勰，著. 文心雕龙注：卷九. 范文澜，注. 北京：人民文学出版社，1958：647.
③郭庆藩，撰. 庄子集释：卷二（上）. 王孝鱼，点校. 北京：中华书局，1961：119.

刘勰论形象思维

在我国古代文艺理论的著作和论述中，虽然没有使用过"形象思维"这个术语，但对形象思维的特点做过相当鲜明而生动的描写和论述。南朝齐梁时代的文学理论批评家刘勰，在《文心雕龙》一书中就详细地论述过形象思维问题。他把作家在进行创作中的艺术构思活动称为"神思"（有时用"思理"或"文思"），其内涵与形象思维相近。他在研究了过去的文学作品、总结了历代作家的创作经验和借鉴了前人有关文学理论批评的著作和论述之后，认识到作家在观察生活、提炼素材、塑造形象的整个过程中，在进行艺术构思的过程中，思维活动的方式是具有自己的特点的。他把这种特点概括为"神与物游"[1]，并将"神与物游"的内容归纳为："神用象通，情变所孕。物以貌求，心以理应。刻镂声律，萌芽比兴。"[2]

所谓"神与物游"，就是作家在进行构思的整个过程中，思维总是与客观事物的感性形象一起活动、密不可分的。这就相当明确地指明了形象思维的基本特点。我们知道，逻辑思维是在感性认识的基础上进行判断和推理，以形成抽象的概念的。

---

[1] 刘勰，著. 文心雕龙注：卷六. 范文澜，注. 北京：人民文学出版社，1958：493.
[2] 刘勰，著. 文心雕龙注：卷六. 范文澜，注. 北京：人民文学出版社，1958：495.

因而逻辑思维一般是要舍去客观事物的具体感性的特点，借助概念去进行各种判断和推理，做出理论的概括和总结，以反映现实生活的客观规律的。形象思维则是在感性认识的基础上进行艺术概括，以塑造典型形象的。因而形象思维是始终不舍弃生活本身所具有的具体感性的特点，依赖具体可感的生活图像进行思维运动的。作家就是从大量的生活图像中进行"去粗取精，去伪存真，由此及彼，由表及里"的改造制作工作，进行艺术概括，塑造出完整丰满、具体感性的艺术形象，以反映现实生活的本质的。作家在创作过程中，万千的生活图景，会一幅一幅不断地浮现在眼前，出现在整个思维活动的过程中。作家的思维同现实生活的具体感性的生活图画是紧紧地交织在一起的。可以说，作家进行艺术构思的过程，运用形象思维的过程，就是"神与物游"的过程。

许多作家的创作实践证明，作家在进行艺术构思的过程中，在使"神与物游"的过程中，想象起着十分重要的作用。"想象在其本质上也是对于世界的思维，但它主要是用形象来思维，是'艺术的'思维；可以说，想象——这是赋予大自然的自发现象与事物以人的品质、感觉甚至还有意图的能力。"① 刘勰重视想象在形象思维中的作用。他认为，形象思维是一种能够超越时空限制的艺术想象活动，而这种想象活动的基本特点是一刻也不脱离具体感性的、有"声"有"色"的听觉形象和视觉形象。他说："文之思也，其神远矣。故寂然凝虑，思接千载；悄焉动容，视通万里；吟咏之间，吐纳珠玉之声；眉睫之前，卷舒风云之色；其思理之致乎。"② "诗人感物，联类不穷。流连万象之际，沉吟视听之区；写气图貌，既随物以宛转；属采附声，亦与心而徘徊。"③ 可见刘勰把这种身在这儿而心在那儿、不受具体的时空限制的、联类不穷的想象看作形象思维的重要属性。作家只有依靠能够"精骛八极，

---

① 高尔基. 谈谈我怎样学习写作//高尔基，著. 论文学. 孟昌，曹葆华等，译. 北京：人民文学出版社，1978：160.
② 刘勰，著. 文心雕龙注：卷六. 范文澜，注. 北京：人民文学出版社，1958：493.
③ 刘勰，著. 文心雕龙注：卷十. 范文澜，注. 北京：人民文学出版社，1958：693.

心游万仞"，"浮天渊以安流，濯下泉而潜浸"，"观古今于须臾，抚四海于一瞬"①的丰富的艺术想象力，才能在万千的生活图像中进行选择、比较、提炼、综合、改造、虚构，进行艺术概括，按照创作意图塑造出寓共性于个性之中的、完整丰满的典型形象来。刘勰认为："神思方运，万涂竞萌，规矩虚位，刻镂无形。"② 作家进行构思之初，无数的意念都会涌上心头，浮现的生活图像是相当庞杂的，这时在作家的头脑里，形象还是不清晰、不鲜明和不完整的。作家就要对生活图像进行一系列的艺术加工的工作，使形象逐渐清晰、鲜明和完整起来，把那些抽象的意念给以具体的形态，把尚未定型的事物精雕细刻出来。艺术想象就担负着在艺术构思的过程中，在形象思维从最初阶段进入成熟阶段的过程中，进行"规矩"和"刻镂"艺术形象的艺术概括工作；也只有通过艺术想象力的艺术加工，才能塑造出"以少总多，情貌无遗"③ 的、具体和概括相统一的、既有普遍性而又有独特性的艺术形象来。

　　刘勰重视想象、幻想和夸张在艺术构思中的重要作用，同时指出不管多么奇特的想象、幻想和夸张，都要植根于现实生活之中，只有"诗人感物"，才会"联类不穷"。他还指出了作家在运用想象进行艺术加工、塑造艺术形象时，绝不能违背现实生活的真实性。他说："酌奇而不失其真（贞），玩华而不坠其实"④，"夸而有节，饰而不诬"，"夸过其理，则名实两乖"。⑤ 作家可以通过想象和幻想，对作品中描写的事物的实际的、正常的样子进行改造和修饰，增加一些奇特的、华丽的成分，但这种改造和修饰，不能使作品中描写的事物失去在现实生活中的实际的、正常的样子。艺术的真实必须反映生活的真实，否则就会成为浮夸和捏造。

---

①陆机. 文赋//萧统，编. 六臣注文选：卷十七. 李善，等注. 北京：中华书局，1987：310.
②刘勰，著. 文心雕龙注：卷六. 范文澜，注. 北京：人民文学出版社，1958：493.
③刘勰，著. 文心雕龙注：卷十. 范文澜，注. 北京：人民文学出版社，1958：694.
④刘勰，著. 文心雕龙注：卷一. 范文澜，注. 北京：人民文学出版社，1958：48.
⑤刘勰，著. 文心雕龙注：卷八. 范文澜，注. 北京：人民文学出版社，1958：609.

形象思维的另一个特点，是饱含着感情。许多作家的创作实践证明，没有感情，文学创作就没法进行。作家在进行艺术构思使"神与物游"的过程中，始终是受着情感的支配的，始终是伴随着情感的波澜起伏的。作家对他所观察、所描写的事物，总是表露出强烈的感情，或者是欢乐，或者是悲伤，或者是炽热的爱，或者是刻骨的恨。总之，只要作家一经进入形象思维，那么不但万千的生活图像会接踵而至地出现在他的眼前，而且感情的波涛会涌流在他的心头。作家的感情越丰富、越饱满，思维中的形象就越活跃，就会达到"呼之欲出"的境地。刘勰不仅指出了在形象思维过程中作家的感情发挥着强烈的作用，而且指出了作家的感情态度总是和作家艺术想象中的形象融合在一起的。他说："神用象通，情变所孕"，"登山则情满于山，观海则意溢于海，我才之多少，将与风云而并驱矣"①。刘勰还指出作家在形象思维中所产生的感情活动，是来源于对外界事物的触动，是跟作家对现实生活的观察、体验紧紧结合在一起的。他说："睹物兴情"，"情以物兴"，"物以情观"；②"岁有其物，物有其容；情以物迁，辞以情发"③。他还形象而生动地描述了作家的感情和事物形象之间互相交流、密不可分的关系："目既往还，心亦吐纳"，"情往似赠，兴来如答"。④ 这就指出了作家的感情的变化是以现实生活为基础的。

作家运用形象思维的目的，是要塑造出完整丰满的、具体感性的艺术形象，以反映生活的本质和规律。当然这种反映要采用艺术概括的方法，而不是用科学抽象的方法。但这是否就意味着作家在形象思维过程中排斥理性认识呢？文艺创作的实践证明，进行创作的全过程，都是受着作家世界观的指导和思想的支配的，但又是始终凭借具体感性的形象来进行想象和虚构的。"可以这么说，逻辑思维与形象思维在作家头脑中交错进行，使创作过程中既能够反映时代精神的主题思想，又能够塑造典型环境中的典型人物。这一构思整体的两面，它们的关系是辩证的，是相辅相

---

① 刘勰，著. 文心雕龙注：卷六. 范文澜，注. 北京：人民文学出版社，1958：493—494.
② 刘勰，著. 文心雕龙注：卷二. 范文澜，注. 北京：人民文学出版社，1958：136.
③ 刘勰，著. 文心雕龙注：卷十. 范文澜，注. 北京：人民文学出版社，1958：693.
④ 刘勰，著. 文心雕龙注：卷十. 范文澜，注. 北京：人民文学出版社，1958：695.

成而不是对立的。"① 刘勰指出："神居胸臆，而志气统其关键。"② 这就是说包括艺术想象和虚构在内的整个形象思维活动，都是受作家的思想制约和支配的。刘勰又指出："物以貌求，心以理应。" 他把"物以貌求"和"心以理应"结合起来，说明他已意识到形象思维并不排斥逻辑思维，并不排斥对客观事物的理性的认识，而是要把写气图貌和喻志抒情紧密地结合起来，通过艺术形象的塑造去揭示事物的现实意义，当然理性分析与逻辑推理是自始至终寓于形象之中，一刻也不脱离形象的。刘勰还指出了作家努力提高思想水平和认识能力对于创作的重要意义。他认为，为了做好构思工作，就需要"积学以储宝，酌理以富才，研阅以穷照，驯致以怿辞"③。他提倡积累学识，辩明事理，精研生活经历，培养高尚情致和掌握文辞的技巧，认为这是"驭文之首术，谋篇之大端"④。事情也正是这样，如果作家的思想水平不高，缺乏对事物的认识能力，学识浅薄，生活经验贫乏，那么在创作中，在进行艺术构思时，面对万千的生活图像，就会如坠烟海，不能很好地进行艺术概括工作，不能塑造出典型形象来。

许多作家的创作经验还告诉我们，作家在运用形象思维进行艺术加工的过程中，就要选择准确、鲜明、生动的文学语言来刻画艺术形象，就要采用比兴手法来塑造艺术形象。可以说艺术构思的进行、艺术形象的塑造，同文学语言的选择、锤炼和比兴手法的运用是同时进行、密不可分的。因为"文学就是用语言来创造形象、典型和性格，用语言来反映事件、自然景象和思维过程"⑤；因为比兴是体现形象思维的重要途径，是塑造形象的重要方法。刘勰说："物沿耳目，而辞令管其枢机。枢机

---

①茅盾. 漫谈文艺创作. 红旗，1978（5）.
②刘勰，著. 文心雕龙注. 范文澜，注. 北京：人民文学出版社，1958：493.
③刘勰，著. 文心雕龙注. 范文澜，注. 北京：人民文学出版社，1958：493.
④刘勰，著. 文心雕龙注. 范文澜，注. 北京：人民文学出版社，1958：493.
⑤高尔基. 和青年作家谈话//高尔基，著. 论文学. 孟昌，曹葆华等，译. 北京：人民文学出版社，1978：332.

方通，则物无隐貌。"①"刻镂声律，萌芽比兴。"这就是说客观事物的感性形象，通过作家的耳目反映到头脑中，触动了作家，作家通过想象和联想来塑造艺术形象，这时文学语言就成为塑造形象的"枢机"，如果作家的语言丰富，能够选用恰当的语言来刻画形象，则客观事物的形态和情状，就能细致和逼真地描写出来。当作家进入形象思维以后，"神与物游"，文思运行，形象在作家头脑里逐渐清晰、鲜明起来，这时作家就会低声吟哦，"吐纳律吕"②，用"玲玲如振玉"、"累累如贯珠"③ 的语言来描绘形象，抒发感情，因为诗歌是要讲究声律的。同时，形象思维又要求作家采用比兴手法去写气图貌，喻志抒情。比兴手法之所以是体现形象思维的重要途径和塑造形象的重要手法，是因为比兴可以做到"物虽胡越，合则肝胆。拟容取心，断辞必敢。攒杂咏歌，如川之涣"④。把有些表面上好像胡越两地那样相距极远的事物，变成肝胆般地结合起来；可以比喻模拟事物形象的容貌，摄取揭示事物形象的精神实质，大胆地选定文辞，进行写作；可以把千姿百态的生活图画集中概括地反映到作品里，把文章写得像流水一样形象生动。

综上所述，刘勰提出的"神与物游"说及其对内容的概括，涉及了形象思维与现实生活的关系、艺术构思过程中思维与形象的关系、艺术概括与理性认识的关系等问题。这些见解具有朴素的唯物主义精神，在当时是难能可贵的，就是在今天仍有可供借鉴之处。我们应当以马列主义、毛泽东思想为指导，去分析研究刘勰的文学理论、文学批评，取其精华，去其糟粕，为发展社会主义文艺理论和文艺批评服务。

1978 年 7 月

（原载《四川师范大学学报》1978 年第 3 期）

---

① 刘勰，著. 文心雕龙注. 范文澜，注. 北京：人民文学出版社，1958：493.
② 刘勰，著. 文心雕龙注：卷七. 范文澜，注. 北京：人民文学出版社，1958：552.
③ 刘勰，著. 文心雕龙注：卷七. 范文澜，注. 北京：人民文学出版社，1958：553.
④ 刘勰，著. 文心雕龙注：卷八. 范文澜，注. 北京：人民文学出版社，1958：603.

简论刘勰的"写真"说

在我国古代文学批评史上,南朝著名的文学理论批评家刘勰,是最早直接提出文学要"写真"① 的主张的。"写真"说是刘勰的文学思想的重要组成部分,是贯穿《文心雕龙》全书的一个重要指导思想。分析刘勰的"写真"说,有助于我们了解他的整个文学观。

一

南朝的宋齐时代,文学创作在养尊处优、生活空虚的贵族子弟的提倡之下,日趋浮诡雕饰,不少作家"习华随侈,流遁忘反"②。刘勰对这种形式主义倾向进行了尖锐的斗争。他指出,这种"俪采百字之偶,争价一句之奇,情必极貌以写物,辞必穷力而追新"③ 的"言贵浮诡,饰羽尚画,文绣鞶帨"④ 的文风,在创作思想上

---

① 刘勰,著. 文心雕龙注:卷七. 范文澜,注. 北京:人民文学出版社,1958:538.
② 刘勰,著. 文心雕龙注:卷六. 范文澜,注. 北京:人民文学出版社,1958:514.
③ 刘勰,著. 文心雕龙注:卷二. 范文澜,注. 北京:人民文学出版社,1958:67.
④ 刘勰,著. 文心雕龙,注:卷十. 范文澜,注. 北京:人民文学出版社,1958:726.

就是"采滥忽真"①,追求虚华而轻视真实。他针锋相对地提出了"要约而写真"②,即文辞精练而内容真实的创作主张。

刘勰衡量"写真"的标准是什么呢?

在刘勰看来,理想的作品应该具备以下条件:"一则情深而不诡,二则风清而不杂,三则事信而不诞,四则义直而不回,五则体约而不芜,六则文丽而不淫。"③ 前四者就作品的内容而言,后二者就作品的形式而言。刘勰也常常根据这些条件来反对他所认为的内容诡诞、形式淫滥的作品。

所谓"情深",就是指作品的情感真实与深切。刘勰主张"为情而造文"④。他认为文学创作是以"述志为本",只有"志思蓄愤",才能"吟咏情性"⑤,当作家内心充满了激动和愤懑,才通过作品来表达这种感情。作家有了炽热的情思,作品才会充满真挚的感情;作品有了真实的感情,才能具有"情往会悲,文来引泣"⑥,"谈欢则字与笑并,论戚则声共泣偕"⑦,使读者发生共鸣的感染力量。刘勰对情感真挚的作品给予很高的评价,如说楚辞"叙情怨,则郁伊而易感;述离居,则怆怏而难怀"⑧,说汉代古诗"婉转附物,怊怅切情,实五言之冠冕也"⑨。他反对那种没有真实的感情而片面追求华美形式的作品。他抨击那些"为文而造情"的作者是"心非郁陶,苟驰夸饰,鬻声钓世"⑩,因为他们没有真情实感,于是就只有用浮夸和繁华的辞藻来掩饰和炫耀,以达到沽名钓誉的目的。

---

① 刘勰,著. 文心雕龙注:卷七. 范文澜,注. 北京:人民文学出版社,1958:538.
② 刘勰,著. 文心雕龙注:卷七. 范文澜,注. 北京:人民文学出版社,1958:538.
③ 刘勰,著. 文心雕龙注:卷一. 范文澜,注. 北京:人民文学出版社,1958:23.
④ 刘勰,著. 文心雕龙注:卷七. 范文澜,注. 北京:人民文学出版社,1958:538.
⑤ 刘勰,著. 文心雕龙注:卷七. 范文澜,注. 北京:人民文学出版社,1958:538.
⑥ 刘勰,著. 文心雕龙注:卷三. 范文澜,注. 北京:人民文学出版社,1958:240.
⑦ 刘勰,著. 文心雕龙注:卷八. 范文澜,注. 北京:人民文学出版社,1958:609.
⑧ 刘勰,著. 文心雕龙注:卷一. 范文澜,注. 北京:人民文学出版社,1958:47.
⑨ 刘勰,著. 文心雕龙注:卷二. 范文澜,注. 北京:人民文学出版社,1958:66.
⑩ 刘勰,著. 文心雕龙注:卷七. 范文澜,注. 北京:人民文学出版社,1958:538.

所谓"事信",就是指作品所使用的材料、所反映的事实,能经得起生活的检验,真实可靠。刘勰主张"事以明核为美"①。他赞美和肯定那些"事信"的作品,如他肯定司马彪《续汉书》的"详实"、《后汉书》的"准当",称之为东汉之冠②,肯定《管子》、《晏子》是"事核而言练"③。他激烈反对那种"莫顾实理"④ 的过于"诡异之辞"⑤ 和"谲怪之谈"⑥。

所谓"义直",就是指作品敢于真实反映生活,表达作家正确的观点。刘勰主张"义必明雅"⑦,"析理居正"⑧。他反对那种"文丽而义暌"、"理粹而辞驳"⑨ 和"诬矫""回邪"⑩ 的作品。

所谓"风清",就是指由作品的"情深"、"事信"、"义直"而形成的清新流畅的文风所给予读者的教育作用。刘勰把"情深"同"风清"紧密联系在一起,他认为"怊怅述情,必始乎风","情之含风,犹形之包气","深乎风者,述情必显",⑪ 因此"情深"必"风清"。

"情深"、"事信"、"义直、"风清"就是刘勰衡量"写真"的标准。在此前提下,他要求作品在形式方面做到"体约而不芜","文丽而不淫",即"贵乎体要"⑫,文辞美丽而又不淫侈烦滥,不浮诡芜杂。在刘勰看来,内容与形式二者中应以内容为本,内容是决定形式的。他认为作品"必以情志为神明,事义为骨髓,辞采为肌肤,

---

① 刘勰,著. 文心雕龙注:卷五. 范文澜,注. 北京:人民文学出版社,1958:438.
② 刘勰,著. 文心雕龙注:卷四. 范文澜,注. 北京:人民文学出版社,1958:285.
③ 刘勰,著. 文心雕龙注:卷四. 范文澜,注. 北京:人民文学出版社,1958:309.
④ 刘勰,著. 文心雕龙注:卷四. 范文澜,注. 北京:人民文学出版社,1958:287.
⑤ 刘勰,著. 文心雕龙注:卷一. 范文澜,注. 北京:人民文学出版社,1958:46.
⑥ 刘勰,著. 文心雕龙注:卷一. 范文澜,注. 北京:人民文学出版社,1958:47.
⑦ 刘勰,著. 文心雕龙注:卷二. 范文澜,注. 北京:人民文学出版社,1958:136.
⑧ 刘勰,著. 文心雕龙注:卷四. 范文澜,注. 北京:人民文学出版社,1958:287.
⑨ 刘勰,著. 文心雕龙注:卷三. 范文澜,注. 北京:人民文学出版社,1958:255.
⑩ 刘勰,著. 文心雕龙注:卷四. 范文澜,注. 北京:人民文学出版社,1958:287.
⑪ 刘勰,著. 文心雕龙注:卷六. 范文澜,注. 北京:人民文学出版社,1958:513.
⑫ 刘勰,著. 文心雕龙注:卷十. 范文澜,注. 北京:人民文学出版社,1958:726.

宫商为声气"①。同时，他又主张内容和形式的统一，要求作品做到"志足而言文，情信而辞巧"②，就是思想内容真实而语言形式完美。

刘勰关于作品内容要真实的主张，是继承了前人特别是桓谭、王充等进步思想家的论述的。王充十分推崇桓谭，也深受桓谭影响。王充曾提出"疾虚妄"、"归实诚"的主张，反对"辞出溢其真，称美过其善"③ 的风气。他曾说他的"《论衡》篇以十数，亦一言也，曰：'疾虚妄'"④，并说"是故《论衡》之造也，起众书并失实，虚妄之言胜真美也"⑤。因此，"实"几乎成了王充《论衡》的思想核心。刘勰在《文心雕龙·神思》中引用桓谭和王充的创作经验来说明进行艺术构思和创作的甘苦和迟速，他还直接引用桓谭关于作品应"实核"、"要约"，而反对"好浮华"、"美众多"的主张⑥，来抨击当时"率好诡巧"⑦ 的错误倾向。可见刘勰受他们的影响之深。在桓谭和王充的论述中虽然涉及文章的内容和形式的问题，但他们所论列的"真"、"实"，一般地说，还是作为历史上的唯物论者的哲学概念而提出的。他们的影响反映在文学评论家刘勰的议论中，却有着不同的内容。刘勰在同形式主义文风做斗争的过程中，在吸收前人主张的基础上，以更加明确的语言，直接提出了文学要"写真"的主张。

刘勰为什么重视和强调"写真"呢？因为他重视文学的社会作用。在他看来，"政化贵文"，"事迹贵文"，"修身贵文"，⑧ 即是说文学是为政教服务的，是为提高个人的道德修养服务的。因此，他认为只有内容真实而又形式完美的作品，才能发挥文学的这种社会作用，而那种只追求华美的形式却缺乏真实内容的作品，是"无

---

① 刘勰，著. 文心雕龙注：卷九. 范文澜，注. 北京：人民文学出版社，1958：650.
② 刘勰，著. 文心雕龙注：卷一. 范文澜，注. 北京：人民文学出版社，1958：15.
③ 论衡校释：卷八. 黄晖，撰. 北京：中华书局，1990：381.
④ 论衡校释：卷二十. 黄晖，撰. 北京：中华书局，1990：870.
⑤ 论衡校释：卷二十九. 黄晖，撰. 北京：中华书局，1990：1179.
⑥ 刘勰，著. 文心雕龙注：卷六. 范文澜，注. 北京：人民文学出版社，1958：531.
⑦ 刘勰，著. 文心雕龙注：卷六. 范文澜，注. 北京：人民文学出版社，1958：531.
⑧ 刘勰，著. 文心雕龙注：卷一. 范文澜，注. 北京：人民文学出版社，1958：15.

贵风轨,莫益劝戒"①,"无益时用"②的。而且"吴锦好渝,舜英徒艳。繁采寡情,味之必厌"③,如果作品只有繁缛的文采而缺乏真实的深刻的思想内容,阅读起来必然令人生厌,是打动不了读者的心弦,收不到良好的效果的。

刘勰重视和强调"写真",重视文学的社会作用,是针对当时文坛上风靡一时的形式主义文风所提出来的补弊救偏的主张,这在文学发展史上是起了积极作用的。

但是,我们应该看到,刘勰关于"写真"的标准,是以儒家的经典作为楷模的,他认为圣人制作的六经是"恒久之至道,不刊之鸿教"④,是完全符合"情深"等六个条件的"情信而辞巧"的典范样品。他反对"采滥忽真"的倾向,指责"为文而造情"的作者"离本弥甚,将遂讹滥"⑤,就是站在儒家的立场上的。所谓"本",就是指儒家的经典,"离本"就是背叛了儒家经典。他主张的"要约写真",就是要"正末归本"⑥,"矫讹翻浅,还宗经诰"⑦。这是刘勰在文学思想上表现出来的封建保守观点,表现出他的时代和阶级的局限性。

二

刘勰提出"写真"说的依据是什么呢?

作为观念形态的文学作品,是一定的社会生活在作家头脑中反映的产物。作家塑造的艺术形象和作家的激情,都来自现实生活。刘勰注意到了自然景物和社会生活对作家和文学创作的积极的影响。他用"岁有其物,物有其容;情以物迁,辞以

---

① 刘勰,著. 文心雕龙注:卷二. 范文澜,注. 北京:人民文学出版社,1958:136.
② 刘勰,著. 文心雕龙注:卷三. 范文澜,注. 北京:人民文学出版社,1958:271.
③ 刘勰,著. 文心雕龙注:卷七. 范文澜,注. 北京:人民文学出版社,1958:539.
④ 刘勰,著. 文心雕龙注:卷一. 范文澜,注. 北京:人民文学出版社,1958:21.
⑤ 刘勰,著. 文心雕龙注:卷十. 范文澜,注. 北京:人民文学出版社,1958:726.
⑥ 刘勰,著. 文心雕龙注:卷一. 范文澜,注. 北京:人民文学出版社,1958:23.
⑦ 刘勰,著. 文心雕龙注:卷六. 范文澜,注. 北京:人民文学出版社,1958:520.

情发"① 来扼要而深刻地说明作家的情感随着自然景物的变化而变化,而作品又是由于感情的激动而产生的。他又明确地指出了文学创作随着时代的推移而发生变化,政治隆污、社会治乱、学术思潮,都会对文学发展产生深刻的影响;文学和社会现实有着密切的关系。他说:"时运交移,质文代变","歌谣文理,与世推移,风动于上,而波震于下","文变染乎世情,兴废系乎时序"。② 刘勰的这些见解,都肯定了文学是自然景物和社会生活的反映。

刘勰基于他对文学与现实生活的关系的认识,主张文学在反映现实时,应该真实地表现作家深切的感情,真实地描写事物的实际情况,真实地表达作家正确的思想,才能使文学发挥它的认识作用和教育作用。现实生活是丰富多彩而又错综复杂的,拿自然景物来讲,真是千姿百态,妩媚多娇,"云霞雕色,有逾画工之妙;草木贲华,无待锦匠之奇"③,是很美的。刘勰从总结历代作家的创作经验中体会到,文学创作决不是生活的简单的重复和自然的摹写。生活虽美,仍需要作家运用"神思"进行艺术加工,把被描写的生活中的事物集中起来,使生活中的事物在艺术形象中得到突出的表现,从而更美更动人。他用形象的比喻说明了从生活美到文学美、从生活真实到文学真实的过程中,进行艺术加工的重要性:"视布于麻,虽云未费(贵),杼轴献功,焕然乃珍"④,"润色取美,譬增帛之染朱绿"⑤,"山木为良匠所度,经书为文士所择,木美而定于斧斤,事美而制于刀笔"⑥。虽然,由于时代的局限,刘勰不可能明确认识并明确指出这种文学美来源于生活美,而文学美又比生活美更理想的辩证关系,但他在有关论述中,已经涉及这个问题。

---

① 刘勰,著. 文心雕龙注:卷十. 范文澜,注. 北京:人民文学出版社,1958:693.
② 刘勰,著. 文心雕龙注:卷九. 范文澜,注. 北京:人民文学出版社,1958:671、675.
③ 刘勰,著. 文心雕龙注:卷一. 范文澜,注. 北京:人民文学出版社,1958:1.
④ 刘勰,著. 文心雕龙注:卷六. 范文澜,注. 北京:人民文学出版社,1958:495.
⑤ 刘勰,著. 文心雕龙注:卷八. 范文澜,注. 北京:人民文学出版社,1958:633.
⑥ 刘勰,著. 文心雕龙注:卷八. 范文澜,注. 北京:人民文学出版社,1958:616—617.

刘勰还进一步指出，作家在描写和反映现实生活时，不要只追求"形似"①，即表面上的真实，而应该"善于适要"②，即善于抓住事物的要点，运用"以少总多"③的艺术概括方法，深刻地描写事物的体貌和神情，做到"情貌无遗"④，从而达到实质上的真实。而且，他还主张，作家在描写事物的实际的、真实的样子时，可以运用想象、夸饰等艺术手法，加上一些奇特的、华丽的成分，只要做到"酌奇而不失其真，玩华而不坠其实"⑤，使"奇"、"华"与"真"、"实"结合起来，就可以使艺术形象更加符合事物的实际和真实。这是我国古代文论中涉及幻想与真实相结合、文学真实与生活真实相统一的问题的最早的一个例子。

由于时代和阶级的局限，刘勰是不可能认识到现实生活是文学创作的唯一的源泉的。在他看来，圣人的经典就是作家取之不尽、用之不竭的源泉。他说，经典是"文章奥府"、"群言之祖"，⑥经书"虽旧，余味日新"⑦。他给作家指出的创作道路，就是学习儒家经典，就是"宗经"："若夫镕铸经典之范，翔集子史之术，洞晓情变，曲昭文体，然后能孚甲新意，雕画奇辞。"⑧因此，他也不可能明确地提出作家应深入生活并真实地反映生活的科学论断。

三

刘勰认识到，文学要"写真"，作家就必须具备广博的知识和丰富的生活经验。

---

① 刘勰，著．文心雕龙注：卷十．范文澜，注．北京：人民文学出版社，1958：694．
② 刘勰，著．文心雕龙注：卷十．范文澜，注．北京：人民文学出版社，1958：694．
③ 刘勰，著．文心雕龙注：卷十．范文澜，注．北京：人民文学出版社，1958：694．
④ 刘勰，著．文心雕龙注：卷十．范文澜，注．北京：人民文学出版社，1958：694．
⑤ 刘勰，著．文心雕龙注：卷一．范文澜，注．北京：人民文学出版社，1958：48．
⑥ 刘勰，著．文心雕龙注：卷一．范文澜，注．北京：人民文学出版社，1958：23．
⑦ 刘勰，著．文心雕龙注：卷一．范文澜，注．北京：人民文学出版社，1958：22．
⑧ 刘勰，著．文心雕龙注：卷六．范文澜，注．北京：人民文学出版社，1958：514．

刘勰认为，要使作品的思想内容真实而深刻，不致"失真"①，作家就必须"积学以储宝"②，加强学习，积累知识。因为学识渊博，就可以"任力耕耨，纵意渔猎，操刀能割，必列膏腴"③，从而把握住事物的特点和本质，获得正确的认识。如果"学问肤浅，所见不博"，必"迍邅于事义"④，作品就会缺乏正确的思想内容。

刘勰强调作家要"博观"⑤，就是要广泛地观察、研究、分析，特别要通晓艺术的规律和方法，加强创作实践，才有可能获得"写真"的本领。他用"操千曲而后晓声，观千剑而后识器"⑥来生动而确切地说明加强艺术修养和创作实践的重要性。从操千曲到晓音，从观千剑到识器，就是一个不断学习、不断实践、不断提高的过程。他还用"阅乔岳以形培塿，酌沧波以喻畎浍"⑦来形象而深刻地说明具有深刻的鉴别力的重要性。不观乔岳之高，就不知培塿之低；不酌沧波之深，就不知畎浍之浅。只有善于从众多的复杂的事物中进行比较，才能提高自己分析事物的能力；也只有善于从众多的作家作品中加以比较，学习和吸取好的经验，才能提高自己的创作能力。

刘勰是意识到了作家积累生活知识的重要性的。他提出作家要"研阅以穷照"⑧，就是要精研自己的生活阅历，以获得对事物的彻底的理解。刘勰在论述一些作家时，讲到了他们的风格特色与他们的生活经历之间的密切关系。如他在论述建安文学的风格慷慨多气时，首先指出其社会根源是"良由世积乱离，风衰俗怨，并志深而笔长，故梗概而多气也"⑨；又指出其与作家生活经历的关系。建安时代，

---

① 刘勰，著. 文心雕龙注：卷八. 范文澜，注. 北京：人民文学出版社，1958：616.
② 刘勰，著. 文心雕龙注：卷六. 范文澜，注. 北京：人民文学出版社，1958：493.
③ 刘勰，著. 文心雕龙注：卷八. 范文澜，注. 北京：人民文学出版社，1958：615.
④ 刘勰，著. 文心雕龙注：卷八. 范文澜，注. 北京：人民文学出版社，1958：615.
⑤ 刘勰，著. 文心雕龙注：卷十. 范文澜，注. 北京：人民文学出版社，1958：714.
⑥ 刘勰，著. 文心雕龙注：卷十. 范文澜，注. 北京：人民文学出版社，1958：714.
⑦ 刘勰，著. 文心雕龙注：卷十. 范文澜，注. 北京：人民文学出版社，1958：714—715.
⑧ 刘勰，著. 文心雕龙注：卷六. 范文澜，注. 北京：人民文学出版社，1958：493.
⑨ 刘勰，著. 文心雕龙注：卷九. 范文澜，注. 北京：人民文学出版社，1958：674.

"文学蓬转"①，文学之士生长于动乱之际，经受过流离失所之苦，耳闻目睹社会的残破悲伤，胸中郁积着磊磊不平的慷慨之气，他们"慷慨以任气，磊落以使才"②，发而为诗，凄恻动人。在论述刘琨的风格"雅壮而多风"、卢谌的风格"情发而理昭"时，指出他们"亦遇之于时势也"③。在论述屈原时，指出："屈平所以能洞鉴风骚之情者，抑亦江山之助乎！"④ 就是说屈原之所以能深得吟诗作赋的要领，就是因为屈原被放逐于江南之野，目睹了高山大川，"山林皋壤，实文思之奥府"⑤，因而扩大了视野，得到了楚地山川景物的帮助，写出了"惊才风逸，壮志（采）烟高"⑥ 的篇章。这些论述，可以说接触到了关于作家的生活实践程度决定作品的内容深度这个问题。但是刘勰没有深入展开论述，没有阐明社会实践对作家进行创作的决定性的制约作用，没有明确提出作家必须深入了解和熟悉现实生活的重要意义。

必须指出，刘勰在"才"与"学"的问题上，是特别强调先天才能的。他认为必须先有天才，然后才是后天的"积学"与"博观"的问题。他说："文章由学，能在天资。才自内发，学以外成"，"才为盟主，学为辅佐，主佐合德，文采必霸"。⑦而且他主张的"积学"与"博观"的内容，又是强调继承间接的知识，学习圣人经典。这种唯心主义的观点，必然使他忽视生活实践。

列宁曾经指出："判断历史的功绩，不是根据历史活动家有没有提供现代所要求的东西，而是根据他们比他们的前辈提供了的新的东西。"⑧ 刘勰的《文心雕龙》就是比他的前辈提供了不少新的东西。其中许多问题在今天仍有探讨和借鉴的价值。

---

①刘勰，著．文心雕龙注：卷九．范文澜，注．北京：人民文学出版社，1958：673．
②刘勰，著．文心雕龙注：卷二．范文澜，注．北京：人民文学出版社，1958：66．
③刘勰，著．文心雕龙注：卷十．范文澜，注．北京：人民文学出版社，1958：701．
④刘勰，著．文心雕龙注：卷十．范文澜，注．北京：人民文学出版社，1958：695．
⑤刘勰，著．文心雕龙注：卷十．范文澜，注．北京：人民文学出版社，1958：695．
⑥刘勰，著．文心雕龙注：卷一．范文澜，注．北京：人民文学出版社，1958：48．
⑦刘勰，著．文心雕龙注：卷八．范文澜，注．北京：人民文学出版社，1958：615．
⑧中共中央马克思恩格斯列宁斯大林著作编译局，编译．列宁全集．第2卷．北京：人民出版社，1959：150．

我们应该批判地继承这份古代文学理论遗产，使它为发展社会主义的文化事业服务。

1979年2月

（原载《四川师范大学学报》1979年第2期）

试论刘昼的美学思想

刘昼字孔昭，北朝北齐阜城（今河北省交河县）人。其生活时代为公元六世纪初叶至中叶。据《北齐书》本传记载，刘昼少年孤贫，好学，负笈从师，伏膺无倦。武成帝河清（562—565）初年，举秀才入京，考策不第，乃恨不学属文，方复缉缀辞藻，从事写作。著有《高才不遇传》、《帝道》、《金箱璧言》、《刘子》等书。今前三书均已亡佚，唯《刘子》一书独存。刘昼博学奇才，但人微言轻，不为当时统治者所重，反被当时显学魏收、邢子才等人所讥。终生竟无仕进，北齐后主天统（565—570）中卒于家，年五十二。

《刘子》55篇，一名《新论》。因本传失载，且《隋书·经籍志》有"《刘子》十卷"，亦不著撰人，遂致著作权谁属，后世聚讼纷纭，莫衷一是。近人余嘉锡乃举四证详加考辨，力证是书为北齐刘昼所作无误；并对《四库提要》疑其为"伪托"之三点理由详加辩驳，指出凡此三者，"所疑皆妄也，其为说非也"[①]。余氏之说是可信的。

---

① 余嘉锡. 四库提要辨证：卷十四. 第2册. 北京：中华书局，1980：838—840、842—845.

试论刘昼的美学思想

《刘子》是一部杂家子书,刘昼在其书中杂取九流,融汇儒道,表述了自己的美学思想。他对美的本质、美丑的具体性和相对性、美感的普遍性和差异性、审美标准及其赏评态度、文质关系等美学问题,都在前人的基础上形成了一些自己独到的见解。对其美学思想进行研究,有助于了解北朝的美学思想特点,也可以印证南朝的美学风尚。

一 行象为美,美于顺也

从先秦至魏晋南北朝时期,不少思想家、美学家关于美的本质的言论,都是比较零星的、片段的,而且包含在他们关于哲学、伦理学、政治学、历史学等方面的论述之中,对美的本质做比较系统、周密论述者非常之少。刘昼却在《刘子·思顺》等篇中做了比较系统的论述,不仅给美下了一个比较明确的界说,而且做了相当详细的论证,这在中国古代美学史上是很少见的,应该给予一定的历史地位。

《刘子·思顺》篇说:

> 七纬顺度,以光天象;五性顺理,以成人行。行象为美,美于顺也。夫为人失,失在于逆。故七纬逆则天象变,五性逆则人行败。变而不生灾,败而不伤行者,未之有也。①

这里的"七纬",指日、月和水、火、木、金、土五星。日、月和五星遵循着一定的轨道运行,就会使天文光明照耀。② "五行"即"五性",亦称为"五常",指

---

① 刘昼,著. 刘子校释. 傅亚庶,校释. 北京:中华书局,1998:99.
② 鲍照. 河清颂并序//鲍照,撰. 鲍参军集注:卷二. 钱仲联,增补、集说、校. 上海:上海古籍出版社,1980:97—98.

"仁、义、礼、智、信"① 五种社会伦理道德。"五行"遵循着一定的规范实行，就会使人道获得成就。以"行象为美"，就是以"天象"（可以泛指自然界）、"人行"（可以泛指社会界）为美，也就是承认自然界、社会界的客观事物存在着美，而"天象"之所以美者，在于"顺度"，即顺乎自然事物发展变化的客观规律（《释名·释言语》："顺、循也，循其理也。"明代著名书法家、文学家祝允明说："顺者，物之自然也。"②）"人行"之所以美者，在于"顺理"，即顺乎政治上的等级名位和伦理上的道德规范的要求（在封建统治阶级看来，这封建等级制度和伦理道德规范是天经地义的普遍规律）。反之，则不美："七纬逆"就要引起"天象"的各种灾异变化，"五性逆"则将导致"人道"（指人类社会的正常秩序）败坏。刘昼在本文中还列举自然现象和社会现象加以论证："后稷善播植，不能使禾稼冬生，逆天时也；禹善治水，凿穴川，不能回水西流，逆地势也；人虽才艺卓绝，不能悖理成行，逆人道也。"刘昼"行象为美，美于顺也"的命题，反映了他对美的本质的认识：美在自然事物、社会事物本身，美是客观事物的属性；其本质在"顺"，即顺乎自然界、社会界各种事物的发展变化规律；"顺"则美，"逆"则不美。

对于刘昼关于美的本质的界说和论证，应该给予怎样的评价呢？有比较才有鉴别。我们先来看看刘氏之前，在中国美学史上有几条探讨美的本质的途径。需要事先说明的是，我们是根据一些思想家、美学家对美直接下了定义（也就是给美的性质做出了某些规定）的材料，认为他们在探讨美的本质时，大致采取了以下途径：

其一，从伦理学的角度，从探讨人性的本质去探讨美的本质。如先秦时代的孔丘曾提出"里仁为美"③，孟轲曾提出"充实之谓美"④，荀况也谈到"君子知夫不

---

①荀子集解：卷三. 王先谦，集解. 沈啸寰，王星贤，点校. 北京：中华书局，1988：94；班固. 白虎通·性情//陈立，撰. 白虎通疏证：卷八. 吴则虞，点校. 北京：中华书局，1994：381.
②祝允明. 枝山文集：卷二. 清同治甲戌开雕元和祝氏藏版. 30.
③论语集注：卷二//朱熹，撰. 四书章句集注. 北京：中华书局，1983：69.
④孟子集注：卷十四//朱熹，撰. 四书章句集注. 北京：中华书局，1983：370.

全不粹之不足以为美也"①。他们都是从伦理学和人格修养的角度来论美的,他们所说的美实际是一种人格之美、人性之美、人的精神境界之美,美与善基本同义。

其二,从审美主体的审美认识去探索,如魏晋时期的唯心主义哲学家王弼"以所见为美"②的观点,晋宋之交的文学家谢灵运"情用赏为美"③的观点。王、谢二人认识到审美主体的主观感受在审美活动中的重要性和能动性,这比起先秦诸子来说是一个进步。但他们所说的美,实际是美感,还不足以称为对美的本质的确切认识。④

其三,从审美对象的审美特性去探索。晋代的哲学家郭象曾指出"当故常美":"适故常甘,当故常美。若思夫侈靡,则无时慊矣。"⑤ 他的话是在讲上古"至德之世"是极其自然纯朴之世时说的,他强调了美在于适当、恰当,不能"侈靡",要"去华取实"⑥,因为"美配天者,唯朴素也"⑦。他的这个论点仅是就社会事物而言的,而且对"当"未做进一步的具体论述。齐梁时期的文论家刘勰曾指出"文约为美"⑧,"事以明核为美"⑨,刘氏此论仅是就作品(包括文学和非文学作品)的内容和形式而言的,不是对美的本质的全面论述。

但必须说明,上述三条途径在内容上是有交叉的。第一条途径从伦理学角度探

---

① 荀子集解:卷一. 王先谦,集解. 沈啸寰,王星贤,点校. 北京:中华书局,1988:18.
② 王弼《周易略例·卦略》:"观之为义,以所见为美者也。"(王弼,著. 王弼集校释. 下册. 楼宇烈,校释. 北京:中华书局,1980:618.)
③ 谢灵运. 从斤竹涧越岭溪行//黄节注汉魏六朝诗六种. 黄节,注. 北京:人民文学出版社,2008:661.
④ 参见:皮朝纲. 王弼美学思想蠡测. 西南师范大学学报,1982(3):99.
⑤ 郭象.《庄子·胠箧》注//郭庆藩,撰. 庄子集释:卷四(中). 王孝鱼,点校. 北京:中华书局,1961:358.
⑥ 郭象.《庄子·应帝王》注//郭庆藩,撰. 庄子集释:卷三(下). 王孝鱼,点校. 北京:中华书局,1961:306.
⑦ 郭象.《庄子·天道》注//郭庆藩,撰. 庄子集释:卷四(中). 王孝鱼,点校. 北京:中华书局,1961:462.
⑧ 刘勰,著. 文心雕龙注:卷三. 范文澜,注. 北京:人民文学出版社,1958:195.
⑨ 刘勰,著. 文心雕龙注:卷五. 范文澜,注. 北京:人民文学出版社,1958:438.

讨美。有的哲学家侧重从审美对象方面去探讨，有的则侧重从审美主体方面去探讨，之所以把它独立出来，是因为在我国古代美学史上，特别是先秦时代，从伦理学角度研究美，是一个重要的现象和特点。

刘昼采取的是第三条途径，即从审美对象的审美特性去探讨美的本质，但他是在更宽广的领域（自然界和社会界）上进行探索的。刘昼同刘勰一样喜爱"天文"、"地文"、"人文"（《刘子·慎言》篇云："日月者，天之文也；山川者，地之文也；言语者，人之文也。"① 刘勰在《文心雕龙·原道》篇中亦论及"道文"、"物文"、"人文"，可参看），但刘昼明确提出美存在于客观事物本身，更为可贵的是他从客观事物的发展规律去探索美的本质，并对顺应规律则美、逆其道而行之则不美做了精辟的论述，具有朴素唯物主义的精神，富有理性的色彩，这在客观上给人们以启示，客观事物（包括自然的、社会的）美的属性，乃是客观事物的某种规律的体现：一种事物能顺乎客观规律的发展，则具有某种美的属性，这无疑具有某种合理的因素。因为人类在长期的社会实践（首先是生产实践）中创造的美（美的事物或事物的美）是合规律性和合目的性的统一，真和善的统一，因而美的事物或事物的美是符合事物的客观规律的，是客观事物的某种规律的体现。诚然，美的本质问题是一个非常复杂的问题，至今仍在进行着十分热烈的争论。生活在一千四百多年前的刘昼，由于时代和阶级的局限，不可能对美的本质问题做出科学的、完满的解答；然而，他在我国古代美学发展史上第一个把美的本质与客观事物的规律联系起来思索，这是一个显著的进步，具有一定的理论意义。

但应该指出的是，刘昼"天象变"而"生灾"的说法，并不是对自然气象变化的一种科学解释，而是含有某些谶纬迷信的因素的。

---

① 刘昼，著. 刘子校释：卷六. 傅亚庶，校释. 北京：中华书局，1998：306.

二 物有美恶，施用有宜

《刘子·适才》篇提出：

> 物有美恶，施用有宜；美不常珍，恶不终弃。紫貂白狐，制以为裘，郁若庆云，皎如荆玉，此毳衣之美也；鷹管苍蒯，编以簑笠，叶微疏累，黯若朽穰，此卉服之美也。①

刘昼此段论述，首先指出世间万物有美有恶，"毳衣之美"与"卉服之美"判然分明，不容混淆。这就指明了美丑的客观性、具体性。承认美丑的客观存在不是刘昼的发明，《淮南子》已论及此点，《说山训》云："兰生幽谷，不为莫服而不芳。"② 这就是说，不管人们是否佩戴它，兰花自有其蕊芳之美。同篇又说："美之所在，虽污辱，世不能贱；恶之所在，虽高隆，世不能贵。"③ 这就更进一步指明，为世人所公认的或美或丑的事物，不会因个别人的褒贬而丧失其或美或丑的本质。刘昼继承了《淮南子》这一美学观点，又更进一步从客观事物与人类社会生活的关系及其在人类社会生活中的作用上来加以考察，认为美与丑的事物都各有其使用价值。

> 裘蓑虽异，被服实同；美恶虽殊，适用则均。今处绣户洞房，则蓑不如裘；被雪沐雨，则裘不及蓑。以此观之，适才所施，随时成务，各有宜也。④

"美恶虽殊，适用则均"，这是说美的和丑的事物虽然各有其内在的质的规定性，

---

① 刘昼，著. 刘子校释：卷六. 傅亚庶，校释. 北京：中华书局，1998：278.
② 淮南子集释：卷十六. 何宁，集释. 北京：中华书局，1998：1111.
③ 淮南子集释：卷十六. 何宁，集释. 北京：中华书局，1998：1150.
④ 刘昼，著. 刘子校释：卷六. 傅亚庶，校释. 北京：中华书局，1998：278.

但二者都同样地具有使用价值,各有其用武之地。而在一定的条件(时间和场合)下,人们对美丑事物的态度会发生转化。

> 伏腊合欢,必歌《采菱》;牵石挽舟,则歌嘘吁,非无《激楚》之音,然而弃不用者,方引重抽力,不如嘘吁之宜也。
>
> 卞庄子之升殷庭也,鸣珮趋跄,温色怡声,及其搏虎,必攘袂鼓肘,瞋目震呼,非不知温颜下气之美,然而不能及者,方格猛兽,不如攘袂之宜也;安陵神童,通国之丽也,八音繁会,使以噭吹嚼声,而人悦之,则不及瞽师侏儒之美。蛇衔之珠,百代之传宝也,以之弹鹀,则不如泥丸之劲也。棠溪之剑,天下之铦也,用之获穗,曾不如钩镰之功也。此四者,美不常珍,恶不终废,用各有宜也。①

刘昼把美丑和效用联系在一起,从事物的使用价值着眼,认为"美不常珍,恶不终废",指出了美丑的相对性。不仅如此,刘昼甚至认为,在一定的条件下使用价值将高于审美价值。他在《随时》篇中说:

> 救饥者以圆寸之珠,不如与之橡栗;贻溺者以方尺之玉,不如与之短绠。非橡绠之贵而珠玉之贱,然而美不要者,各在其所急也。
>
> 明镜所以照形,而盲者以之盖卮;玉笄所以饰首,而秃妪以之挂杖。非镜笄之不美,无用于彼也。②

诚然,这种以适用为美的思想是十分偏颇的,它将导致否定审美价值的独立存在。清代文学家、文论家袁枚就曾指出:"夫物相杂谓之文。布帛菽粟,文也;珠玉

---

① 刘昼,著. 刘子校释:卷六. 傅亚庶,校释. 北京:中华书局,1998:278—279.
② 刘昼,著. 刘子校释:卷九. 傅亚庶,校释. 北京:中华书局,1998:434.

锦绣，亦文也；其他浓云震雷、奇木怪石，皆文也……以适用为贵，将使天地之大、化工之巧，其专生布帛菽粟乎？抑能使有用之布帛菽粟，贵于无用之珠玉锦绣乎？人之一身，耳目有用，须眉无用……其能存耳目而去须眉乎？是亦不达于理矣。……文之佳恶，实不系乎有用与无用也。"①（《答友人论文第二书》）将使用价值和审美价值牢固地联系在一起，诚然是中国古代美学思想的特点之一。然而无独有偶，西方十八世纪前期，英国著名的哲学家休谟也曾这样谈过，他甚至直截了当地把使用价值也看作是一种美。他在《论人性》一书中说：

很显然，没有什么品质能比肥沃更能使一片田引起快感，这种美是装饰或位置方面的优点所难比拟的。……肥沃和价值都虽然涉及效用，而效用又涉及财富，欢乐和富裕，我们尽管不能和业主分享这些，但是通过生动的幻想，我们仿佛置身局内，在某种程度上和业主分享这些。②

比较一下休谟同刘昼各自的论点是非常有趣的。休谟认为"肥沃"（使用价值）比"装饰或位置方面的优点"（形式美）更能使一片田引起快感，而刘昼认为在一定情况下，人们宁要"橡梃之用"（使用价值），而不要"珠玉之美"（形式美）。二人的说法竟有异曲同工之妙。当然，休谟说法中所包含的想象的因素，在刘昼的论述中是没有的。但我们可以这样说：二人的观点都以一定的社会生活实践体验作为依据，因而也就具有相当的合理成分。

必须指出，刘昼的美学思想已经突破了我国古代把使用价值等同于审美价值，或者把使用价值作为审美价值的首要因素的看法。刘昼关于"物有美恶，施用有宜"的观点，实际上指明了一个很重要的问题，审美价值不等于使用价值，因为不仅美

---

① 小仓山房文集：卷十九//袁枚，著. 袁枚全集. 第2集. 王英志，校点. 南京：江苏古籍出版社，1993：322.
② 〔英〕休谟. 论人性//北京大学哲学系美学教研室，编. 西方美学家论美和美感. 北京：商务印书馆，1980：110.

的事物有使用价值,在一定条件下某些丑的事物也有使用价值,因而作为丑的对立面的美,它的质的规定性不能归结为事物是否适用,而在于它具有某种特定的属性。

三 美丑无定形,爱憎无正分

《刘子·殊好》篇,是刘昼关于美感的普遍性和差异性的专论。在文中,刘昼首先将人与动物做了比较。他认为人与动物一样,都具备五官的感觉。

> 人之与人(兽),共禀二仪之气,俱抱五常之性,虽贤愚异情,善恶殊行,至于目见日月,耳闻雷霆,近火觉热,履冰知寒,此之粗识,未宜有殊也。①

视觉、听觉、触觉这些五官感觉是人和动物所共有的,但这些只是简单的生理反映,是一种低级的感受能力,即所谓"粗识";而审美感受能力是一种高级的、发达的感受能力,这种能力是人类所独有的。

> 累榭洞房,珠帘玉宸,人之所悦也,鸟入而忧;……《五韺》《六韶》,《咸池》《箫韶》,人之所乐也,兽闻而振。②

这说明作为人类的审美对象的事物,动物是不能作为审美对象来对待的。《庄子·至乐篇》已论及此点:"咸池、九韶之乐,张之洞庭之野,鸟闻之而飞,兽闻之而走,鱼闻之而下入,人卒闻之,相与还而观之。"为什么动物不具备美感?最根本的原因是美感产生于人类的社会实践(首先是生产实践),它伴随着一系列极其复杂

---

① 刘昼. 刘子·殊好//刘昼,著. 刘子校释:卷八. 傅亚庶,校释. 北京:中华书局,1998:376—377.
② 刘昼. 刘子·殊好//刘昼,著. 刘子校释:卷八. 傅亚庶,校释. 北京:中华书局,1998:376.

的生理或心理活动。这些，是动物所不具备的。而动物的活动仅仅是出自生理本能。当然，动物有时会产生某些类似"美感"的活动，比如雄鸟在雌鸟面前展示自己的羽毛，雌鸟为雄鸟婉转的啼叫所吸引。生物学家达尔文就曾据此提出美感非人类所专有，动物也具有美感的看法。① 他的观点已为近代科学的成果和美学研究的进展所否定。庄周、刘昼等人能够较早地注意到动物不具备人类的美感，这是他们对美学的贡献。刘昼还试图解释人与动物"嗜好不同"的原因，他归纳为三点："受性既殊，形质亦异，所居隔绝"②，由于时代的局限，他当然不可能达到科学的结论，但他从先天的因素、外在内在的因素以及居住环境的因素去进行分析，亦可供参考。刘昼在论证了人与动物"嗜好不同"之后，又进一步分析了在人与人之间所存在的美感普遍性和差异性问题。他说：

声色芳味，各有正性，善恶之分，皎然自露。不可以皂为白，以羽为角，以苦为甘，以臭为香。③

人类的美感何以有共同性、普遍性？首先是因为客观对象具有一定的审美属性（而这种属性又有一定的质的规定性），这就是所谓"声色芳味，各有正性"，"正性"正是这种恒定的审美属性及其质的规定性；而无论人们认识到与否，客观事物的美丑素质总是客观存在的，总要自己显露出来，这就是所谓"善恶之分，皎然自露"。其次，是因为审美主体本身存在着可以产生共同美感的生理心理结构。所以，"目之于色也，有同美焉"④。人们一般不会以白为黑、以香为臭、以美为丑，正因为以上主、客观两方面的原因，所以人类在很大程度上具有共同的、普遍的审美感受。然

---

① 〔俄〕普列汉诺夫. 论艺术（没有地址的信）. 曹葆华，译. 北京：生活·读书·新知三联书店，1973：8—9.
② 刘昼. 刘子·殊好//刘昼，著. 刘子校释：卷八. 傅亚庶，校释. 北京：中华书局，1998：376.
③ 刘昼. 刘子·殊好//刘昼，著. 刘子校释：卷八. 傅亚庶，校释. 北京：中华书局，1998：377.
④ 孟子集注：卷十一//朱熹. 四书章句集注. 北京：中华书局，1983：330.

而，有一类人的审美趣味恰恰与众相反，从而造成了美感的差异性。刘昼写道：

> 嗜好有殊绝者，则偏其反矣，非可以类推，弗得以情测，颠倒好丑，良可怪也。
>
> 赪颜玉理，盼视巧笑，众目之所悦也。轩皇爱嫫母之丑貌，不易落慕之丽容；陈侯悦敦洽之丑状，弗贸阳文之婉姿。……《阳春》《白雪》，《激楚》《采菱》，众耳之所乐也。而汉顺帝听山鸟之音，云胜丝竹之响；魏文侯好椎凿之声，不贵金石之和。……若斯人者，皆性有所偏也。执其所好而与众相反，……美丑无定形，爱憎无正分也。①

轩皇、陈侯、汉顺帝、魏文侯等人都属于"性有所偏"的一类人，他们"嗜好有殊绝"，审美趣味与众人截然相反。为什么美感具有差异性呢？我国现代美学界多从不同时代、不同民族、不同阶级等方面进行分析，这似乎不足以解释全部情况。西方美学界也曾就此问题加以讨论，十八世纪法国大哲学家狄德罗曾经对美感差异（审美判断分歧）列举了十四种原因，其中第四种原因同这里的情况有些近似，我们把它节引于下：

> 利害、情感、无知、成见、习惯、风俗、气候、习俗、政府、教派、事故等，对于环绕我们的存在物……消灭其中很自然的关系，而在那里建立起偏私的、偶然的关系。这是判断分歧的第四种根源。②

狄德罗所谓的"关系"，指人对现实的审美关系："其中很自然的关系"可以看

---

① 刘昼. 刘子·殊好//刘昼，著. 刘子校释：卷八. 傅亚庶，校释. 北京：中华书局，1998：377.
② 〔法〕狄德罗. 美之根源及性质的哲学的研究. 北京大学哲学系美学教研室，编. 西方美学家论美和美感. 北京：商务印书馆，1980：138—139.

作是审美的共同性和普遍性；而"偏私的、偶然的关系"则和刘昼所谓的"性有所偏"、"嗜好有殊绝"有某种程度的相似之处。不同之处在于，刘昼所说的"性有所偏"，乃是指人对现实所表现的、不同于一般人的长期的、固定的关系。其实，刘昼的观点可以在中国的美学史上找到渊源。东晋葛洪在《抱朴子·塞难》中说：

> 以丑为美者有矣，以浊为清者有矣，以失为得者有矣，此三者乖殊，炳然可知，如此其易也，而彼此终不可得而一焉。①

葛洪这段话可以看作刘昼所本，不过葛洪仅仅揭示了审美判断"乖殊炳然"的现象，刘昼则在此基础上进一步论证了"乖殊"的原因之一。刘昼对美感差异的解释有其合理的因素，不过他最后得出"美丑无定形，爱憎无正分"的结论，这又回到葛洪"彼此终不可得而一"的老路上去了。应该说美丑是有定型的，某些人对美丑爱憎不同，但这并不能妨碍美丑事物都具有自己的内在的质的规定性。研究美感的差异性，应该主要从审美主体的主观方面去寻找原因。

四 情实、理真

人们在进行审美判断时，总要遵循一定的尺度——审美标准。刘昼在《刘子·正赏》篇中提出了"情实"、"理真"的赏评标准。他说：

> 赏者，所以辨情也；评者，所以绳理也。赏而不正，则情乱于实；评而不均，则理失其真。②

---

① 葛洪. 抱朴子内篇·塞难//葛洪，撰. 抱朴子内篇校释：卷七. 王明，校释. 北京：中华书局，1985：141.
② 刘昼. 刘子·正赏//刘昼，著. 刘子校释：卷十. 傅亚庶，校释. 北京：中华书局，1998：485.

对作品（包括其他审美对象）的审美评价涉及"情"、"理"二端。所谓"情实"，即要求作品应表现作家主观的真情实感，而不得矫揉造作，虚情假意；所谓"理真"，即要求艺术创作正确地反映客观事物，揭示出事物发展变化的客观规律。"情实"、"理真"，是要求"情"、"理"的结合，而以"真"为核心，反映了对真实性的审美要求，这个要求同刘昼有关美的本质的看法是相一致的。同时，刘昼还讨论了"真"同"美"之间的关系。他举例说：

> 由今人之画鬼魅者易为巧，摹犬马者难为工，何者？鬼神质虚而犬马形露也。质虚者可托怪以示奇，形露者不可诬罔以是非，难以其真而见妙也。托怪于无象，可假非而为是；取范于真形，则虽是而疑非。①

"画鬼魅"的故事，出于《韩非子·外储说左上》。刘昼借用于此，旨在说明艺术作品须"真而见妙"。"妙犹美也。"②"真而见妙"就是因其真而见其美，"真"是"美"的基础，"美"在"真"的基础上得到表现。这种"真""美"统一的审美学说是中国传统美学的精华，应该得到充分的肯定。值得注意的是，中国的哲学家、美学家、文艺批评家们几乎无一不主张"真美"。《庄子·渔父》有云："真者，精诚之至也。不精不诚，不能动人。""真能动人"之说，可视为"真而见妙"说之先声。其后，东汉王充也说："精诚由中，故其文语感动人深。"③南朝刘勰亦主张："酌奇而不失其真，玩华而不坠其实。"④可见，早在刘昼之前，已形成了主张"真美"的

---

① 刘昼，著. 刘子校释：卷十. 傅亚庶，校释. 北京：中华书局，1998：485.
② 《后汉书·班彪列传》："妙古昔而论功。"注："妙犹美也。"（班彪列传//范晔，撰. 后汉书：卷四十下. 李贤，等，注. 北京：中华书局，1973：1363.）
③ 王充. 论衡·超奇//王充，著. 论衡校释：卷十三. 黄晖，校释. 北京：中华书局，1990：612.
④ 刘勰. 文心雕龙·辨骚//刘勰，著. 文心雕龙注：卷一. 范文澜，注. 北京：人民文学出版社，1958：48.

优良美学传统。刘昼的真美统一观是对前人的继承和发展。

刘昼不但建立了赏评标准,而且将其付诸实践。针对世上"美恶混糅,真伪难分"的状况,刘昼大力提倡"摹法以测物",反对"信心而度理"①。就是说,鉴赏一定要有客观的标准,而不能以个人的主观好恶作为审美的尺度。他说:

> 昔二人评玉,一人曰好,一人曰丑,久而不能辨。各曰:"尔来入吾目中,则好丑分矣。"夫玉有定形而察之不同,非苟相反,瞳睛殊也。②

这个"二人评玉"的故事告诉我们,玉之美丑是客观存在的,必须用客观的标准来鉴别它。如果仅凭个人的主观好恶来评价,则可能得出或美或丑的截然相反的看法,自然也不可能得出准确的结论了。

刘昼在文中还提到不能以视觉差错所得的印象("目乱心惑")作为审美的尺度。他说:

> 海滨居者,望岛如舟,望舟如兔,而须舟者不造岛,射兔者不向舟,知是望远目乱而心惑也。山底行者,望岭树如簪,视岫虎如犬,而求簪者不上树,求犬者不往呼,知是望高目乱而心惑也。至于观人论文,则以大为小,以能为鄙,而不知其目乱心惑也。与望山海者,不亦反乎?③

这里所引的故事出于《荀子·解蔽》。"望远目乱而心惑"与"望高目乱而心惑"都是视觉误差所造成的心理错觉。人们懂得"远蔽其大"、"高蔽其长",乃是在认识过程中利用原有的生活经验排除了心理错觉的缘故。在观人论文之时,人们常常不

---

① 刘昼. 刘子·正赏//刘昼, 著. 刘子校释: 卷十. 傅亚庶, 校释. 北京: 中华书局, 1998: 486.
② 刘昼. 刘子·正赏//刘昼, 著. 刘子校释. 傅亚庶, 校释. 北京: 中华书局, 1998: 486.
③ 刘昼. 刘子·正赏//刘昼, 著. 刘子校释. 傅亚庶, 校释. 北京: 中华书局, 1998: 486—487.

懂得"目乱心惑",就往往造成"以能为鄙"、"以大为小"的恶劣后果。这仍然是没有掌握审美的客观标准,不能"摹法以测物"而造成的。总之,刘昼的审美标准学说,既是在前人基础上的发展,也有自己师心独到之处。他对于赏评态度的见解亦是如此。

刘昼把人们不能进行正确赏评的原因,除了归结为没有掌握客观的审美标准之外,主要归之于"贵古贱今"、"珍远鄙近"、"贵耳贱目"、"崇名毁实"① 这些错误的赏评态度。这种看法是自汉以来一直就有的。桓谭在《新论》中说:"世咸尊古卑今,贵所闻,贱所见。"王充《论衡·齐世》也有同样看法:"世俗之性,贱所见,贵所闻也。"② 张衡在《东京赋》中更直接指斥:"末学肤受,贵耳而贱目者也!"③ 曹丕在《典论·论文》中将其列为论文之一弊:"常人贵远贱近,向声背实,又患暗于自见,谓己为贤。"④ 葛洪《抱朴子·钧世》篇云:"然守株之徒,喽喽所玩,有耳无目,何肯谓尔!其于古人所作为神,今世所著为浅,贵远贱近,有自来矣。"⑤ 在刘昼同时而稍后的北齐文学家颜之推在《颜氏家训·慕贤》篇中亦论及:"世人多蔽,贵耳贱目,重遥轻近。"⑥ 可见"贵古贱今"、"崇名毁实"之类弊病,由来已久,漫延日广,在刘昼当时的北朝尤为炽盛。刘昼反对这种错误的赏评态度,正是针对时代的风气流弊而发的,其中也包含着自己不遇于时的一腔愤懑。《北齐书》记载,刘昼曾写了一首赋,以"六合"为名,自谓绝伦,吟讽不辍。便以此赋呈当时显学魏收。收谓人曰:"赋名六合,其愚已甚;及见其赋,又愚其名。"可知,魏收

---

① 刘昼. 刘子·正赏//刘昼,著. 刘子校释:卷十. 傅亚庶,校释. 北京:中华书局,1998:485.
② 王充. 论衡·齐世//王充,著. 论衡校释. 黄晖,撰. 北京:中华书局,1990:811.
③ 张衡. 东京赋//全后汉文:卷五十二//严可均,校辑. 全上古三代秦汉三国六朝文. 北京:中华书局,1958:765.
④ 曹丕. 典论·论文//萧统,编. 六臣注文选:卷五二. 李善,吕延济,等,注. 北京:中华书局,1987:967.
⑤ 葛洪. 抱朴子外篇·钧世//葛洪,撰. 抱朴子外篇校笺. 下册. 杨明照,校笺. 北京:中华书局,1991:71.
⑥ 颜之推. 颜氏家训·慕贤//颜之推,撰. 颜氏家训集解(增补本):卷二. 王利器,撰. 北京:中华书局,1993:130.

等人正是采取的"循名责实"、"崇名毁实"的赏评态度,刘昼曾深受其害。他深深感到,知音君子,千载难遇。无怪乎他要大声疾呼"贻之知音,君子聪达亮于闻前,明鉴出于意表。不以名实眩惑,不为古今易情,采其制意之本,略其文外之华,不没纤芥之善,不掩萤烛之光"①了。

刘昼的美学思想颇为丰富,且具有一定的特色,它是怎样形成的呢?我们试从学术渊源和时代风尚两方面谈一点看法。

其一,刘昼杂取九流,融汇儒道,《刘子》一书体现了学术合流的倾向。先秦九流十家学术派别形成之后,诸子自立其说,各照一隅,罕观通衢,甚而互相攻讦,终不能解。至秦、汉之际,始有《吕览》、《淮南》杂取诸子之言,汇而成书。这体现了中国学术派别的第一次合流。罗根泽先生说:"'取诸子之言',固是因袭;'汇而成书',则是创造。"②他充分肯定了杂家著作形成的意义。其后,汉世"独尊儒术",两晋崇尚玄言,至南北朝晚期,又出现学术派别的第二次合流倾向,以刘昼的《刘子》和颜之推的《颜氏家训》为其代表。《刘子》一书多"采掇诸子之言"③,有人誉为"文辞质朴,缉缀丰赡"④。然观其要旨,盖以儒、道二家学说为主,其《九流》一篇,述之甚详。

---

① 刘昼. 刘子·正赏//刘昼,著. 刘子校释:卷十. 傅亚庶,校释. 北京:中华书局,1998:487.
② 罗根泽《中国文学批评史》第一篇《周秦文学批评史》第一章《绪言》:"顾炎武日知录云:'子书自孟荀以外,如老、庄、管、商、申、韩,皆自成一家书;至吕氏春秋淮南子,则不能自成,故取诸子言,汇而为书。此子书之一变也。今人书集,一一尽出其手,必不能多,大抵如吕览淮南之类耳。其必古人之所未及就,后世之所不可无,而后为之,庶乎其传也与!'(卷十九,著书之难条)但吕览淮南,以至'如吕览淮南之类'的书集,竟流传不废,这是因为'取诸子之言',固是因袭;'汇而成书',则是创造。""庄子天下篇论到各家道术的产生,一律说是'古之道术有在于是者',某某'闻其风而说之',由是如何以造成一家之言。从'古之道术有在于是者'而言,是因袭;从如何如何以造成一家之言而言,是创造。"(罗根泽. 中国文学批评史〈一〉. 上海:上海古籍出版社,1984:28、29.)
③ 永瑢,等,编. 四库全书总目:卷一一七. 北京:中华书局,1965:1010(下).
④ 杨明照. 刘子理感//增订刘子校注. 杨明照,校注. 陈应鸾,增订. 成都:巴蜀书社,2008:38.

> 道者，玄化为本；儒者，德化为宗。九流之中，二化为最。夫道以无为化世，儒以六艺济俗。无为以清虚为心，六艺以礼教为训。若以礼教行于大同，则邪伪萌生；使无为化于成、康，则氛乱竞起。何者？浇淳时异则风化应殊；古今乖舛则政教宜隔。以此观之，儒教虽非得真之说，然兹教可以导物；道家虽为达情之论，而违礼复不可以救弊。①

观此段议论，刘昼于儒、道二家，俱有肯定，亦俱有贬词，主张随着古今时代的不同，随时顺势，灵活运用。《九流》一篇是全书的总纲，体现了《刘子》全书以儒道学说为主，兼采九流百家，从而自成一家之言的倾向。这是在因袭基础上的创造，在继承前提下的革新，我国美学思想史，以儒、道两家互相对立、互相影响、互相融合为其主线，这也是《刘子》一书的首要特色。

其二，主"先质后文"，反映了北朝的时代风尚。《隋书·文学传序》云："暨永明、天监之际，太和、天保之间，洛阳江左，文雅尤盛……彼此好尚，互有异同。江左宫商发越，贵于清绮；河朔词义贞刚，重乎气质。气质则理胜其词，清绮则文过其意。理深者便于时用，文华者宜于咏歌：此其南北词人得失之大较也。"② 这段话准确地阐明了南北文风的异同。北朝文坛重"质"、重"用"，从而形成其"词义贞刚"的朴实风貌。在北朝时代风尚的影响下，刘昼也主张"先质后文"、"先实后辩"、"质美"、"情实"。他在《言苑》一篇中说：

> 画以摹形，故先质后文；言以写情，故先实后辩。无质而文，则画非形也；不实而辩，则言非情也。红黛饰容，欲以为艳，而动目者稀；挥弦繁弄，欲以为悲，而惊耳者寡，由于质不美、曲不和也。质不美者，虽崇饰而不华；曲不

---

① 刘昼. 刘子·九流//刘昼，著. 刘子校释：卷十. 傅亚庶，校释. 北京：中华书局，1998：521.
② 魏征，等，撰，隋书：卷七十六. 北京：中华书局，1973：1729—1730.

和者,虽响疾而不衰。①

联系其"物有美恶,施用有宜"以及"情实"、"理真"的审美标准等美学观点来看,主张"先质后文",乃是刘昼美学思想的第二个显著特色。

刘昼才秀人微,故取湮当代。我们后人"不没纤芥之善,不掩萤烛之光",为其宣馨"制意之本",亦艺林之一件美事。

1983年10月

(原载《西南师范大学学报》,1984年第4期。与詹杭伦合写)

---

① 刘昼. 刘子·言苑//刘昼,著. 刘子校释:卷十. 傅亚庶,校释. 北京:中华书局,1998:510.

司空图的韵味说及其审美理论

在我国唐代晚期的美学思想中,能够自成一家之说,形成较有系统的理论,而且对后来的文学创作和美学思想发生过很大影响的,是司空图的韵味说及其审美理论。

一 "醇美"与"全美"

司空图在《与李生论诗书》中指出:"文之难而诗尤难。古今之喻多矣,愚以为辨于味而后可以言诗也。"① 他明确地提出了"辨于味而后可以言诗"的命题,把明辨诗味作为诗歌创作和欣赏的一个重要原则:诗人必须具有在自己可创造的艺术意境中包孕诗味的能力,才能使自己的作品具有美感力量;读者进行诗歌欣赏和评论必须具有能够在明辨艺术形象的基础上包孕诗味的能力,才能对作品做出正确的鉴赏和评价。司空图提出的这个审美原则,对我国古代审美理论的发展,是一个重要

---

① 司空图. 与李生论诗书//司空图,著. 诗品集解. 郭绍虞,集译. 北京:人民文学出版社,1963:47.

的贡献。

司空图之所以能够提出"辨于味而后可以言诗"这个审美原则，是因为他借鉴和总结了前人的诗歌创作经验、诗歌理论、审美理论，认识到"味"是诗歌这类文艺作品（特别是写景抒情的诗歌和绘画这一类作品）所具有的审美特性、美感力量。"味"存在于各种不同风格和意境的作品里，无论是偏于壮美的"雄浑"、"豪放"、"劲健"的作品，还是偏于柔美的"清奇"、"飘逸"、"绮丽"的作品。

诚然，把"味"这个词引进文艺理论，在不同程度上意识到"味"是文艺作品中所具有的属性、所具有的美感力量，不始于司空图。早在先秦时代晏子在论述中就用"味"来说明音乐的教育作用和美感力量："声亦如味，一气、二体、三类、四物、五声、六律、七音、八风、九歌，以相成也。清浊、小大、短长、疾徐、哀乐、刚柔、迟速、高下、出入、周疏，以相济也。君子听之，以平其心，心平德和。"① 西汉时的王褒曾用"味"来比喻音乐所具有的美感："哀悁悁之可怀兮，良醰醰而有味。"② 东汉时的王充也用"味"来比喻文艺作品的审美作用："师旷调音，曲无不悲；狄牙和膳，肴无澹味。然则通人造书，文无瑕秽。"③ 之后，魏晋南北朝时期的陆机、葛洪、刘勰、萧绎、颜之推等都曾用"味"字来比喻文艺作品的美感。陆机说："或清虚以婉约，每除烦而去滥，阙大羹之遗味，同朱弦之清汜。"④ 葛洪说："五味舛而并甘，众色乖而皆丽。近人之情，爱同憎异，贵乎合己，贱于殊途。夫文章之体，尤难详赏。苟以入耳为佳，适心为快，鲜知忘味之九成，雅颂之风流

---

① 春秋左传正义：卷四十九. 杜预，注. 孔颖达，等，正义//阮元，校刻. 十三经注疏. 北京：中华书局，1980：2093—2094.
② 王褒. 洞箫赋//萧统，编. 六臣注文选：卷十七. 李善，吕延济，等，注. 北京：中华书局，1987：319.
③ 王充. 论衡·自纪//王充，著. 论衡校释. 黄晖，撰. 北京：中华书局，1990：1199.
④ 陆机. 文赋//萧统，编. 六臣注文选：卷十七. 李善，吕延济，等，注. 北京：中华书局，1987：314.

也。"① 刘勰说："深文隐蔚，余味曲包"②，"味飘飘而轻举，情晔晔而更新"③。萧绎说："夫世代亟改，论文之理非一；时事推移，属词之体或异。但繁则伤弱，率则恨省；存华则失体，从实则无味。"④ 颜之推说："至于陶冶性灵，从容讽谏，入其滋味，亦乐事也。"⑤ 晏子等人所提到的"味"，主要还是指文艺作品形象所具有的一种感染力和吸引力。南北朝后期的钟嵘则把诗味作为一种美学理想。他在《诗品·总论》里说："五言居文词之要，是众作之有滋味者也；故云会于流俗。岂不以指事造形，穷情写物，最为详切者耶！"⑥ 他认为诗人根据自己耳闻目睹、亲身经历的事情（包括社会的、自然的）塑造形象，既充分抒发自己的感情，又充分描写事物的形貌，无论是"穷情"还是"写物"都要细致而深刻。这样的作品就会有"滋味"，就会"味之者无极，闻之者动心"⑦，具有一种激动人心的美感力量。钟嵘在实际上强调了文学作品具有形象性和情感性的特征，这两个特征是产生美感的基础。

纵观整个中国美学思想史，"味"和"辨于味"的问题，是具有我国民族传统特点的审美理论之一。钟嵘根据前人的论述，把诗味作为一种具体的审美标准，而且形成了比较系统的理论，这无疑是对审美理论做了有益的探索，做出了重要的贡献。司空图又吸收和总结了前人的论述，从艺术作品的形象性和情感性同艺术的美感之间的必然联系这个思想出发，明确地提出了"辨于味而后可以言诗"的重要原则，对前人的审美理论补充了新的内容。

---

① 葛洪. 抱朴子外篇·辞义//葛洪，撰. 抱朴子外篇校笺. 下册. 杨明照，校笺. 北京：中华书局，1991：395.
② 刘勰. 文心雕龙·隐秀//刘勰，著. 文心雕龙注：卷八. 范文澜，注. 北京：人民文学出版社，1958：633.
③ 刘勰. 文心雕龙·物色//刘勰，著. 文心雕龙注：卷十. 范文澜，注. 北京：人民文学出版社，1958：694.
④ 萧绎. 内典碑铭集林序//全梁文：卷十七//严可均，校辑. 全上古三代秦汉三国六朝文. 北京：中华书局，1958：3053.
⑤ 颜之推，撰. 颜氏家训集解（增补本）. 王利器，集释. 北京：中华书局，1993：237.
⑥ 钟嵘，著. 诗品注. 陈延杰，注. 北京：人民文学出版社，1961：2.
⑦ 钟嵘，著. 诗品注. 陈延杰，注. 北京：人民文学出版社，1961：2.

对于明辨诗味的问题，司空图还提出了要明辨"醇美"之"味"与"全美"之"味"，并对两者之间的关系做了明确的论述。

所谓"醇美"之"味"，就是"韵外之致"、"味外之旨"。① "韵"和"味"是指作品艺术形象或意境所包孕的神韵、情趣。而韵外之"致"、味外之"旨"，是指在艺术形象或意境之外，别有余味，司空图称之为"咸酸之外"的"醇美"②。所谓"全美"之"味"，就是指优美的艺术形象或意境所包蕴着的无尽的神韵、韵味。

关于"醇美"与"全美"之间的关系，司空图指出，"近而不浮，远而不尽，然后可以言韵外之致"，"倘复以全美为上，即知味外之旨矣"。③ 这就是说，在艺术创作中，首先要使艺术形象做到"近而不浮，远而不尽"，从而包孕着无尽的神味，然后，才能使作品具有"韵外之致"、"味外之旨"，从而具有无穷的余味。或者说，首先要使艺术形象做到"全美"，然后才能使作品具有"醇美"。

什么是"近而不浮，远而不近"呢？"近而不浮"是指形象具体、生动、鲜明，近在眼前，又不流于浮浅。"远而不尽"是指艺术境界深远、含蓄，情趣悠长，不是意尽于句中，不是"浅涸"④。可以说，"近而不浮"和"远而不尽"是塑造意境的两个方面，前者侧重在"境"的方面，后者侧重在"意"的方面，因为优美的艺术形象，总是要用具体、生动、鲜明的形象来表达含蓄而深远的情趣，从而深化和开拓一种意境。在司空图看来，只有首先使艺术形象具体、生动、鲜明，情趣含蓄、蕴藉、深远，使作品的意境含蓄着无尽的韵味，或者说使"味"在诗内，然后才能做到"味"在诗外，使作品具有"咸酸之外"的"醇美"。清人袁枚指出："司空表圣论诗，贵得味外味。余谓今之作诗者，味内味尚不能得，况味外味乎？"⑤ 明人杨

---

① 与李生论诗书//司空图，著．诗品集解．郭绍虞，集译．北京：人民文学出版社，1963：47、48．
② 与李生论诗书//司空图，著．诗品集解．郭绍虞，集译．北京：人民文学出版社，1963：47．
③ 与李生论诗书//司空图，著．诗品集解．郭绍虞，集译．北京：人民文学出版社，1963：47、48．
④ 与李生论诗书//司空图，著．诗品集解．郭绍虞，集译．北京：人民文学出版社，1963：48．
⑤ 袁枚，著．随园诗话．卷六．顾学颉，校点．北京：人民文学出版社，1982：185．

慎引晁以道语："画写物外形，要物形不改。诗传画外意，贵有画中态。"① 他们的意思都在说明不能将意在言外认为是言中不必有意，将趣在画外认为是画中不必有趣，将弦外余音，认为是弦上无音。总之，司空图正确地指明了"味内味"与"味外味"的关系，指出了"味外味"是在"味内味"的基础上产生出来的。他在实际上指出了艺术形象的美感力量，不只是形象本身所呈现出来的作用，它还包括形象作用于欣赏者的想象、联想、感情等心理功能而诱发出来的作用。也就是说，由于作品的形象具体、生动、鲜明，情趣含蓄、蕴藉、深远，所以作品能够调动欣赏者的想象、联想、感情的能动性，使欣赏者用自己的生活经历、文化修养、审美理想去补充、丰富文艺家所塑造的形象和意境。

司空图在提出"韵外之致"、"味外之旨"的同时，还提出了"象外之象，景外之景"②。"象外之象，景外之景"是指作品的艺术形象的特色，作者不把他要告诉读者的自然景物全部表现在作品之中，而是让读者通过作品中所表现的那一部分，去领会没有在作品中所表现出来的那一部分。如果说"近而不浮，远而不尽"是创造诗内的意境，从而使作品具有"味内味"的两个方面的话，那么，"韵外之致"、"味外之旨"与"象外之象，景外之景"就是形成诗外的意境，从而使作品具有"味外味"的两个方面（"味外之旨"偏重于"意"的方面，"景外之景"偏重于"境"的方面）。由于司空图重视艺术形象的具体生动性，重视欣赏者想象力、联想力的能动性，因而他把"象外之象，景外之景"作为欣赏者通过想象、联想所领会到的一种艺术境界，把"韵外之致"、"味外之旨"作为欣赏者通过想象、联想所获得的一种美感享受。这不仅扩大了艺术意境的领域，而且也扩大了审美的领域。

清人许印芳指出："自表圣首揭味外之旨，逮宋沧浪严氏，专主其说，衍为诗

---

① 杨慎. 升庵诗话：卷十三//丁福保，辑. 历代诗话续编. 中册. 北京：中华书局，1983：897.
② 司空图. 与极浦谈诗书//司空图，著. 诗品集解. 郭绍虞，集译. 北京：人民文学出版社，1963：52.

话，传教后进。"① 在中国文学理论批评史和美学思想史上，司空图是第一个标举"味外之旨"的，而他所追求的美学理想、审美标准，就是这种"味外之旨"的"醇美"。如果说他的"近而不浮，远而不尽"的主张，是受到刘勰"物色尽而情有余"②和钟嵘"指事造形，穷情写物，最为详切"、"文已尽而意有余"③的影响（可以说，"近而不浮"是"物色尽"和"文已尽"的引申，"远而不尽"是"情有余"和"意有余"的发展），那么，司空图标举的"味外之旨"，却是他的创见。刘勰的"余味"说和钟嵘的"滋味"说，都主要侧重讲作品的形象和意境本身所包含的神味，而司空图的韵味说则主要强调艺术形象和意境引起欣赏者的联想后所获得的一种境界和情趣，他重视了在审美活动中欣赏者的主观能动性，这是司空图对审美理论做出的重要贡献。

司空图标举的"味外之旨"（他在《诗品》中讲的"超以象外，得其环中"，"不著一字，尽得风流"，是同一意思），对后代的诗歌理论和审美理论产生过很大影响。苏轼、严羽、王夫之、王士祯都是司空图的赞同者。苏轼说，唐末司空图"其论诗曰：'梅止于酸，盐止于咸，饮食不可无盐、梅，而其美常在咸、酸之外。'盖自列其诗之有得于文字之表者二十四韵，恨当时不识其妙，予三复其言而悲之"；"信乎表圣之言，美在咸酸之外，可以一唱而三叹也"；④"严沧浪论诗，宗法表圣"⑤。严羽在《沧浪诗话》中大力提倡兴趣和妙悟，这正是司空图提倡韵味说的继承和发展。王夫之说："知'池塘生春草'、'胡蝶飞南园'之妙，则知'杨柳依依'、'零雨其

---

① 许印芳. 与李生论诗书跋//司空图, 著. 诗品集解. 郭绍虞, 集译. 北京：人民文学出版社, 1963：49—50.
② 刘勰, 著. 文心雕龙注：卷十. 范文澜, 注. 北京：人民文学出版社, 1958：694.
③ 钟嵘, 著. 诗品注. 陈延杰, 注. 北京：人民文学出版社, 1961：2.
④ 苏轼. 书黄子思诗集后//苏轼文集：卷六十七. 孔凡礼, 点校. 北京：中华书局, 1986：2124—2125.
⑤ 许印芳. 与王驾评诗书跋//司空图, 著. 诗品集解. 郭绍虞, 集译. 北京：人民文学出版社, 1963：50.

濛'之圣于诗；司空表圣所谓'规以象外，得之圜中'者也。"① 王士祯说："表圣论诗，有二十四品，予最喜'不著一字，尽得风流'八字。"② 他大力提倡神韵，更明确地以司空图和严羽的学说为准则，并竭力推崇王维、孟浩然等人的作品。

二 "神"与"真"

司空图在《与李生论诗书》中指出："（盖绝句之作，本于诣极），此外千变万状，不知所以神而自神，岂容易哉？"③ 这里的"神"，是司空图所追求的诗的最高境界，后来严羽在《沧浪诗话》中所说的"诗之极致有一，曰入神。诗而入神，至矣，尽矣，蔑以加矣"④ 也是这个意思。对于"入神"二字，陶明濬在《诗说杂记》卷八中做了明确解释："入神二字之义，心通其道，口不能言。已所专有，他人不得袭取。所谓能与人规矩，不能使人巧。巧者其极为入神。今在诗言诗：诗之妙处，人各不同。……真能诗者，不假雕琢，俯拾即是，取之于心，注之于手，滔滔汩汩，落笔纵横，从此导达性灵，歌咏情志，涵畅乎理致，斧藻于群言，又何滞碍之有乎？此之谓入神。"⑤ 可见，一方面，"神"是指诗歌创作达到一种出神入化的境界。另一方面，"神"又是指作品具有神韵。"画之写景物，不尚工细，诗之道情事，不贵详尽，皆须留有余地，耐人玩味，俾由其所写之景物而冥观未写之景物，据其所道

---

① 王夫之. 姜斋诗话：卷上//王夫之. 清诗话. 上册. 上海：上海古籍出版社，1978：5—6.
② 王士祯，著. 带经堂诗话：卷三. 张宗柟，纂集. 夏闳，校点. 北京：人民文学出版社，1963：72.
③ 与李生论诗书//司空图，著. 诗品集解. 郭绍虞，集译. 北京：人民文学出版社，1963：48.
④ 严羽，著. 沧浪诗话校释. 郭绍虞，校释. 北京：人民文学出版社，1961：8.
⑤ 严羽，著. 沧浪诗话校释. 郭绍虞，校释. 北京：人民文学出版社，1961：10.

之情事而默识未道之情事。"① 这就是神韵。王士禛指出，神韵写景贵"清远"②，写情贵"朦胧萌拆"③，就是说写景要选取最富有诗意的景物，使诗意包孕在景物之中，景清而意远；写情要由景来透露，不明说，因而"朦胧"，只冒一点苗头，所以"萌拆"，总之是含蓄朦胧的。司空图所追求的"入神"的境界，就是具有"味外之旨"的作品，他"举右丞、苏州，以示准的"④，他推崇王维、韦应物"趣味澄夐"⑤，"澄澹精致"⑥。他强调"味外之旨"和推崇王、韦的主张，贯穿了他的《诗品》"雄浑"要"超以象外，得其环中"，"冲淡"要"遇之匪深，即之愈稀"，"高古"要"虚伫神素，脱然畦封"，"纤秾"要"乘之愈往，识之愈真"，"含蓄"要"不著一字，尽得风流"，"缜密"要"是有真迹，如不可知"，"委曲"要"似往已回，如幽匪藏"，"超诣"要"远引若至，临之已非"，"飘逸"要"如不可执，如将有闻"，等等。以上种种所描述的风格和意境，都是"可望而不可置于眉睫之前"⑦的，都是要求作品具有含蓄朦胧的神味。

怎样才能使诗歌创作达到出神入化的境界，使作品具有神味呢？司空图强调诗

---

① 钱锺书，著. 管锥编. 第 4 册. 北京：中华书局，1979：1358—1359.
② 王士禛《池北偶谈》："汾阳孔文谷（天允）云：诗以达性，然须清远为尚。薛西原论诗，独取谢康乐、王摩诘、孟浩然、韦应物，言'白云抱幽石，绿筱媚清涟'，清也；'表灵物莫赏，蕴真谁为传'，远也；'何必丝与竹，山水有清音''景昃鸣禽集，水木湛清华'，清远兼之也。总其妙在神韵矣。"（王士禛，著. 带经堂诗话：卷三. 张宗柟，纂集. 夏闳，校点. 北京：人民文学出版社，1963：73.）
③ 王士禛《香祖笔记》："弇州云：'朦胧萌拆，情之来也。明隽清圆，词之藻也。'四语亦妙。"（王士禛，著. 带经堂诗话：卷三. 张宗柟，纂集. 夏闳，校点. 北京：人民文学出版社，1963：72.）
④ 许印芳. 与李生论诗书跋//司空图，著. 诗品集解. 郭绍虞，集解. 北京：人民文学出版社，1963：48.
⑤ 司空图. 与王驾评诗书//司空图，著. 诗品集解. 郭绍虞，集解. 北京：人民文学出版社，1963：50.
⑥ 司空图. 与李生论诗书//司空图，著. 诗品集解. 郭绍虞，集解. 北京：人民文学出版社 1963：47.
⑦ 司空图. 与极浦谈诗书//司空图，著. 诗品集解. 郭绍虞，集解. 北京：人民文学出版社，1963：52.

人要具有"真力",也就是要有襟抱,要有思想修养。他说:"真力弥满,万象在旁。"① 就是说,诗人胸中充满了真实的力量,天地间的万物,都会奔赴腕下,任他驰使,落笔就会运用自如。他又说:"饮真茹强,蓄素守中","行神如空,行气如虹"。② "真"就是真力、真气,"强"就是强力、劲气。所饮者真,所茹者强,则会真力弥满,劲气充周。曰"饮"曰"茹",是说明经过消化,成为诗人的血肉,因蓄之于平日,存之于心胸,"是集义所生者,非义袭而取之也"③。由于诗人加强了修养,饱饮真理而获得了强大的力量,从而使精神驰骋如天马行空,豪气行驶如贯日长虹,则天下之事无不可举。正像清人叶燮所说的:"我谓作诗者,亦必先有诗之基焉。诗之基,其人之胸襟是也。有胸襟,然后能载其性情、智慧、聪明、才辨以出,随遇发生,随生即盛。"④ 这样,在创作中,匠心自出,也就可以"不知所神而自神"了。

司空图强调诗人要有"真宰",要在诗中表现自己的真思想、真性情。他说:"是有真宰,与之沉浮。"⑤ "真宰"语出《庄子·齐物论》:"若有真宰而特不得其眹。"⑥ 司空图的意思是在说明诗中要有诗人的真思想、真性情,而又表现得十分含蓄。他又说:"惟性所宅,真取弗羁。控物自富,与率为期。"⑦ 就是说,诗人要随着自己的天性泰然自若,随性所取,不受束缚,永远与真诚坦率相伴随。"惟有真

---

① 司空图. 诗品·豪放//司空图,著. 诗品集解. 郭绍虞,集解. 北京:人民文学出版社,1963:23.
② 司空图. 诗品·劲健//司空图,著. 诗品集解. 郭绍虞,集解. 北京:人民文学出版社,1963:16.
③ 孟子集注:卷三//四书章句集注. 朱熹,集注. 北京:中华书局,1983:233.
④ 叶燮,撰. 原诗·内篇(下). 霍松林,校注//郭绍虞,主编,原诗、一瓢诗话·说诗晬语. 北京:人民文学出版社,1979:17.
⑤ 司空图. 诗品·含蓄//司空图,著. 诗品集解. 郭绍虞,集解. 北京:人民文学出版社,1963:21.
⑥ 庄子·齐物论//庄子集释. 郭庆藩,集释. 北京:中华书局,1961:55.
⑦ 司空图. 诗品·疏野//司空图,著. 诗品集解. 郭绍虞,集解. 北京:人民文学出版社,1963:28.

性，故有真情；有真情，故有真诗。"① 作品的神韵总是同作品中的性情联结在一起的，没有性情也就没有神韵。王士禛说："司空表圣云：'不著一字，尽得风流'，此性情之说也。"② 诗中有了诗人的真思想、真性情、真精神，作品才会"生气远出，不著死灰。妙造自然，伊谁与裁"③。作品中充沛的生气，溢出纸外，不带丝毫的死灰寒气，其美妙的境界，自然达到，有谁能够人为地加以剪裁呢？

为了使作品达到入神的境界，司空图重视取境与炼境。《诗品》有《实境》一则，强调描写实境。他提倡凝神一志，观察与捕捉自然景物的特征，做到"取语甚直，计思匪深。忽逢幽人，如见道心"。也就是要选择使用质朴的语言，阐明单纯浅显的思想，就如忽然间遇着了理想的隐逸高人，从而豁然地听见了真理的声音，开拓出艺术的意境。司空图提倡诗人要"直致所得"④，就是自然写出，即境会心，不劳拟议，"俯拾即是，不取诸邻"⑤，塑造出"近而不浮，远而不尽"的形象来。《诗品》有一则《洗炼》，强调"炼境"："如矿出金，如铅出银。超心炼冶，绝爱淄磷。"⑥ 杨廷芝《廿四诗品浅解》指出："超心炼冶，言其心之超而炼冶之无已时也。淄、磷，非美质也。洗磨功到，则不美者可使之美，不新者可使之新，虽淄、磷亦

---

① 孙联奎《诗品臆说·疏野》释"真取弗羁"云："惟有真性，故有真情；有真情，故有真诗。"（孙联奎，杨廷芝，著．司空图《诗品》解说二种．孙昌熙，刘淦，校点．济南：齐鲁书社，1980：32）
② 王士禛．师友诗传录//王士禛，著．带经堂诗话：卷二十九．张宗柟，纂集．夏闳，校点．北京：人民文学出版社，1963：822．
③ 司空图．诗品·精神//司空图，著．诗品集解．郭绍虞，集解．北京：人民文学出版社，1963：24．
④ 司空图．与李生论诗书//司空图，著．诗品集解．郭绍虞，集解．北京：人民文学出版社，1963：47．
⑤ 司空图．诗品·自然//司空图，著．诗品集解．郭绍虞，集解．北京：人民文学出版社，1963：19．
⑥ 司空图．诗品·洗炼//司空图，著．诗品集解．郭绍虞，集解．北京：人民文学出版社，1963：14．

绝觉可爱。"① 许印芳也指出："人但见其澄澹精致，而不知其几经淘洗而后得澄澹，几经熔炼而后得精致。……功候深时，精义内含，淡语亦浓；宝光外溢，朴语亦华。既臻斯境，韵外之致，可得而言，而其妙处皆自现前实境得来。"② 司空图在"炼境"问题上提出了"离形得似"③的主张。他既重视"取语甚直，计思匪深"，注意摄取自然景物的特征，写出"风云变态"④；又特别重视"离形得似"，在形似的基础上求得神似，写出"花草精神"⑤。这自然景物的神情，又是诗人真性情的写照，"庶几斯人"⑥。司空图还重视运用"以少总多"的艺术概括方法，进行形象的凝聚、情感的浓缩，做到"浅深聚散，万取一收"⑦，以有限的艺术形式表现无限的思想内容，这正像孙联奎《诗品臆说》所解释的："浅深，竖说；聚散，横说。浅深、聚散，皆题外事也。""万取，取一于万，即'不著'一字；一收，收万于一，即'尽得风流'。"⑧ 这样，意境就会有含蓄蕴藉之美。

从上述分析，可以看出，司空图所追求的神境和神味，并非是什么神秘主义的理论。他是把"味外之旨"这种审美理论建立在重视形象的具体鲜明性和欣赏者的想象、联想的能动性相结合的基础之上的，因而是可以进行探讨，从而了解它的含

---

① 杨廷芝. 廿四诗品浅解·洗炼//孙联奎，杨廷芝，著. 司空图《诗品》解说二种. 孙昌熙，刘淦，校点. 济南：齐鲁书社，1980：96.
② 许印芳. 与李生论诗书跋//司空图，著. 诗品集解. 郭绍虞，集解. 北京：人民文学出版社，1963：49.
③ 司空图. 诗品·形容//司空图，著. 诗品集解. 郭绍虞，集解. 北京：人民文学出版社，1963：36.
④ 司空图. 诗品·形容//司空图，著. 诗品集解. 郭绍虞，集解. 北京：人民文学出版社，1963：36.
⑤ 司空图. 诗品·形容//司空图，著. 诗品集解. 郭绍虞，集解. 北京：人民文学出版社，1963：36.
⑥ 司空图. 诗品·形容//司空图，著. 诗品集解. 郭绍虞，集解. 北京：人民文学出版社，1963：36.
⑦ 司空图. 诗品·含蓄//司空图，著. 诗品集解. 郭绍虞，集解. 北京：人民文学出版社，1963：21.
⑧ 孙联奎《诗品臆说·含蓄》释"浅深聚散"、"万取一收"之论。见：孙联奎，杨廷芝，著. 司空图《诗品》解说二种. 孙昌熙，刘淦，校点. 济南：齐鲁书社，1980：27.

义的。

三　思与境偕

在中国古代传统的美学理论中，意境是重要的美学范畴。意境，既是客观景物精粹部分的集中反映和表现，又是作者思想感情凝练的化身和抒发。它是审美主体的审美感受与审美客体的审美特性互相交融的产物。司空图很重视在创造意境过程中主观的"思"与客观的"境"之间的相互交融关系。他在《与王驾评诗书》中指出："长于思与境偕，乃诗家之所尚者。"① 他的《诗品》就特别强调意境的创造，强调情景交融，思境相浃。在《诗品》二十四则中，都贯穿了"思"与"境"之间的交融作用。他重视"思与境偕"是为了使形象能包蕴无尽的神味。

关于艺术创作中主观的情意与客观的景物之间相互交融的问题，南朝的刘勰已提出了"神与物游"②，指出了在整个艺术构思的过程中，作家的主观情思与客观景物的感性形象一起活动，密不可分。但他还没有明确提出创造意境的问题。唐代中叶的释皎然在《诗式》中提出了"取境"问题。他所说的"境"，即后人所称的意境。他说："诗人之思，初发取境偏高，则一首举体便高；取境偏逸，则一首举体便逸。"③ 又说："静，非如松风不动，林狖未鸣，乃谓意中之静。远，非谓森森望水，杳杳看山，乃谓意中之远。"④ 这在我国古代诗论中，皎然是第一个解说意境的。但皎然尚未深入展开论述情与景相互交融的关系问题。《文镜秘府论》中论及了情与景

---

① 司空图. 与王驾评诗书//司空图，著. 诗品集解. 郭绍虞，集解. 北京：人民文学出版社，1963：50.
② 刘勰. 文心雕龙·神思//刘勰，著. 文心雕龙注：卷六. 范文澜，注. 北京：人民文学出版社，1958：493.
③ 释皎然. 诗式·辨体有一十九字//何文焕，辑. 历代诗话. 上册. 北京：中华书局，1981：35.
④ 释皎然. 诗式·辨体有一十九字//何文焕，辑. 历代诗话. 上册. 北京：中华书局，1981：36.

的关系:"夫置意作诗,即须凝心,目击其物,便以心击之,深穿其境。"① "理入景势者,诗不可一向把理,皆须入景,语始清味……其景与理不相惬,理通无味。"② "景入理势者,诗一向言意,则不清及无味;一向言景,亦无味。事须景与意相兼始好。"③ 这些论述说明了艺术作品的思想,不是抽象的说理,它必须融化在具体景物的描绘之中;具体景物的描写,又必须注入作者的思想感情。总之,只有寓情于景,托景抒情,情景相融,艺术形象才会具有强烈的美感。《文镜秘府论》虽然指出了只有情景相惬才能产生"味"——美感的问题,但尚未形成较为系统的理论。司空图则在前人论述的基础上明确地指出了"思与境偕"在创作中塑造形象、开拓意境的重要作用,也在实际上触及了"思与境偕"的过程就是进行审美活动的过程这个重要问题。

司空图探讨了诗人在"绝伫灵素"④、"素处以默"⑤ 地观察自然景物的过程、在进行艺术构思的过程中,审美主体之"思"与审美客体之"境"之间的相互关系。当诗人在捕捉、提炼自然景物的美从而塑造形象时,诗人的"思"会"随物以宛转"⑥,无论是"荒荒油云,寥寥长风"的雄浑之景,"巫峡千寻,走云连风"的劲健之景,还是"碧桃满树,风日水滨"的纤秾之景,"娟娟群松,下有漪流"的清奇之景,总之,"风云变态,花鸟精神"都会使诗人思绪万千,浮想联翩,从而获得美的享受。另一方面,山水风云、花草林木,它们本身是没有感情和精神的,它们

---

① 〔日〕弘法大师,原撰. 文镜秘府论校注. 王利器,校注. 中国社会科学出版社,1983:285.
② 〔日〕弘法大师,原撰. 文镜秘府论校注. 王利器,校注. 中国社会科学出版社,1983:131.
③ 〔日〕弘法大师,原撰. 文镜秘府论校注. 王利器,校注. 中国社会科学出版社,1983:132.
④ 司空图. 诗品·形容//司空图,著. 诗品集解. 郭绍虞,集解. 北京:人民文学出版社,1963:36.
⑤ 司空图. 诗品·冲淡//司空图,著. 诗品集解. 郭绍虞,集解. 北京:人民文学出版社,1963:5.
⑥ 刘勰,著. 文心雕龙注:卷十. 范文澜,注. 北京:人民文学出版社,1958:693.

"亦与心而徘徊"①，随诗人情思的波澜而起伏，被赋予了诗人的感情色彩。当自然景物的美经过诗人的情思的过滤熔铸，提炼塑造成为艺术形象的美时，作品中的自然景物，就注入了诗人的思想感情、美学理想，从而"性气远出，不著死灰"。这形象、这意境，就是审美主体的审美感受与审美客体的审美特性相互交融的结晶。这个塑造形象、开拓意境的过程，就是进行审美活动的过程，就是"触物以起情"与"索物以托情"②的过程。有"观花匪禁，吞吐大荒"之人和"天风浪浪，海山苍苍"之景，才能融合成为"晓策六鳌，濯足扶桑"的"豪放"之品；有"何如尊酒，日在烟萝"之人和"花覆茆檐，疏雨相过"之景，才能融合成为"孰不有古，南山峨峨"的"旷达"之品；有"畸人乘真，手把芙蓉"之人和"日出东斗，好风相从。太华夜碧，人闻清钟"之景，才能融合成为"黄唐在独，落落玄宗"的"高古"之品。这"豪放"、"旷达"、"高古"之品的境界，既是诗人"触物以起情"之境，又是诗人"索物以托情"之境。

司空图还描述了诗人观察自然美和进行艺术构思时的审美活动及其所获得的美感享受。他说："素处以默，妙机其微。"③ 诗人"平居澹素，以默为守，涵养既深，天机自合"④。在艺术构思中，"用志不分，乃凝于神"，从而能对自然景物进行体贴入微的观察，去发现和感受它的美。孙联奎《诗品臆说》对此做了生动的解释："静则心清，心清闻妙香"；"素处以默，妙已裕矣。以心之妙，触理之妙；以心之妙，

---

①刘勰，著. 文心雕龙注：卷十. 范文澜，注. 北京：人民文学出版社，1958：693.
②杨慎《升庵诗话》卷十二："李仲蒙曰：'叙物以言情谓之赋，情物尽也。索物以托情谓之比，情附物也。触物以起情谓之兴，物动情也。'"（丁福保，辑. 历代诗话续编. 中册. 北京：中华书局，1983：882.）
③司空图. 诗品·冲淡//司空图，著. 诗品集解. 郭绍虞，集解. 北京：人民文学出版社，1963：5.
④郭绍虞解释《冲淡》之"素处以默，妙机其微"之语。见：司空图，著. 诗品集解. 郭绍虞，集解. 北京：人民文学出版社，1963：6.

触景之妙；此时之妙乃妙不可言"。① 司空图又说："阅音修篁，美曰载归。"② 高高的绿竹，微风拂动，飒飒作响，声清以和，犹如欣赏最美的乐章，其境幽以静，身经其间，心赏其美，不禁发为载与俱归之愿。这指明了诗人在观察自然景物时，是会获得美感享受的。

司空图提倡韵味说，并且通过他的《诗品》加以论述，探讨诗歌的意境和表现方法，探讨审美理论，对中国文论和美学思想的发展做出了贡献。但不可讳言，他也受到晚唐时代风尚的影响。他特别赞赏王维、韦应物的诗歌，认为其最符合他所标举的艺术标准，他把田园山水诗派推崇到最高的地位；同时却贬低元稹、白居易等人反映现实、批判现实的作品的积极意义，贬低新乐府一类诗歌的艺术价值，说他们的作品"力勍而气孱"③，表现出他文学思想上存在轻视思想内容和逃避现实的消极倾向。我们在探讨他的审美理论时，是应该注意这一点的。

1980 年 8 月

（原载《南充师范学院学报》1981 年第 1 期）

---

① 孙联奎，杨廷芝，著. 司空图《诗品》解说二种. 孙昌熙，刘淦，校点. 济南：齐鲁书社，1980：13.

② 司空图. 诗品·冲淡//司空图，著. 诗品集解. 郭绍虞，集解. 北京：人民文学出版社，1963：5—6.

③ 司空图. 与王驾评诗书//司空图，著. 诗品集解. 郭绍虞，集解. 北京：人民文学出版社，1963：50.

严羽审美理论三题

在中国古代美学思想发展史上,南宋严羽的美学思想占有重要的地位。他继晚唐司空图之后提出了比较系统的论诗主张和审美理论,对后世(从元明直至清初三百余年)的诗歌创作和美学思想产生过很大的影响。

一 学诗者以识为主

严羽不仅是诗论家,而且是诗人,他是在总结自己和前人的创作经验,吸取前代的诗歌理论和美学思想的基础上,提出自己的论诗主张和审美理论的。他在《沧浪诗话·诗辨》中开宗明义提出了"学诗者以识为主"[①]的主张。所谓"识",所谓"辨",就是识别、辨别诗歌的能力,也就是对诗歌的鉴赏力(审美判断力)。他明确认识到,学习诗歌创作和诗歌欣赏,就必须学习和借鉴前人的优秀诗篇。为了很好地掌握诗歌的审美特征,就必须培养和提高对诗歌的审美能力。有了这种审美能力,

---

[①]严羽,著. 沧浪诗话校释. 郭绍虞,校释. 北京:人民文学出版社,1961:1.

作品的高下优劣就能了如指掌,"其真是非自有不能隐者"①。

总观整部《沧浪诗话》,可以看出,严羽所主张的对诗歌的辨识能力,主要是辨识诗歌的"气象"和"兴趣"的能力。严羽是非常推崇盛唐诗歌的,他明确提出,"当以盛唐为法"②、"为师"③。在盛唐之中,他认为李、杜是达到了最高境界的:"诗之极致有一,曰入神。诗而入神,至矣,尽矣,蔑以加矣!惟李杜得之。"④ 因而他力主以李、杜为范例:"论诗以李杜为准,挟天子以令诸侯也。"⑤ 他常从"气象"和"兴趣"两个方面去评价盛唐诸公和李、杜的诗作,也从这两个方面去区别诗歌的时代和个人的差异。

他重视以"气象"辨诗:

> 唐人与本朝人诗,未论工拙,直是气象不同。⑥

> 盛唐诸公之诗,如颜鲁公书,既笔力雄壮,又气象浑厚⑦。

> 汉魏古诗,气象混沌,难以句摘。⑧

> 建安之作,全在气象,不可寻枝摘叶。⑨

> 虽谢康乐拟邺中诸子之诗,亦气象不类。⑩

---

① 严羽,著. 沧浪诗话校释. 郭绍虞,校释. 北京:人民文学出版社,1961:12.
② 严羽,著. 沧浪诗话校释. 郭绍虞,校释. 北京:人民文学出版社,1961:27.
③ 严羽,著. 沧浪诗话校释. 郭绍虞,校释. 北京:人民文学出版社,1961:1.
④ 严羽,著. 沧浪诗话校释. 郭绍虞,校释. 北京:人民文学出版社,1961:8.
⑤ 严羽,著. 沧浪诗话校释. 郭绍虞,校释. 北京:人民文学出版社,1961:168.
⑥ 严羽,著. 沧浪诗话校释. 郭绍虞,校释. 北京:人民文学出版社,1961:144.
⑦ 严羽. 答出继叔临安吴景仙书//严羽,著. 沧浪诗话校释. 郭绍虞,校释. 北京:人民文学出版社,1961:253.
⑧ 严羽,著. 沧浪诗话校释. 郭绍虞,校释. 北京:人民文学出版社,1961:151.
⑨ 严羽,著. 沧浪诗话校释. 郭绍虞,校释. 北京:人民文学出版社,1961:158.
⑩ 严羽,著. 沧浪诗话校释. 郭绍虞,校释. 北京:人民文学出版社,1961:192.

> 予谓此篇（《西清诗话》所称《问来使》诗—引者注）诚佳，然其体制气象，与渊明不类。①

> "迎旦东风骑蹇驴"绝句，决非盛唐人气象，只似白乐天言语。②

> 坡谷诸公之诗，如米元章之字，虽笔力劲健，终有子路事夫子时气象。③

他也重视以"兴趣"辨诗：

> 诗有词理意兴。南朝人尚词而病于理；本朝人尚理而病于意兴；唐人尚意兴而理在其中；汉魏之诗，词理意兴，无迹可求。④

> 盛唐诸人惟在兴趣，羚羊挂角，无迹可求。⑤

> （近代诸公）其作多务使事，不问兴致；用字必有来历，押韵必出处，读之反复终篇，不知着到何在。⑥

那么，"气象"、"兴趣"（"兴致"、"意兴"）是什么呢？严羽指出："诗之法有五：曰体制，曰格力，曰气象，曰兴趣，曰音节。"⑦ 陶明濬《诗说杂记》解释说："此盖以诗章与人身体相为比拟，一有所阙，则倚魁不全。体制如人之体干，必须佼壮；格力如人之筋骨，必须劲健；气象如人之仪容，必须庄重；兴趣如人之精神，

---

① 严羽，著. 沧浪诗话校释. 郭绍虞，校释. 北京：人民文学出版社，1961：222.
② 严羽，著. 沧浪诗话校释. 郭绍虞，校释. 北京：人民文学出版社，1961：229.
③ 严羽. 答出继叔临安吴景仙书//严羽，著. 沧浪诗话校释. 郭绍虞，校释. 北京：人民文学出版社，1961：252—253.
④ 严羽，著. 沧浪诗话校释. 郭绍虞，校释. 北京：人民文学出版社，1961：148.
⑤ 严羽，著. 沧浪诗话校释. 郭绍虞，校释. 北京：人民文学出版社，1961：26.
⑥ 严羽，著. 沧浪诗话校释. 郭绍虞，校释. 北京：人民文学出版社，1961：26.
⑦ 严羽，著. 沧浪诗话校释. 郭绍虞，校释. 北京：人民文学出版社，1961：7.

必须活泼；音节如人之言语，必须清朗。五者既备，然后可以为人。"① 陶氏把"气象"比之于人之"仪容"，"兴趣"比之于人之"精神"，是很精当的。如用今人的话来说，"气象"就是作品的风格，"兴趣"就是作品的形象或意境所包含的情趣或意味。作品的"气象"和"兴趣"是紧密联系在一起的。司空图的审美理论说明了这一点。司空图的《二十四诗品》，既是讲风格，又是讲意境，而韵味正是包孕在意境之中，正是从风格中表露出来的。② 严羽"以李杜为准"③，"于气象上学杜，于兴趣上学杜"④。他认为李、杜及盛唐诸公的作品如"金鵄擘海，香象渡河"⑤，"既笔力雄壮，又气象浑厚"⑥。他指出他们的诗歌的重要特点就是"尚意兴"，"惟在兴趣"，"言有尽而意无穷"。⑦ 他之所以把李、杜之作视为"入神"之作，也就是认为在他们的雄壮浑厚的气象中包孕着无尽的神韵情味。

严羽说："诗之品有九：曰高，曰古，曰深，曰远，曰长，曰雄浑，曰飘逸，曰悲壮，曰凄婉……诗之极致有一，曰入神。"⑧ 诗之"极致"也是指"品"而言的。所谓"入神"包含着两方面的意思。一是指诗歌创作达到了一种出神入化的境界："入神二字之义，心通其道，口不能言。己所专有，他人不得袭取。所谓能与人规矩，不能使人巧。巧者其极为入神。今在诗言诗：诗之妙处，人各不同……真能诗者，不假雕琢，俯拾即是，取之于心，注之于手，滔滔汩汩，落笔纵横，从此导达性灵，歌咏情志，

---

① 陶明濬. 诗说杂记：卷七//严羽，著. 沧浪诗话校释. 郭绍虞，校释. 北京：人民文学出版社，1961：7.
② 皮朝纲. 司空图的韵味说及其审美理论. 南充师范学院学报，1981（1）.
③ 严羽，著. 沧浪诗话校释. 郭绍虞，校释. 北京：人民文学出版社，1961：168.
④ 严羽，著. 沧浪诗话校释. 郭绍虞，校释. 北京：人民文学出版社，1961：42.
⑤ 严羽，著. 沧浪诗话校释. 郭绍虞，校释. 北京：人民文学出版社，1961：177.
⑥ 严羽. 答出继叔临安吴景仙书//严羽，著. 沧浪诗话校释. 郭绍虞，校释. 北京：人民文学出版社，1961：253.
⑦ 严羽，著. 沧浪诗话校释. 郭绍虞，校释. 北京：人民文学出版社，1961：26.
⑧ 严羽，著. 沧浪诗话校释. 郭绍虞，校释. 北京：人民文学出版社，1961：7—8.

涵畅乎理致，斧藻于群言，又何滞碍之有乎？此之谓入神。"① 二是指作品具有神韵："画之写景物，不尚工细，诗之道情事，不贵详尽，皆须留有余地，耐人玩味，俾由其所写之景物而冥观未写之景物，据其所道之情事而默识未道之情事。"② 严羽把诗品（风格、意境）和诗味（"兴趣"）联系在一起来论述，这无疑是受了司空图的启示和影响。严羽把诗品分为九类，这是从司空图的二十四"诗品"演化而来的："高"、"古"即司空图的"高古"，"深"即司空图的"含蓄"，"远"即司空图的"超诣"，"长"即司空图的"流动"，"雄浑"、"飘逸"即司空图的"雄浑"、"飘逸"，"悲壮"即司空图的"悲慨"，"凄婉"即司空图的"委曲"。严羽关于"诗之极致有一，曰入神"的论述，正是受了司空图关于诗歌要求达到"不知所以神而自神"③ 的境界的启示。司空图是主张从诗歌的意境中流露出无穷的韵味的。

实践证明，诗歌的美感力量，常常是体现在它的风格和情趣之中的，人们也常常是通过对诗歌的风格和情趣的欣赏和领悟去把握它的审美特征的。严羽"以识为主"的主张，对后人的启示正在于：要学习诗歌创作和欣赏，必须培养提高识辨诗歌的风格和意味的审美能力。而"识真未易"④，必须经过一番努力，才能获得"识"的本领。严羽的这种主张，他虽然标榜是"自家实证实悟者，是自家闭门凿破此片田地，即非傍人篱壁、拾人涕唾得来者"⑤，但实际上，仍然是受了前人的启示，吸取了前人的论断。司空图就提出过"辨于味而后可以言诗"⑥ 的命题，把辨

---

① 陶明濬. 诗说杂记：卷八//严羽，著. 沧浪诗话校释. 郭绍虞，校释. 北京：人民文学出版社，1961：10.
② 钱锺书，著. 管锥编. 第4册. 北京：中华书局，1979：1358—1359.
③ 司空图. 与李生论诗书//司空图，著. 诗品集解. 郭绍虞，集解. 北京：人民文学出版社，1963：48.
④ 胡应麟，撰. 诗薮·内编：卷三. 上海：上海古籍出版社，1979：56.
⑤ 严羽. 答出继叔临安吴景仙书//严羽，著. 沧浪诗话校释. 郭绍虞，校释. 北京：人民文学出版社，1961：251.
⑥ 司空图. 与李生论诗书//司空图，著. 诗品集解. 郭绍虞，集解. 北京：人民文学出版社，1963：47.

识诗味作为诗歌创作和欣赏的一个重要原则。① 范温也说过"学者先以识为主,禅家所谓正法眼,直须具此眼目,方可入道"②。

二 唯悟乃为当行,乃为本色

要通过什么样的道路、采取什么样的方法,才能获得"识"——对诗歌的审美能力呢?

严羽说:"惟悟乃为当行,乃为本色。"③ "悟"本是佛教禅宗用语,严羽借此比喻在学习诗歌创作和欣赏中应重视对前人诗篇的体验和领会。"本色,指本然之色;当行,犹言内行。"④ 诗人和欣赏者有了"悟"的本领,就具有了诗歌创作和欣赏的本然之色,就能成为诗歌创作和欣赏的内行。

如果说,严羽主张的"识"是指一种审美能力(对诗歌的"气象"的差异和"兴趣"的深浅的鉴赏力),那么,严羽主张的"悟"就是指一种审美活动(领会和理解诗歌的"气象"和"兴趣"的审美活动及其过程)。"悟"与"识"的关系是十分密切的:"识"(审美能力)是通过"悟"(审美活动)来获得、提高的,"识"(已具有的审美能力)能促进、推动"悟"(审美活动)的进行、实现。

为了培养与提高辨识诗歌的审美能力,严羽明确提出要对汉魏晋盛唐的诗篇"熟读","朝夕讽咏","枕藉观之",这样,"酝酿胸中,久之自然悟入"。⑤ 也就是说,对这些优秀诗篇,反复熟读、讽咏,就可以掌握它们的风格特点,领悟它们的情趣。他还提出只要依次对汉魏、晋宋、南北朝、沈(佺期)宋(之问)王(勃)杨(炯)卢(照邻)骆(宾王)陈(子昂)、开元天宝诸家、李杜、大历十才子、元

---

① 皮朝纲. 司空图的韵味说及其审美理论. 南充师范学院学报,1981(1).
② 范温. 潜溪诗眼//郭绍虞,辑. 宋诗话辑佚. 北京:中华书局,1980:317.
③ 严羽,著. 沧浪诗话校释. 郭绍虞,校释. 北京:人民文学出版社,1961:12.
④ 严羽,著. 沧浪诗话校释. 郭绍虞,校释. 北京:人民文学出版社,1961:111.
⑤ 严羽,著. 沧浪诗话校释. 郭绍虞,校释. 北京:人民文学出版社,1961:1.

和、晚唐诸家、苏黄以下诸家的作品进行"熟参"①，加以对比，就可以掌握不同时代、不同诗人诗歌的风格特点。可见，"熟读"、"熟参"的过程，就是"悟"的过程，就是审美活动的过程，而"悟"乃是一种主观的玩味、体验和领会。明人胡应麟说："汉、唐以后谈诗者，吾于宋严羽卿得一悟字，于明李献吉得一法字，皆千古词场大关键。"②他继严羽之后也主"熟读"、"熟参"、"悟入"之说，而且明确地指出了"悟入"之后所获得的审美愉快："熟参《国风》、《雅》、《颂》之体，则《郊祀》、《房中》若建瓴矣；熟读《白云》、《黄鹄》等辞，则《相和》、《清平》如食蔗矣。""若烂读上古歌谣及《三百篇》、两汉诸作，溯其源流，得其意调，一旦悟入，真有手舞足蹈，乐不自支者。"③

严羽不仅指出了"悟"的方法，而且指出了"悟"的途径，那就是从"悟第一义"达到"妙悟"（即"透彻之悟"）。他说学诗"须从最上乘，具正法眼，悟第一义"④。"第一义"是佛教禅宗用语，严羽借以比喻最上乘也就是第一流的作品。他认为学诗"工夫须从上做下"，因为"学其上，仅得其中；学其中，斯为下矣"⑤。他认为"汉魏晋与盛唐之诗，则第一义也"⑥，是第一流的上乘之作，应该玩味、领会、体验它们的风格和情趣以提高自己的识辨能力。他还认为，通过对"第一义"作品的反复"熟读"，"熟参"，"朝夕讽咏"，"枕藉观之"，"酝酿胸中"，久而久之就会"自然悟入"，从而在诗歌创作和欣赏上达到运用自如、豁然开朗的境地，也就是达到"妙悟"即"透彻之悟"⑦。佛教禅宗鼓吹"悟入"成佛，在如何"悟"法上，分为渐悟、顿悟两派。一些文论家、诗人就把这种佛教上的渐修与顿悟的道理借用

---

① 严羽，著. 沧浪诗话校释. 郭绍虞，校释. 北京：人民文学出版社，1961：12.
② 胡应麟，撰. 诗薮·内编：卷五. 上海：上海古籍出版社，1979：100.
③ 胡应麟，撰. 诗薮·内编：卷一. 上海：上海古籍出版社，1979：14.
④ 严羽，著. 沧浪诗话校释. 郭绍虞，校释. 北京：人民文学出版社，1961：11.
⑤ 严羽，著. 沧浪诗话校释. 郭绍虞，校释. 北京：人民文学出版社，1961：1.
⑥ 严羽，著. 沧浪诗话校释. 郭绍虞，校释. 北京：人民文学出版社，1961：11.
⑦ 严羽，著. 沧浪诗话校释. 郭绍虞，校释. 北京：人民文学出版社，1961：12.

来比喻诗歌创作。严羽的"悟第一义"之说就是创作上的渐修工夫，其"妙悟"说就是通过渐修从而达到诗歌创作上的出神入化、得心应手的顿悟境界，也就是审美活动（从而得获审美认识）达到很高的境界。所以严羽指出："大抵禅道惟在妙悟，诗道亦在妙悟。"① 就是说，要懂得诗歌的本质特征，掌握诗歌创作的规律，就必须对前代优秀的诗作的风格、意境、情趣有深刻的领会，从而使自己的创作在塑造形象、开拓意境、形成风格、包孕意味等方面，达到得心应手、运用自如的境地。

在严羽看来，"盛唐诸公，透彻之悟也"②，而李、杜更达到了"入神"之"极致"，达到了最高的境界。"惟盛唐诸公领会神情，不仿形迹，故忽然而来，浑然而就，如僚之于丸，秋之于弈，公孙之于剑舞，此方是透澈之悟也。"③ 如果说，"妙悟"（"透彻之悟"）是指人们主观的领会和理解（也就是审美活动）达到了一种很高的境界的话，那么，"入神"就是指作品的风格兴趣达到了一种很高的境界；"妙悟"是一种审美活动，而"入神"之作乃是审美认识的物化形态。

严羽所说的"妙悟"就是我们通常所说的审美直觉、灵感，就是在审美活动中，对审美对象的审美特征的把握所引起的美感，有时是在刹那间有着似乎未经过个人的理智活动的直觉特点，而美感也经常是在一种直觉的形式中呈现出来的。这种"妙悟"，并不是神秘主义的，它是人们通过长期的艺术实践所获得的审美经验积累的结果。钱锺书指出："夫'悟'而曰'妙'，未必一蹴即至也；乃博采而有所通，力索而有所入也。学道学诗，非悟不进。"④ 严羽的贡献正在于他指出了这种在人们的美感经验中所存在的心理状态。

似乎可以说，严羽所说的"悟第一义"与"妙悟"（"透彻之悟"）是审美活动的两种类型："悟第一义"是一种玩味的，在人们的想象力与理解力谐和的自由的运

---

①严羽，著. 沧浪诗话校释. 郭绍虞，校释. 北京：人民文学出版社，1961：12.
②严羽，著. 沧浪诗话校释. 郭绍虞，校释. 北京：人民文学出版社，1961：12.
③严羽在解释"谢灵运至盛唐诸公，透彻之悟也"时，引许学夷《诗源辩体》之语。见严羽，著. 沧浪诗话校释. 郭绍虞，校释. 北京：人民文学出版社，1961：16.
④钱锺书，著. 谈艺录. 北京：中华书局，1984：98.

动中，对于作品的欣赏和领悟，是在一种缓慢速度中进行的，使人总是在艺术形象的意境中，玩味与揣摩某种道理（并非赤裸裸的概念认识，而是包孕在具体形象中的理，溶解在情中的理），而"妙悟"却是一种直观的，在人们的想象力与理解力谐和的自由的运动中，对于作品的领悟和欣赏，是在一种紧凑速度中进行的，使人顿时能在艺术意境中体验和领会到某种道理（也并非赤裸裸的概念认识，而是包孕在具体形象中的理，溶解在情中的理）。

三 "别材"与"别趣"

严羽主张"识"，提倡"悟"，是为了在诗歌创作和欣赏中，能有效地把握诗歌的艺术特征，特别是诗歌的风格和情趣的特色。为了阐明诗歌的艺术特征和诗歌所塑造的艺术形象并开拓艺术意境的特色，严羽又提出了"别材"与"别趣"之说。他说："诗有别材，非关书也；诗有别趣，非关理也。然非多读书，多穷理，则不能极其至。所谓不涉理路，不落言筌者，上也。"[1]

诗歌的意境是情与景交融的结晶，是审美主体的审美认识和审美客体的审美特征相互交融的产物，司空图用"思与境偕"[2] 概括了意境塑造的特点。诗中的景，是经过了诗人的思想感情提炼、陶冶过的景，它包含了诗人的情性，它是具体、生动、鲜明的，是"近而不浮"[3] 的，近在眼前，又不流于浮浅，诗中的情，是融化

---

[1] 严羽，著. 沧浪诗话校释. 郭绍虞，校释. 北京：人民文学出版社，1961：26.
[2] 司空图. 与王驾评诗书//司空图，著. 诗品集解. 郭绍虞，集解. 北京：人民文学出版社，1963：50.
[3] 司空图. 与李生论诗书//司空图，著. 诗品集解. 郭绍虞，集解. 北京：人民文学出版社，1963：47.

在景中的情，诗人或者是"触物以起情"，或者是"索物以托情"，① 它"远而不尽"②，往往情趣悠长，含蓄蕴藉，不是意尽句中。严羽的"别材"、"别趣"说，可以说是对诗歌意境塑造的另一种概括。所谓"别材"，就诗人来说，是指诗人掌握了诗歌的艺术特色，掌握了艺术创作的规律，具有塑造具体、生动、鲜明的艺术形象的才能；就诗歌作品来说，是指诗歌本身所具有的艺术特色，具体、生动、鲜明的形象，这就是诗歌所应当具有的"别材"（形象的形式）。郭绍虞说："重即目而不重用事，尚直寻而不尚补假，这即是所谓别才。"③ 这种解释是符合严羽的本意的。严羽在指出"诗有别材"之后，紧接着指出"非关书也"，这就是说不能在诗中"掉书袋"，卖弄学问，否则"以才学为诗"④，就抹杀了诗歌具体可感的形象特征。所谓"别趣"，是指诗歌应当具有一种特别的"兴趣"，这种"兴趣"是包含在艺术形象之中的，它像羚羊把角挂在树枝上睡觉一样，是"无迹可求"的，它有"一唱三叹之音"，"言有尽而意无穷"⑤，给人一种强烈的美感力量。严羽在指出"诗有别趣"之后，紧接着指出"非关理也"，这就是说不能在诗中直接发议论，用概念性语言，搞抽象思维，否则"以议论为诗"⑥，也就抹杀了诗歌具有的以美感动人的艺术特征。

严羽的"别材"、"别趣"说还把形象思维的规律、审美认识的特征做了比较准确的概括。许多杰出诗人的创作经验证明，写诗不能用抽象思维，不能搞概念认识，所以它有"别材"和"别趣"，"非关书也"，"非关理也"。但是形象思维、审美认识

---

① 杨慎《升庵诗话》卷十二："李仲蒙曰：'叙物以言情谓之赋，情物尽也。索物以托情谓之比，情附物也。触物以起情谓之兴，物动情也。'"（丁福保，辑. 历代诗话续编. 中册. 北京：中华书局，1983：882.）
② 司空图. 与李生论诗书//司空图，著. 诗品集解. 郭绍虞，集解. 北京：人民文学出版社，1963：47.
③ 此系郭绍虞在解释严羽之"诗有别才，非关书也，……而古人未尝不读书"时之语。见：严羽，著. 郭绍虞，校释. 沧浪诗话校释. 北京：人民文学出版社，1961：36.
④ 严羽，著. 郭绍虞，校释. 沧浪诗话校释. 北京：人民文学出版社，1961：26.
⑤ 严羽，著. 郭绍虞，校释. 沧浪诗话校释. 北京：人民文学出版社，1961：26.
⑥ 严羽，著. 郭绍虞，校释. 沧浪诗话校释. 北京：人民文学出版社，1961：26.

是具有深刻的理性认识的内容，是不能脱离抽象思维的。所以严羽又指出"然非多读书，多穷理，则不能极其至"，也就是说，"多读书，多穷理"才有丰富的学识，深刻的见解，才能使诗人对事物的认识达到一个很高的程度，这是进入创作之前和创作之中所必须具备的重要条件，正像刘勰所说的"积学以储宝，酌理以富才，研阅以穷照，驯致以怿辞"乃"驭文之首术，谋篇之大端"①。所以严羽指出"唐人尚意兴而理在其中"，就是说在诗歌的艺术形象、艺术意境中，包含着理性的内容。潘德舆说"理语不必入诗中，诗境不可出理外"②，也是讲的这个道理。然而这个"理"不是以概念的形式出现的，不是在诗中直接发议论，也就是"不涉理路，不落言筌"，而是"无迹可求"地包含在诗歌的艺术形象中，包含在艺术意境中的。正像古人所说的"作诗用事要如释语水中著盐，饮水乃知盐味"③，以及钱锺书所说的"理之在诗，如水中盐、蜜中花，体匿性存，无痕有味"④。水有咸味而不见盐，盐的性质虽存形体却隐匿，这就是形象思维、审美认识中的理解和认识的特点。总之，严羽关于"别材"、"别趣"之说，可以启示我们理解形象思维、审美认识的特征：诗歌中的"理"，不是以纯粹抽象的概念形式出现而起作用的，也就是说，不是以确定的概念来规范和束缚想象力使想象力符合于一定的概念，产生抽象的概念认识的（这就是"不涉理路，不落言筌"），这是形象思维、审美认识所存在的无目的性的一面。但另一方面，在诗歌创作中，当想象力与理解力和谐地自由地活动时，就会把某种非确定的概念溶解在想象里，使想象力趋向于某种非确定的概念（这就是"尚意兴而理在其中"，"词理意兴无迹可求"），导向一定的社会的伦理作用，因而形象思维、审美认识又是合目的性的。⑤ 形象思维、审美认识正在这"有意无意可

---

① 刘勰，著. 文心雕龙注：卷六. 范文澜，注. 北京：人民文学出版社，1958：493.
② 潘德舆. 养一斋诗话：卷一//清诗话续编. 第4册. 郭绍虞，编选. 富寿荪，校点. 上海：上海古籍出版社，1983：2007.
③ 张镃. 诗学规范//郭绍虞，辑. 宋诗话辑佚. 北京：中华书局，1980：621.
④ 钱锺书，著. 谈艺录. 北京：中华书局，1984：231.
⑤ 参阅：周来祥. 东方与西方古典美学理论的比较. 江汉论坛，1981（2）.

解不可解间求之"①，"其趣在有意无意之间"②。可见，严羽关于"别材"、"别趣"之说，具有某些朴素的辩证的观点，并非完全是神秘主义的。

严羽还提出了一个重要的美学原则，也就是塑造艺术意境达到"透彻玲珑，不可凑泊"③的境地的原则，他所说的"空中之音，相中之色，水中之月，镜中之象"④，就是这个原则的形象化的描述。"水中月"、"镜中花"是天上之月、园中之花的反映，它们来源于现实生活。但是它们已不是天上之月和园中之花的自然形态，而是经过了"水"和"镜"的反映，也就是经过了诗人的典型化和审美化的"月"和"花"。因此，它们既似天上月、园中花，又不似天上月、园中花，而是经过了典型化和审美化了的"水中月"、"镜中花"。艺术的感染力正在这"似与不似之间"（齐白石语）。而严羽推崇盛唐诗人"惟在兴趣"、"尚意兴"，都是因为这些诗人的作品的"兴趣"是包含在"水中月"、"镜中花"这种艺术形象、意境之中的。"言有尽而意无穷"正好说明了艺术是用有限的形式（经过凝聚的具体鲜明生动的形象）去表达无限的内容（包孕在形象中的经过浓缩的、能令人咀嚼玩味的无穷的情味）这个艺术规律的。当然要使艺术意境达到水月镜花之妙，就必须要求诗人掌握"别材"、"别趣"之能，"必水澄镜朗，然后花月宛然。讵容昏鉴浊流，求睹二者？"⑤

本诸严羽而倡神韵说的王士禛十分推崇严羽的论诗主张，他说："严沧浪以禅喻诗，余深契其说"⑥，"严沧浪论诗，特拈'妙语'二字，及所云'不涉理路，不落

---

① 王世贞. 艺苑卮言：卷四//丁福保，辑. 历代诗话续编. 中册. 北京：中华书局，1983：1008.
② 王世懋. 艺圃撷余//何文焕，辑. 历代诗话. 下册. 北京：中华书局，1981：779.
③ 严羽，著. 沧浪诗话校释. 郭绍虞，校释. 北京：人民文学出版社，1961：26.
④ 严羽，著. 沧浪诗话校释. 郭绍虞，校释. 北京：人民文学出版社，1961：26.
⑤ 胡应麟，撰. 诗薮·内编：卷五. 上海：上海古籍出版社，1979：100.
⑥ 王士禛，著. 带经堂诗话：卷三. 张宗柟，纂集. 夏闳，校点. 北京：人民文学出版社，1963：83.

言筌',又'镜中之象,水中之月,羚羊挂角,无迹可寻'云云,皆发前人未发之秘"①,"乃不易之论"②。严羽提出"别材"、"别趣"之说,"水月"、"镜花"之论,都是要使诗歌创作达到"入神"之境,使作品包含无穷的情趣、神韵。王士祯曾指出,神韵写景贵"清远"③,写情贵"朦胧萌拆"④,就是说写景要选取最富有诗意的景物,使诗意包孕在景物之中,景清而意远,写情要由景来透露,不明说,因而"朦胧",只冒了一点头,所以"萌拆",总之是含蓄朦胧的。严羽所追求的诗歌的理想之美,就正是这种"言有尽而意无穷"的"入神"之作。

严羽的诗歌理论和审美理论是在反对宋代理学以议论入诗,反对江西诗派的形式主义诗风中建立起来的,他标举唐诗为学习对象,强调要注意诗歌的艺术特征和美感作用,强调诗歌创作应该遵循它固有的客观规律(形象思维、审美认识的规律),这在当时起着补弊救偏的作用。但是,也应该看到,严羽不懂得现实生活是诗歌创作的源泉,却把古人的作品当作源(也就是把"流"当作了"源"),因而他不从深入生活上着眼,去学习吸收古人诗歌创作的经验,却只是从艺术风格上学古,也就是从模拟前人的诗歌风格入手以进入自己的创作,而且他偏重于艺术形式的探讨,这种探讨又着重强调通过主观的体验来获得,这样就使得他的理论带有某些复古的倾向和唯心的色彩。当我们在研究他的审美理论时,是应该对他的成就和不足

---

① 王士祯,著. 带经堂诗话:卷二. 张宗柟,纂集. 夏闳,校点. 北京:人民文学出版社,1963:65.

② 王士祯,著. 带经堂诗话:卷二. 张宗柟,纂集. 夏闳,校点. 北京:人民文学出版社,1963:65.

③ 王士祯《池北偶谈》:"汾阳孔文谷(天允)云:诗以达性,然须清远为尚。薛西原论诗,独取谢康乐、王摩诘、孟浩然、韦应物,言'白云抱幽石,绿筱媚清涟',清也;'表灵物莫赏,蕴真谁为传',远也;'何必丝与竹,山水有清音','景昃鸣禽集,水木湛清华',清远兼之也。总其妙在神韵矣。"(王士祯,著. 带经堂诗话:卷三. 张宗柟,纂集. 夏闳,校点. 北京:人民文学出版社,1963:73.)

④ 王士祯《香祖笔记》:"弇州云:'朦胧萌拆,情之来也。明隽清圆,词之藻也。'四语亦妙。"(王士祯,著. 带经堂诗话:卷三. 张宗柟,纂集. 夏闳,校点. 北京:人民文学出版社,1963:72.)

加以细致分析的。

1981年5月

（原载《四川师范大学学报》1981年第4期，后收入"高等院校社会科学学报论丛"：《复旦学报》〈社会科学版〉编辑部编《中国古代美学史研究》，复旦大学出版社1983年7月版）

袁宏道美学思想片论

在明代万历以后,我国出现了资本主义生产关系的萌芽,城市逐渐繁荣,市民阶层相应扩大。这一特点在思想界的反映,就是出现了王学左派李卓吾等人怀疑封建传统、反对程朱理学教条禁锢的斗争,在此影响之下,文学上出现了以袁宏道(1568—1610)为首的三袁兄弟的"公安派",他们高举反复古主义的旗帜,对当时严重的复古主义逆流,进行了猛烈和尖锐的批判,表现了市民阶层的文学思想和美学观点。三袁直接受到李卓吾的思想影响,而受其影响最深、成就最大的则是袁宏道,他的弟弟袁中道在《妙高山法寺碑》里曾说他"既见龙湖(李卓吾)"之后,深受启迪,才不守古人之陈言,思想获得解放,"如鸿毛之遇顺风,巨鱼之纵大壑"。因此,我们分析研究袁宏道的美学思想,便可以窥见"公安派"美学思想之一斑。

一 情真而语直

明代中叶以来的文学与美学思潮,随着带有资本主义性质的生产关系的出现,已具有新的性质,它的倾向已经由抒发封建士大夫的思想情感,转变为夹杂着表现市民阶层的民主主义意识；由偏重于抒发内心的感受，发展为强烈地表现自我，突出个性。袁宏道倡导的"情真语直"说，就包含有追求个性解放的思想内容，表现了市民阶层的审美观念。

袁宏道是在总结自己的创作实践经验和吸取前人理论的基础上提出"情真语直"说的。他把"情真语直"作为衡量文学作品的艺术美的审美标准。他在《陶孝若枕中呓引》一文中说："余同门友陶孝若，工为诗，病中信腕，率成律度。夫郁莫甚于病者，其忽然而鸣，如瓶中之焦声，水与火暴相激也；忽而展转诘曲，如灌木之萦风，悲来吟往，不知其所受也。要以情真而语直。"又说："劳人思妇，有时愈于学士大夫，而呻吟之所得，往往快于平时"，"夫非劳人思妇为藻于学士大夫，郁不至而文胜焉，故吐之者不诚，听之者不跃也"，劳人思妇"迫而呼者不择声，非不择也，郁与口相触，卒然而声，有加于择者也"。① 袁氏之所以称赞陶孝若和劳人思妇之作，是因为其符合"情真而语直"的要求。

那么，"情真而语直"的具体内容是什么呢？

袁宏道以"情真"作为文学的内容之美的标志。他认为情感真实，才能动人，因为"吐之者不诚，听之者不跃"。他还要求情感真挚而浓烈，才会具有强烈的美感力量，"大概情至之语，自能感人，是谓真诗，可传也"②。他在肯定丘长孺的诗歌"古质苍莽，气韵沉雄，真是作者"时指出："大抵物真则贵，真则我面不能同君面，而况古人之面貌乎？"③ 他还明确指出，文章"行世者必真，悦俗者必媚，真久必见，媚久必厌，自然之理也"④。他推崇江进之的作品"无一字不真"，"谨严真实"，

---

① 袁宏道. 陶孝若枕中呓引//袁宏道，著. 袁宏道集笺校：卷三十五. 钱伯城，笺校. 上海：上海古籍出版社，1981：1114.
② 袁宏道. 叙小修诗//袁宏道，著. 袁宏道集笺校：卷四. 钱伯城，笺校. 上海：上海古籍出版社，1981：188.
③ 袁宏道. 丘长孺//袁宏道，著. 袁宏道集笺校：卷六. 钱伯城，笺校. 上海：上海古籍出版社，1981：284.
④ 袁宏道. 行素园存稿引//袁宏道，著. 袁宏道集笺校：卷五十四. 钱伯城，笺校. 上海：上海古籍出版社，1981：1570.

"发以真切不浮之意","所以可贵"①。他自称自己的创作是"直写性情",求"真"而已。② 总之,他把"真"作为重要的审美尺度。

袁宏道把"语直"作为文学的形式之美的标志。他认为质朴自然流畅的语言,才能很好地表达诗人真实而诚挚的情感。他赞赏优秀作品的语言"不假饰也,是故通人贵之"③,"其要妙在流丽晓畅,使观之目与听之耳,歌若诵之口,俱作欢喜缘,此便出人多多许",具有"风流本色"④的艺术魅力。他推崇《水浒》"明白晓畅,语语家常,使我捧玩不能释手者也"⑤。他自称"诗文质率,如田父老话农桑,土音而已"⑥。

总之,袁宏道的"情真语直"说,是适应市民阶层对文学的审美需要而提出来的审美尺度,是作为抨击复古主义逆流,表现个性,解放思想而提出来的战斗口号。关于"情真而语直"的理论,不是袁氏的独创,早在先秦时代,孔子就主张"情欲信,辞欲巧"⑦,也就是情感应真实,文辞应巧妙。南朝齐梁时代的文学理论批评家刘勰则推崇"情信而辞巧,乃含章之玉牒,秉文之金科"⑧,并依此而提出了"为情者,要约而写真",也就是情感真实、语言精要的美学主张,以反对当时的形式主义

---

① 袁宏道. 江进之//袁宏道,著. 袁宏道集笺校:卷十一. 钱伯城,笺校. 上海:上海古籍出版社,1981:511.
② 袁宏道. 叙曾太史集//袁宏道,著. 袁宏道集笺校:卷三十五. 钱伯城,笺校. 上海:上海古籍出版社,1981:1106.
③ 袁宏道. 陶孝若枕中呓引//袁宏道,著. 袁宏道集笺校:卷三十五. 钱伯城,笺校. 上海:上海古籍出版社,1981:1114.
④ 袁宏道. 歌代啸序//袁宏道,著. 袁宏道集笺校·附录一. 钱伯城,笺校. 上海:上海古籍出版社,1981:1637.
⑤ 袁宏道. 东西汉通俗演义序//袁宏道,著. 袁宏道集笺校·附录一. 钱伯城,笺校. 上海:上海古籍出版社,1981:1635.
⑥ 袁宏道. 答钱云门邑侯//袁宏道,著. 袁宏道集笺校:卷四十三. 钱伯城,笺校. 上海:上海古籍出版社,1981:1275.
⑦ 礼记正义:卷五十四. 郑玄,注. 孔颖达,等,正义//阮元,校刻. 十三经注疏. 北京:中华书局,1980:1644.
⑧ 刘勰. 文心雕龙·征圣//刘勰,著. 文心雕龙注. 范文澜,注. 北京:人民文学出版社,1958:15.

逆流。后来的许多文艺理论家、美学家都标举过与此相类似的美学观点。袁宏道则是在新的形势下，根据反复古主义斗争的需要和个性解放的要求，继承和发展了这一传统美学理论。

为了使创作达到"情真语直"的艺术境界，袁宏道提出了"独抒性灵，不拘格套"这样一条进行创作的美学原则。他说袁中道之诗"大都独抒性灵，不拘格套，非从自己胸臆流出，不肯下笔"①，又说"要以出自性灵者为真诗"②。在袁宏道看来，在创作中，只有坚持"独抒性灵，不拘格套"的美学原则，才能冲破封建传统的束缚，使思想获得解放，才会在创作中产生"顷刻千言，如水东注，令人夺魄"的情境，从而使创作达到"情真语直"的境界，使作品具有一种自然、朴质、率真之美，一种"令人夺魄"的艺术感染力。

袁氏所提倡的"性灵"说的含义是什么呢？其基本内涵就是真实的情感、鲜明的个性、独特的感受。

他把具有真实而强烈情感的作品称为"真诗"，认为艺术的美感力量来源于作品的"真情"。他在诗文创作中，也力求使作品具有"真情"，这正像陆云龙在《叙袁中郎先生小品》中所说的："小修称中郎诗文云率真。率真则性灵现，性灵现则趣生。"③ 江盈科在《解脱集序二》中称袁氏的诗文是"自真情实境流出，与嵇、李下笔，异世同符"④。

他特别强调要在作品中表现自己鲜明的个性，主张"意兴所至，随事直书"⑤，

---

① 袁宏道. 叙小修诗//袁宏道，著. 袁宏道集笺校：卷四. 钱伯城，笺校. 上海：上海古籍出版社，1981：187.
② 江盈科. 敝箧集叙//袁宏道，著. 袁宏道集笺校·附录三. 钱伯城，笺校. 上海：上海古籍出版社，1981：1685.
③ 陆云龙. 叙袁中郎先生小品//袁宏道，著. 袁宏道集笺校·附录三. 钱伯城，笺校. 上海：上海古籍出版社，1981：1721.
④ 江盈科. 解脱集序二//袁宏道，著. 袁宏道集笺校·附录三. 钱伯城，笺校. 上海：上海古籍出版社，1981：1691.
⑤ 袁宏道. 叙姜陆二公同适稿//袁宏道，著. 袁宏道集笺校：卷十八. 钱伯城，笺校. 上海：上海古籍出版社，1981：696.

"见从已出，不曾依傍半个古人"①，"决不肯从人脚根转"②。他十分推崇徐渭"匠心独出"，表现了自己真实的感情和鲜明的个性："文长既已不得志于有司，遂乃放浪曲蘖，恣情山水，走齐、鲁、燕、赵之地，穷览朔漠，其所见山奔海立，沙起云行，风鸣树偃，幽谷大都，人物鱼鸟，一切可惊可愕之状，一一皆达之于诗。其胸中又有勃然不可磨灭之气，英雄失路托足无门之悲，故其为诗，如嗔如笑，如水鸣峡，如种出土，如寡妇之夜哭，羁人之寒起，虽其体格时有卑者，然匠心独出，有王者气，非彼巾帼而事人者所敢望也。"③他反对"以定法缚己，又以定法缚天下后世之人"④，因为"定法"会禁锢思想，扼杀个性。他主张独创，以表现自己的个性。他说："文章新奇，无定格式，只要发人所不能发，句法字法调法，一一从自己胸中流出，此真新奇也。"⑤他自称"不肖诗文多信腕信口"⑥，是"信心而出，信口而谈"⑦。袁中道曾称赞他"发为语言，一一从胸襟流出，盖天盖地，如象截急流，雷开蛰户，浸浸乎其未有涯也"⑧。

他还强调文学家要有独特的见解和感受，因为只有在作品中表现了独特的审美感受，才会使作品具有审美价值。他认为"性灵窍于心，寓于境。境所偶触，心能

---

① 袁宏道. 张幼于//袁宏道，著. 袁宏道集笺校：卷十一. 钱伯城，笺校. 上海：上海古籍出版社，1981：502.
② 袁宏道. 冯琢庵师//袁宏道，著. 袁宏道集笺校：卷二十二. 钱伯城，笺校. 上海：上海古籍出版社，1981：781.
③ 袁宏道. 徐文长传//袁宏道，著. 袁宏道集笺校：卷十九. 钱伯城，笺校. 上海：上海古籍出版社，1981：716.
④ 袁宏道. 逍遥游//袁宏道，著. 袁宏道集笺校：卷二十三. 钱伯城，笺校. 上海：上海古籍出版社，1981：796.
⑤ 袁宏道. 答李元善//袁宏道，著. 袁宏道集笺校：卷二十二. 钱伯城，笺校. 上海：上海古籍出版社，1981：786.
⑥ 袁宏道. 袁无涯//袁宏道，著. 袁宏道集笺校：卷四十二. 钱伯城，笺校. 上海：上海古籍出版社，1981：1251.
⑦ 袁宏道. 张幼于//袁宏道，著. 袁宏道集笺校：卷十一. 钱伯城，笺校. 上海：上海古籍出版社，1981：501.
⑧ 袁宏道. 吏部验封司郎中中郎先生行状//袁宏道，著. 袁宏道集笺校·附录二. 钱伯城，笺校. 上海：上海古籍出版社，1981：1650.

摄之;心所欲吐,腕能运之。……以心摄境,以腕运心,则性灵无不毕达,是之谓真诗"①。这就是说,审美感受来自主体的"心"与客体的"境"的契合,是"境"对"心"的触发、"心"对"境"的摄取。只有善放"以心摄境"并且真正"心能摄境",才能获得独特的审美感受,也只有善于"以腕运心"并且真正做到"腕能运心",才能使文学家的审美感受物态化,使"性灵无不毕达",从而使作品成为具有动人心弦力量的"真诗"。

总之,袁宏道的"独抒性灵"说,是在反对复古主义斗争中所提出来的美学理论,是市民阶层力图冲破封建传统的束缚,追求个性解放在美学思想上的反映。袁宏道多次表明"觉乌纱可厌恶之甚"②,"见乌纱如粪箕,青袍类败网"③,"掷却乌纱,作世间大自在人"④。他强调"性之所安,殆不可强,率性而行,是谓真人"⑤。他推崇庄子《逍遥游》,推崇庄子不为物役、怡然自得的思想:"弟观古往今来,唯有讨便宜人,是第一种人,故漆园首以《逍遥》名篇。鹏唯大,故垂天之翼,人不得而笼致之,若其可笼,必鹅鸭鸡犬之类,与夫负重致远之牛马耳。何也?为人用也。"⑥"夫鹦鹉不爱金笼而爱陇山者,桎其体也;鹍鸠之鸟,不死于荒榛野草而死于稻粱者,违其性也。异类犹知自适,可以人而桎梏于衣冠,豢养于禄食邪?则亦

---

① 江盈科.敝箧集叙//袁宏道,著.袁宏道集笺校·附录三.钱伯城,笺校.上海:上海古籍出版社,1981:1685.
② 袁宏道.龚惟长先生//袁宏道,著.袁宏道集笺校:卷五.钱伯城,笺校.上海:上海古籍出版社,1981:222.
③ 袁宏道.罗郢南//袁宏道,著.袁宏道集笺校:卷六.钱伯城,笺校.上海:上海古籍出版社,1981:281.
④ 袁宏道.李本建//袁宏道,著.袁宏道集笺校:卷六.钱伯城,笺校.上海:上海古籍出版社,1981:310.
⑤ 袁宏道.识张幼于箴铭后//袁宏道,著.袁宏道集笺校:卷四.钱伯城,笺校.上海:上海古籍出版社,1981:193.
⑥ 袁宏道.汤义仍//袁宏道,著.袁宏道集笺校:卷五.钱伯城,笺校.上海:上海古籍出版社,1981:215—216.

可嗤之甚矣。"① 实际上，他是在借老庄思想为武器，以反对封建束缚，追求个性解放。

根据"情真而语直"的审美标准，袁宏道还进一步提出了文学作品应富有"趣"的审美要求。他说："夫诗以趣为主。"② "趣"是什么呢？袁氏指出："世人所难得者唯趣。趣如山上之色，水中之味，花中之光，女中之态，虽善说者不能下一语，唯会心者知之。"③ 这就是说文学作品中的"趣"是只可意会、不可言传的。这种说法同严羽关于"兴趣"如"空中之音，相中之色，水中之月，镜中之象"，是"言有尽而意无穷"④ 的说法是十分相似的。袁氏所倡导的"趣"是指艺术作品的一种美感力量，它包含在艺术形象之中。他还指出这种"趣"来自"情真"与"性灵"："夫趣得之自然者深，得之学问者浅。当其为童子也，不知有趣，然无往而非趣也。面无端容，目无定睛，口喃喃而欲语，足跳跃而不定，人生之至乐，真无逾于此时者。孟子所谓不失赤子，老子所谓能婴儿，盖指此也。"⑤ 可见，袁宏道主张创作"以趣为主"，乃是为了充分抒发真挚的情感，突出鲜明的个性，表达独特的感受。明代杰出的戏曲作家和理论家汤显祖在倡导"灵性"说⑥的同时，也主张"文以意趣神色为主"⑦。可见，以"趣"或"意趣"论诗文，乃是当时人们的一种审美趣味，反映着市民阶层的一种审美要求。

---

① 袁宏道. 冯秀才其盛//袁宏道，著. 袁宏道集笺校：卷十一. 钱伯城，笺校. 上海：上海古籍出版社，1981：480.
② 袁宏道. 西京稿序//袁宏道，著. 袁宏道集笺校：卷五十一. 钱伯城，笺校. 上海：上海古籍出版社，1981：1485.
③ 袁宏道. 叙陈正甫会心集//袁宏道，著. 袁宏道集笺校：卷十. 钱伯城，笺校. 上海：上海古籍出版社，1981：463.
④ 严羽，著. 沧浪诗话校释. 郭绍虞，校释. 北京：人民文学出版社，1961：26.
⑤ 袁宏道. 叙陈正甫会心集//袁宏道，著. 袁宏道集笺校：卷十. 钱伯城，笺校. 上海：上海古籍出版社，1981：463.
⑥ 汤显祖. 张元长嘘云轩文字序//汤显祖全集·诗文：卷三十二. 徐朔方，笺校. 北京：北京古籍出版社，1999：1139.
⑦ 汤显祖. 答吕姜山//汤显祖全集·诗文：卷四十四. 徐朔方，笺校. 北京：北京古籍出版社，1999：1302.

二 妍媸之质，不逐目而逐时

袁宏道是复古派的激烈的抨击者，他同复古派的本质区别，就在关于文学发展观的重大不同。他明确指出文学是随着时代的变化发展而不断变化发展的："古之不能为今者也，势也。……譬如周书《大诰》、《多方》等篇，古之告示也，今尚可作告示不？……世道既变，文亦因之，今之不必摹古者也，亦势也。张、左之赋，稍异杨、马，至江淹、庾信诸人，抑又异矣。唐赋最明白简易，至苏子瞻直文耳，然赋体日变，赋心益工，古不可优，后不可劣"①，"文之不能不古而今也，时使之也"②。总之，是时代的变化发展使之如此，时代变化了，一切都应跟着变化。如果因袭古人，篇篇模拟，只能是"袭古人语言之迹，而冒以为古，是处严冬而袭夏之葛者也"③，就必然违背时代和文学发展的规律。

基于上述观点，袁宏道得出了"妍媸之质，不逐目而逐时"④ 的重要结论。这一论断告诉我们：首先，艺术的美与丑是有其一定的"质"即一定的质的规定性的，它们是不随人们的"目"即不以人们的主观意志（包括审美意识）为转移的；其次，艺术的美与丑的"质"有着鲜明的时代内容，它是随着时代的变化发展而不断变化发展的；再次，根据上述理由，关于艺术的审美标准，也是有它一定的"质"，有它鲜明的时代内容，并且随着时代的发展而发展的。艺术创作实践的历史证明，艺术美及其审美标准，总是有着鲜明的时代特色，深深地打上了时代的印记的，总是随

---

① 袁宏道. 江进之//袁宏道, 著. 袁宏道集笺校：卷十一. 钱伯城, 笺校. 上海：上海古籍出版社, 1981：515.
② 袁宏道. 雪涛阁集序//袁宏道, 著. 袁宏道集笺校：卷十八. 钱伯城, 笺校. 上海：上海古籍出版社, 1981：709.
③ 袁宏道. 雪涛阁集序//袁宏道, 著. 袁宏道集笺校：卷十八. 钱伯城, 笺校. 上海：上海古籍出版社, 1981：709.
④ 袁宏道. 雪涛阁集序//袁宏道, 著. 袁宏道集笺校：卷十八. 钱伯城, 笺校. 上海：上海古籍出版社, 1981：709.

着时代前进的步伐,向前演变和发展的。袁宏道的见解是十分深刻的,表现了他的真知灼见。

袁宏道从文学的内容、文学的形式、文学的风格等方面抨击复古派认为一代不如一代的文学退化论,坚持"一代盛一代"①的文学发展观,鲜明地表明了他关于"妍媸之质,不逐目而逐时"的美学观点。关于文学的内容问题,他指责复古派为创作而创作,作品内容多是矫揉造作,抄袭模拟古人,"务为雕镂,神情都失"②,缺乏真情实感。他主张创作应"见从己出",表现当今人们的思想情感,因为"古有古之时,今有今之时"③。关于文学的形式问题,他批评复古派倡导美在格调,以古雅为美,把学古作为创作的门径,他们"以诗不唐文不汉病之,何异责南威以脂粉,而唾西施之不能效颦乎"④。他主张语言要"质率"⑤,"明白晓畅,语语家常"⑥,决不能抄窃模拟古人的腔调,因为"人事物态,有时而更,乡语方言,有时而易,事今日之事,则亦文今日之文"⑦,"已流丽痛快,安用聱牙之语、艰深之辞?"⑧ 关于

---

① 袁宏道. 丘长孺//袁宏道,著. 袁宏道集笺校:卷六. 钱伯城,笺校. 上海:上海古籍出版社,1981:285.
② 袁宏道. 答董玄宰太史//袁宏道,著. 袁宏道集笺校:卷四十三. 钱伯城,笺校. 上海:上海古籍出版社,1981:1267.
③ 袁宏道. 雪涛阁集序//袁宏道,著. 袁宏道集笺校:卷十八. 钱伯城,笺校. 上海:上海古籍出版社,1981:709.
④ 袁宏道. 冯琢庵师//袁宏道,著. 袁宏道集笺校:卷二十二. 钱伯城,笺校. 上海:上海古籍出版社,1981:781.
⑤ 袁宏道. 答钱云门邑侯//袁宏道,著. 袁宏道集笺校:卷四十三. 钱伯城,笺校. 上海:上海古籍出版社,1981:1275.
⑥ 袁宏道. 东西汉通俗演义序//袁宏道,著. 袁宏道集笺校·附录一. 钱伯城,笺校. 上海:上海古籍出版社,1981:1635.
⑦ 袁宏道. 江进之//袁宏道,著. 袁宏道集笺校:卷十一. 钱伯城,笺校. 上海:上海古籍出版社,1981:515—516.
⑧ 袁宏道. 江进之//袁宏道,著. 袁宏道集笺校:卷十一. 钱伯城,笺校. 上海:上海古籍出版社,1981:515.

文学风格问题,他斥责复古派"剽窃成风,万口一响"①,是"粪里嚼渣,顺口接屁"②。他主张"独抒性灵",绝不"依傍半个古人"③,有自己的独特风格。总之,他对复古派"以剿袭为复古,句比字拟,务为牵合,弃目前之景,摭腐滥之辞"④等风气进行了尖锐的批判。

三 借山水之奇观,发耳目之昏聩

袁宏道称:"余爱恋山色。"⑤ 他曾"览西湖、天目之胜,观五泄瀑布,登黄山、齐云",他"恋恋烟岚,如饥渴之于饮食",⑥"而游屐所及,如匡庐,如太和,如桃花源,皆穷极幽遐,人所不至者无不到。发于诗文,烟岚溢毫楮间"⑦。因此,他对自然美有丰富的审美经验,有较高的审美能力。他的一些游记散文清新活泼,描绘了大自然的美景,给人以美的享受。他关于自然美的一些见解,是有一定的参考价值的。

他明确指出,大自然丰富多彩,千姿百态,有令人魂醉的魅力。他说:"借山水

---

① 袁宏道. 叙姜陆二公同适稿//袁宏道,著. 袁宏道集笺校:卷十八. 钱伯城,笺校. 上海:上海古籍出版社,1981:695.
② 袁宏道. 张幼于//袁宏道,著. 袁宏道集笺校:卷十一. 钱伯城,笺校. 上海:上海古籍出版社,1981:502.
③ 袁宏道. 张幼于//袁宏道,著. 袁宏道集笺校:卷十一. 钱伯城,笺校. 上海:上海古籍出版社,1981:502.
④ 袁宏道. 雪涛阁集序//袁宏道,著. 袁宏道集笺校:卷十八. 钱伯城,笺校. 上海:上海古籍出版社,1981:710.
⑤ 袁宏道. 由渌罗山至桃源县记//袁宏道,著. 袁宏道集笺校:卷三十七. 钱伯城,笺校. 上海:上海古籍出版社,1981:1152.
⑥ 袁宏道. 吏部验封司郎中中郎先生行状//袁宏道,著. 袁宏道集笺校·附录二. 钱伯城,笺校. 上海:上海古籍出版社,1981:1652.
⑦ 袁宏道. 吏部验封司郎中中郎先生行状//袁宏道,著. 袁宏道集笺校·附录二. 钱伯城,笺校. 上海:上海古籍出版社,1981:1653.

之奇观,发耳目之昏聩;假河海之渺论,驱肠胃之尘土。"① 他说西湖"山色如娥,花光如颊,温风如酒,波纹如绫,才一举头,已不觉目酣神醉"②。他说在黄岩寺观瀑布,"一旦见瀑,形开神彻,目增而明,天增而朗,浊虑之纵横,凡吾与子数年淘汰而不肯净者,一旦皆逃匿去,是岂文字所得诠也"③。

他指出自然景物有不同的风格特征,给人以不同的美感享受。他说:"东南山川,秀媚不可言,如少女时花,婉弱可爱。楚中非无名山大川,然终是大汉、将军、盐商妇耳。"④ 又说:"余尝评西湖如宋人画,山阴山水如元人画。花鸟人物,细入毫发,浓淡远近,色色臻妙,此西湖之山水也。人或无目,树或无枝,山或无毛,水或无波,隐隐约约,远意若生,此山阴之山水也。"⑤ 又说:"古人谓夏山如滴,冬山如睡,瀑亦有之。夏瀑如怒,冬瀑如喜","见于五泄者,如奔雷,其观伟。见于黄岩者,如立玉,其观逸"。⑥ 他还认为自然美景中,常常是秀雅与奇峭相对比、相结合,从而显示出它的奇特之美:"大抵诸山之秀雅,非穿石、水心之奇峭,亦无以发其丽,如文中之有波澜,诗中之有警策也。"⑦

他还指出了自然景物形式美的一种规律,即在"不齐"之中显出它的"整齐"。他说:"夫花之所谓整齐者,正以参差不伦,意态天然,如子瞻之文随意断续,青莲

---

① 袁宏道. 陶石篑//袁宏道,著. 袁宏道集笺校:卷六. 钱伯城,笺校. 上海:上海古籍出版社,1981:286.
② 袁宏道. 西湖一//袁宏道,著. 袁宏道集笺校:卷十. 钱伯城,笺校. 上海:上海古籍出版社,1981:422.
③ 袁宏道. 开先寺至黄岩寺观瀑记//袁宏道,著. 袁宏道集笺校:卷三十七. 钱伯城,笺校. 上海:上海古籍出版社,1981:1145.
④ 袁宏道. 吴敦之//袁宏道,著. 袁宏道集笺校:卷十一. 钱伯城,笺校. 上海:上海古籍出版社,1981:505.
⑤ 袁宏道. 禹穴//袁宏道,著. 袁宏道集笺校:卷十. 钱伯城,笺校. 上海:上海古籍出版社,1981:441.
⑥ 袁宏道. 嵩游第二//袁宏道,著. 袁宏道集笺校:卷五十一. 钱伯城,笺校. 上海:上海古籍出版社,1981:1477.
⑦ 袁宏道. 由水溪至水心崖记//袁宏道,著. 袁宏道集笺校:卷三十七. 钱伯城,笺校. 上海:上海古籍出版社,1981:1155.

之诗不拘对偶,此真整齐也。"①

他还指出,人们对自然美的鉴赏是有个性差异的。他说:"百粤山水清佳,然韩退之以为青罗碧玉,而柳柳州拟之剑芒,美刺殊远。往曾问之汉阳萧仲子云:'如太湖巧石,堆垒而成。'而瞿洞观云:'潇湘以上,山削水狭,不如吴越之清远。'两公赏鉴亦别。"②而且人们的心境、情绪对审美欣赏有极大的影响:"人有真苦,虽至乐不能使之不苦;人有真乐,虽至苦亦不能使之不乐。"③

袁宏道的美学思想在当时反对复古主义的斗争中,对于文学思想的解放,做出了重要的贡献。但是,他一味强调主观感受,把主观的"性灵"看成第一性的东西,表现了唯心主义观点。他忽视生活经历,而且鼓吹消极出世,使创作日益脱离现实,因此他的作品内容显得贫薄。他的创作有一个很大的弱点就是缺少含蓄之美,他自己也承认他的作品"多刻露之病"④。当我们在分析研究他的美学思想的时候,是应该既肯定他的贡献,又要指出他的不足之处的。

1983 年 3 月

(原载《四川师范大学学报》1984 年第 1 期)

---

① 袁宏道. 五宜称//袁宏道,著. 袁宏道集笺校:卷二十四. 钱伯城,笺校. 上海:上海古籍出版社,1981:822.
② 袁宏道. 与张日观少参//袁宏道,著. 袁宏道集笺校:卷五十五. 钱伯城,笺校. 上海:上海古籍出版社,1981:1599.
③ 袁宏道. 王以明//袁宏道,著. 袁宏道集笺校:卷五. 钱伯城,笺校. 上海:上海古籍出版社,1981:240.
④ 袁宏道. 叙曾太史集//袁宏道,著. 袁宏道集笺校:卷三十五. 钱伯城,笺校. 上海:上海古籍出版社,1981:1106.

王士禛审美理论琐议

我国古代审美理论的产生、发展和形成,经历了一个漫长的历史过程,许多文学艺术家和文艺理论批评家,在不同的历史阶段,都曾以自身的创作经验和鉴赏经验进行总结,对审美理论的内容进行充实和丰富。清代诗人和诗论家王士禛(1634—1711)所倡导的神韵说及其创作实践,曾经在清代前期的诗坛产生过重要的影响,几乎达百年之久;他的诗论主张虽然有着历史的、阶级的局限和消极影响,但他对艺术的审美特征、艺术创作与艺术欣赏中的审美认识的基本特征所提出的某些见解,是很有参考价值的。

王士禛诗论的核心是神韵说,同神韵说紧密相连的是兴会说。神韵说探讨的中心问题是艺术的审美特征(艺术作品的美感力量的基本特征),而兴会说探讨的中心问题则是艺术创作和欣赏中的审美感受的基本特征。艺术作品所具有的美感力量,是艺术家的审美认识客观化、物态化的具体表现。因此,神韵说和兴会说不可分割地联系在一起,构成王士禛的审美理论的主要内容。

神韵说的基本含义是什么呢?王士禛指出,神韵写情贵朦胧:"朦胧萌拆,情之来也，明隽清圆，词之藻也。"① 写景尚清远："诗以达性，然须清远为尚……'白云抱幽石，绿筱媚清涟'，清也；'表灵物莫赏，蕴真谁为传'，远也；'何必丝与竹，山水有清音'，'景昃鸣禽集，水木湛清华'，清远兼之也。总其妙在神韵矣。"② 这就是说，写情要融情入景，用景来透露情，但不径露明说，只露一点苗头，因而朦胧、萌拆。写景要选取清迥绝俗而富有诗意的景物来表达诗人的情性，使情意包孕在景物之中，景清而意远。总之，无论是写情还是写景，都要力求含蓄朦胧。我们可以从王士禛自己创作的并自认为有神韵的诗歌中窥见这个特点，如《青山》："微雨过青山，漠漠寒烟织；不见秣陵城，坐爱秋江色。"《江上》："萧条秋雨夕，苍茫楚江晦；时见一舟行，濛濛水云外。"《惠山下邹流绮过访》："雨后明月来，照见下山路；人语隔溪烟，借问停舟处。"《焦山晓起送昆仑还京口》："山堂振法鼓，江月挂寒树；遥送江南人，鸡鸣峭帆去。"《早至天宁寺》："凌晨出西郭，招提过微雨；日出不逢人，满院风铃语。"这些诗，有的写景物，景清而意远，情趣包孕在景物之中；有的写情思，言外有余意，情思渗透在境界里。（以上所引诗作见《带经堂诗话》卷三）

在王士禛的诗论里，神韵实际上是指诗歌（和绘画等艺术品）所具有的美感力量。王氏曾引用司空图、严羽的说法，指出好诗的美感是"不著一字，尽得风流"③，"如镜中之花，水中之月，镜中之象，如羚羊挂角，无迹可求"④ 的。他强调了这种美感常常是只可意会、不可言传的，因为它深深地包孕在艺术形象和意境

---

① 王士禛《香祖笔记》："弇州云：'朦胧萌拆，情之来也。明隽清圆，词之藻也'四语亦妙。"（王士禛. 著. 带经堂诗话：卷三. 张宗柟，纂集. 夏闳，校点. 北京：人民文学出版社，1963：72.）

② 王士禛，著. 带经堂诗话：卷三. 张宗柟，纂集. 夏闳，校点. 北京：人民文学出版社，1963：73.

③ 王士禛，著. 带经堂诗话：卷三. 张宗柟，纂集. 夏闳，校点. 北京：人民文学出版社，1963：70.

④ 王士禛，著. 带经堂诗话：卷二. 张宗柟，纂集. 夏闳，校点. 北京：人民文学出版社，1963：65.

之中，乃是"如郭忠恕画天外数峰，略有笔墨，然而使人见而心服者，在笔墨之外"的情趣。① 用王氏自己的话来说，神韵这种"无声弦指"之"妙",② 是"妙在象外"③ 的，是一种"味外味"④。他进一步强调了艺术作品的美感力量，不只是艺术形象本身所呈现出来的作用，而且还包括艺术形象对欣赏者的启示、诱发所产生出来的作用。

王士禛特别推崇谢康乐、王维、孟浩然、韦应物的诗，从他对这些诗人及其作品的分析评价中，可以看出他的美学思想是以"冲和淡远为主"⑤，以神韵说作为审美标准的。他说："风怀澄澹推韦柳，佳句多从五字求；解识无声弦指妙，柳州那得并苏州？"⑥ 韦、柳都是唐代著名的山水田园诗人。他们都能以含蓄的语言包蕴丰富的内容，以淡远的意境表现浓烈的情感，在艺术上能"发纤秾于简古，寄至味于澹泊"⑦，达到非常纯熟老练的境地。王氏在这首绝句里，首先肯定韦、柳的诗歌都有"风怀澄澹"的艺术特点和审美价值，然后以"无声弦指妙"认定柳不如韦；所谓"无声弦指"之"妙"，就是"无迹可求"之妙。他又说："挂席名山都未逢，浔阳喜见香炉峰。高情合受维摩诘，浣笔为图写孟公。"⑧ 孟浩然是唐代第一个以写山水诗

---

① 王士禛，著. 带经堂诗话：卷三. 张宗柟，纂集. 夏闳，校点. 北京：人民文学出版社，1963：85—86.
② 王士禛，著. 带经堂诗话：卷一. 张宗柟，纂集. 夏闳，校点. 北京：人民文学出版社，1963：40.
③ 王士禛，著. 带经堂诗话：卷三. 张宗柟，纂集. 夏闳，校点. 北京：人民文学出版社，1963：69.
④ 王士禛，著. 带经堂诗话：卷三. 张宗柟，纂集. 夏闳，校点. 北京：人民文学出版社，1963：69.
⑤ 翁方纲. 七言诗三昧举隅//王夫之，等，撰. 清诗话. 上册. 上海：上海古籍出版社，1978：291.
⑥ 王士禛，著. 带经堂诗话：卷一. 张宗柟，纂集. 夏闳，校点. 北京：人民文学出版社，1963：40.
⑦ 苏轼. 书黄子思诗集后//苏轼文集：卷六十七. 孔凡礼，点校. 北京：中华书局，1986：2124.
⑧ 王士禛. 戏仿元遗山记诗绝句//郭绍虞，等，编. 万首论诗绝句. 第1册. 北京：人民文学出版社，1991：232.

著称的诗人。王士祯这首论诗绝句，前两句是压缩孟浩然《晚泊浔阳望庐山》诗而成的，用以赞美它所塑造的意境；后两句是借王维的"襄阳吟诗国"进一步肯定孟浩然在诗歌艺术上的成就。他在《分甘余话》中，以孟浩然《晚泊浔阳望庐山》来诠释"不著一字，尽得风流"之说，认为"诗至此，色相俱空，正如羚羊挂角，无迹可求，画家所谓逸品是也"①。他还说嵇康的"目送归鸿，手挥五弦"②是"妙在象外"③。"手挥五弦"，表现志在高山，志在流水，喻情志之洁净；"目送归鸿"，游心于道，体现老庄怡然自得之乐，喻情志之高远，确实是得象外之"妙"。王士祯在评价柳宗元的《渔翁》诗时指出："柳子厚'渔翁夜傍西岩宿'一首，如作绝句，以'欸乃一声山水绿'结之，便成高作，下二句真蛇足耳。"④ 王氏之所以主张改《渔翁》诗为绝句，"以为有不尽之意"⑤。从上所述，可以看出王士祯不仅重视艺术形象所包含的情趣韵味，而且特别重视艺术形象作用于欣赏者的感知、想象、情感、理智等心理功能而诱发出来的味外之情趣韵味。

似乎可以说，王士祯的神韵说是对审美心理特殊规律的探索。他充分重视欣赏者的想象力、理解力的能动性，重视用情趣含蓄蕴藉的艺术形象和意境去充分调动欣赏者的各种心理功能，使欣赏者在审美活动中用自己的生活经历、文化修养、思想情感、审美理想去补充、丰富和再造艺术家所塑造的形象和意境，从而获得一种审美享受。他一再重复司空图的"味在酸咸之外"和严羽的"言有尽而意无穷"，等等，都是极力主张艺术作品的含蓄蕴藉之美，强调审美心理的特殊规律。

---

① 王士祯，著. 带经堂诗话：卷三. 张宗柟，纂集. 夏闳，校点. 北京：人民文学出版社，1963：71.
② 嵇康. 赠秀才入军五首//萧统，编. 文选：卷二四. 李善，注. 北京：中华书局，1977：342.
③ 王士祯，著. 带经堂诗话：卷三. 张宗柟，纂集. 夏闳，校点. 北京：人民文学出版社，1963：69.
④ 王士祯. 渔洋诗话//王夫之，等，撰. 清诗话. 上册. 上海：上海古籍出版社，1978：169.
⑤ 王士祯. 渔洋诗话//王夫之，等，撰. 清诗话. 上册. 上海：上海古籍出版社，1978：169.

王氏的神韵说涉及审美理论中的一个重要问题：艺术作品的美感力量的产生，乃是艺术形象的"虚"与"实"两方面的一种特殊的和谐统一的结果。艺术形象的"实"总是要超出自己活动的范围，引导和指向一定的"虚"的；而艺术形象的"虚"又总是要限制自己活动的范围，依附和从属于一定的"实"的。它们之间相互依存、相互制约，使欣赏者的充满情感的想象趋向于一定的理解，从而获得一种美感认识（诚然不是某种确定的概念认识），引起审美愉快。① 王士禛的神韵说所强调的"无声弦指妙"，"妙在象外"，"味外味"，等等，就是强调艺术形象那种只可意会、不可言传的"虚"的方面。他曾指出李白的"玉阶生白露，夜久侵罗袜。却下水晶帘，玲珑望秋月"②（《玉阶怨》）是入禅之作，"妙谛微言，与世尊拈花，迦叶微笑，等无差别。通其解者，可语上乘"③。李白这首诗是反映封建社会禁闭在宫中的女子的怨情的。诗人并没有明白直率地把自己的思想倾向讲出来，而是用十分含蓄的笔法，通过一系列富有感染力的形象、动作的描绘（二十字写宫女初则停立玉阶，立久罗袜皆湿，乃退入帘内，下帘望月），以唤起欣赏者的想象、玩味，全诗虽无一字言及怨情，而宫女通宵无眠之状，凄冷逼人，隐然幽怨之意，见于言外。这种从艺术形象所获得的"虚"的领会，是从艺术形象的"实"所引申出来的。欣赏者从艺术形象的"虚"的方面所获得的认识是一种审美认识，这种审美认识的意蕴是"不许一语道破"④的，要让欣赏者自己去玩味、去揣摩。这种审美认识的意蕴虽然是丰富的、多义的，然而由于它不脱离艺术形象的"实"的引导和制约，因而它的基本含义又是大体上可以把握和领悟的。还需要指出的是，由于王士禛强调艺

---

① 李泽厚. 虚实隐显之间——艺术形象的直接性与间接性//李泽厚. 美学论集. 上海：上海文艺出版社，1980：351—352、353、355、357.
② 李白. 乐府四十四首·玉阶怨//李白，著. 李太白全集：卷五. 王琦，注. 北京：中华书局，1977：293.
③ 王士禛. 蚕尾续文//王士禛，著. 带经堂诗话：卷三. 张宗柟，纂集. 夏闳，校点. 北京：人民文学出版社，1978：83.
④ 陈廷焯，著. 白雨斋词话：卷一. 杜维沫，校点. 北京：人民文学出版社，1959：5.

术形象的"虚"的方面，强调"蕴藉含蓄，意在言外"① 之美，因而他对作品的审美趣味，则更偏重于一种品味的类型，他要使欣赏者的想象在趋向于某种理解的自由的运动中缓慢渐进，从而令人老是在艺术形象中去"细细熟玩"② 某种道理，从而获得美感。王士禛竭力主张"含蓄吞吐"③ 的神韵说，就是要让人在玩味之时感到余味不尽，产生审美愉悦。

还需要指出，王士禛在谈论艺术美感的时候，注意了艺术形象的具体生动性同艺术美感之间的必然联系。他曾把《诗经》中的《采薇》、《车攻》、《无羊》、《燕燕》、《蒹葭》、《东山》、《七月》等诗篇作为最古的具有神韵的例子。④ 他说《燕燕》等篇具有使人诵读"便觉怅触欲涕，亦不自知其所以然"⑤ 的美感力量，其原因是这些作品具有动人的情感："合本事观之，家国兴亡之感，伤逝怀旧之情，尽在阿堵中。"⑥ 而且这些作品"述情赋景，如画工之肖物"⑦，"字字写生，恐史道硕、戴嵩画手，未能如此极妍尽态也"⑧。这说明王氏是主张艺术形象要具体、鲜明、生动的，而且在反映生活时，要"如画工之肖物"，"字字写生"，"极妍尽态"。只不过王

---

① 王士禛. 蚕尾续文//王士禛，著. 带经堂诗话：卷七. 张宗柟，纂集. 夏闳，校点. 北京：人民文学出版社，1963：180.
② 渔洋夫子，口授. 何世璂，述. 然灯记闻//王夫之，等，撰. 清诗话. 上册. 上海：上海古籍出版社，1978：119.
③ 钱锺书. 谈艺录. 北京：中华书局，1984：40.
④ 王士禛，著. 张宗柟，纂集. 夏闳，校点. 带经堂诗话：卷一. 北京：人民文学出版社，1963：18—20.
⑤ 王士禛，著. 带经堂诗话：卷一. 张宗柟，纂集. 夏闳，校点. 北京：人民文学出版社，1963：18.
⑥ 王士禛，著. 带经堂诗话：卷一. 张宗柟，纂集. 夏闳，校点. 北京：人民文学出版社，1963：18.
⑦ 王士禛，著. 带经堂诗话：卷一. 张宗柟，纂集. 夏闳，校点. 北京：人民文学出版社，1963：19.
⑧ 王士禛，著. 带经堂诗话：卷一. 张宗柟，纂集. 夏闳，校点. 北京：人民文学出版社，1963：19—20.

氏主张在"述情赋景"时要"词简味长，不可明白说尽"①，要让人在有限的艺术形象中去领会无限的"文外独绝处"②，亦即"味外味"。

王氏是推崇钟嵘《诗品》的，他说："钟嵘《诗品》，余少时深喜之。"③ 他还说："仲伟所举古诗如'高台多悲风'，'明月照积雪'，'清晨登陇首'，皆书即目，羌无故实，而妙绝千古。"④ 他又说："五字'清晨登陇首'，羌无故实使人思。定知妙不关文字，已是千秋幼妇辞。"⑤ 钟嵘提倡"滋味"说，强调诗歌的美感力量来自即景会心，直抒胸臆，不必凭借前人的语句或典故。王士禛推衍钟嵘的观点，认为"清晨登陇首"等诗，写的是眼前景，抒的是真实情，没有雕琢和"补假"，因而具有美感力量。王氏还说，白乐天"绝句作眼前景语，却往往入妙"，不少诗句"似出率易，而风趣复非雕琢可及"⑥，因而能动人心弦。

王士禛在创作上提倡神韵说的同时，还倡导兴会说。他说：

> 萧子显云："登高极目，临水送归；蚤雁初莺，花开叶落。有来斯应，每不能已；须其自来，不以力构。"王士源序孟浩然诗云："每有制作，伫兴而就。"余生平服膺此言，故未尝为人强作，亦不耐为和韵诗也。⑦

---

① 王士禛，著. 带经堂诗话：卷二十九. 张宗柟，纂集. 夏闳，校点. 北京：人民文学出版社，1963：834.
② 王士禛. 古夫于亭杂录//王士禛，著. 带经堂诗话：卷一. 张宗柟，纂集. 夏闳，校点. 北京：人民文学出版社，1963：19.
③ 王士禛. 渔洋诗话//王士禛，著. 带经堂诗话：卷二. 张宗柟，纂集. 夏闳，校点. 北京：人民文学出版社，1963：58.
④ 王士禛. 师友诗传录//王士禛，著. 带经堂诗话：卷二十九. 张宗柟，纂集. 夏闳，校点. 北京：人民文学出版社，1963：842.
⑤ 王士禛. 戏仿元遗山论诗绝句//郭绍虞，等，编. 万首论诗绝句. 第1册. 北京：人民文学出版社，1991：232.
⑥ 王士禛. 香祖笔记//王士禛，著. 带经堂诗话：卷二. 张宗柟，纂集. 夏闳，校点. 北京：人民文学出版社，1963：55.
⑦ 王士禛. 渔洋诗话//王士禛，著. 带经堂诗话：卷三. 张宗柟，纂集. 夏闳，校点. 北京：人民文学出版社，1963：67.

世谓王右丞画雪中芭蕉,其诗亦然。如"九江枫树几回青,一片扬州五湖白",下连用兰陵镇、富春郭、石头城诸地名,皆寥远不相属。大抵古人诗画,只取兴会神到,若刻舟缘木求之,失其指矣。①

香炉峰在东林寺东南,下即白乐天草堂故址;峰不甚高,而江文通《从冠军建平王登香炉峰》诗云:"日落长沙渚,层阴万里生。"长沙去庐山二千余里,香炉何缘见之?孟浩然《下赣石》诗:"暝帆何处泊?遥指落星湾。"落星在南康府,去赣亦千余里,顺流乘风,即非一日可达。古人诗只取兴会超妙,不似后人章句,但作记里鼓也。②

上面所引材料,说明王士祯是很重视艺术创作中的灵感的萌发的,"有来斯应,每不能已;须其自来,不以力构",正是对灵感(兴会)萌发状态的形象性的描绘。他很强调艺术创作要注意撷取刹那间所获得的印象和感受,抒发艺术家的逸兴。所谓"每有制作,仵兴而就","一时仵兴之言"(《香祖笔记》讲他少时在扬州所写的《青山》等诗,"皆一时仵兴之言"③),"偶然欲书"(《香祖笔记》引陈伯玑对他的诗歌的评价④),都是强调艺术家要捕捉灵感,抒发逸兴。

他还强调在抒发逸兴时"只取兴会神到","只取兴会超妙",不要拘泥和执着于

---

①王士祯. 池北偶谈//王士祯,著. 带经堂诗话:卷三. 张宗柟,纂集. 夏闳,校点. 北京:人民文学出版社,1963:68.
②王士祯. 渔洋诗话//王士祯,著. 带经堂诗话:卷三. 张宗柟,纂集. 夏闳,校点. 北京:人民文学出版社,1963:68.
③王士祯. 香祖笔记//王士祯,著. 带经堂诗话:卷三. 张宗柟,纂集. 夏闳,校点. 北京:人民文学出版社,1963:69.
④王士祯. 香祖笔记//王士祯,著. 带经堂诗话:卷三. 张宗柟,纂集. 夏闳,校点. 北京:人民文学出版社,1963:84.

具体景物的描写，不要"刻舟缘木求之"，不要"作记里鼓"，要追求"得意忘言之妙"①。这些论述涉及了审美认识的基本特征。审美认识（兴会）是一种似乎未经过理智活动或逻辑思考的刹那间所获得的直觉感受，它与概念认识是有区别的。审美认识中的"事"，是"不可施见之事"②，即是说不是像历史事实想象那样的生活事实，而是经过艺术家创造性地提炼过的艺术的真实，因此，"九江枫树几回青，一片扬州五湖白""日落长沙渚，层阴万里生""暝帆何处泊？遥指落星湾"才具有艺术的真实性，若用"记里鼓"的标准来衡量，"刻舟缘木求之"，则诗中的"诸地名，皆寥远不相属"，乃是不合事理的（不符合逻辑判断的概念认识），但是审美认识不是逻辑判断，它是"想象以为事"③，在想象力与理解力的自由而谐和的运动中，使想象趋向于某种非确定概念的认识，把这种非确定概念的认识溶解在想象里，从而获得一种不脱离具体形象的真实感受。正像张宗柟所指出的："诗家唯论兴会，道里远近不必尽合，此神到之作，古人有之，后人正藉口不得。"④

王士禛还探讨了兴会与学识、兴会与生活经历的关系。他说：

> 夫诗之道，有根柢焉，有兴会焉，二者率不可得兼。镜中之象，水中之月，相中之色，羚羊挂角，无迹可求，此兴会也。本之《风雅》以导其源，溯之楚《骚》、汉魏乐府诗以达其流，博之《九经》、《三史》、诸子以穷其变，此根柢也。根柢原于学问，兴会发于性情。于斯二者兼之，又斡以风骨，润以丹青，谐以金石，故能衔华佩实，大放厥词，自名一家。⑤

---

① 王士禛. 香祖笔记//王士禛，著. 带经堂诗话：卷三. 张宗柟，纂集. 夏闳，校点. 北京：人民文学出版社，1963：69.
② 叶燮，著. 原诗·内篇（下）. 霍松林，校注. 北京：人民文学出版社，1979：32.
③ 叶燮，著. 原诗·内篇（下）. 霍松林，校注. 北京：人民文学出版社，1979：32.
④《带经堂诗话》纂集者张宗柟的按语. 见：王士禛，著. 带经堂诗话：卷三. 张宗柟，纂集. 夏闳，校点. 北京：人民文学出版社，1963：68.
⑤ 王士禛. 渔洋文//王士禛，著. 带经堂诗话：卷三. 张宗柟，纂集. 夏闳校点. 北京：人民文学出版社，1963：78.

> 司空表圣云"不著一字，尽得风流"，此性情之说也；扬子云云"读千赋则能赋"，此学问之说也。二者相辅而行，不可偏废。若无性情而侈言学问，则昔人有讥点鬼簿、獭祭鱼者矣。学力深始能见性情，此一语是造微破的之论。①

> 为诗须要多读书，以养其气；多历名山大川，以扩其眼界……②

他明确地指出了兴会与学识"二者相辅而行，不可偏废"，而且"为诗须要多读书，以养其气"，"学力深始能见性情"，始能触发某种兴会（"兴会发于性情"）。也就是说，学识是为诗的根柢，学识丰富就会对事物有深刻的认识能力，而认识乃是产生情感的基础（情感不是理智，然而在理智的基础上才能产生，并且包含了理智的因素）。只有以丰富的学识、深刻的认识做基础，才有可能在某种契机的触发之下产生兴会（灵感、审美直觉）。

王士禛在强调"为诗须博极群书"③ 的同时，还强调为诗要"多历名山大川，以扩其眼界"。他明确指出"诗思"、"诗情"来源于现实生活："唐郑綮云：诗思在灞桥驴子背上。胡擢云：吾诗思若在三峡闻猿声时也。余少作《论诗绝句》，其一云：'诗情合在空舲峡，冷雁哀猿和《竹枝》。'用擢语也。后壬子秋典蜀试，归舟下三峡，夜泊空舲，月下闻猿声，忽悟前诗，乃知事皆前定。"④ 而且他指出，古代优秀诗作之所以能传于后世者，是由于它们反映了真实生活，抒发了真实感情："古诗

---

① 王士禛，著. 带经堂诗话：卷二十九. 张宗柟，纂集. 夏闳，校点. 北京：人民文学出版社，1963：822—823.
② 渔洋夫子，口授. 何世璂，述. 然灯记闻//王夫之，等，撰. 清诗话. 上册. 上海：上海古籍出版社，1978：120.
③ 渔洋夫子，口授. 何世璂，述. 然灯记闻//王夫之，等，撰. 清诗话. 上册. 上海：上海古籍出版社，1978：120.
④ 王士禛，著. 带经堂诗话：卷八. 张宗柟，纂集. 夏闳，校点. 北京：人民文学出版社，1963：193.

之传于后世者，大约有二：登临之作，易为幽奇；怀古之作，易为悲壮，故高人达士往往于此抒其怀抱，而寄其无聊不平之思，此其所以工而传也。"① "从来旷达之士，寄托山水以抒写其志意，或一邱一壑，工于刻画形似。"② 他们经历了许多名山大川，"得江山之助"③，写出了优秀诗篇。可见，王士禛也指出了"诗情"来源于对现实生活的感受，而兴会则发于对现实生活的体验所产生的感情。

我们从王士禛对兴会与学识、兴会与生活经历的关系的论述中可以看到，他的兴会说并非完全是脱离生活、不可捉摸的神秘主义的。他在一定程度上指出了那种似乎没有经过理智活动的刹那间获得的兴会（灵感、美感直觉），乃是以大量的理性认识、生活经历及其体验作为基础的，由于这种理性认识和生活体验已渗透在艺术家的血肉里，化为了他的灵魂，因而在暗暗地支配着艺术家的审美活动，以致艺术家往往没有自觉意识到罢了。

王士禛的神韵说和兴会说，是钟嵘"滋味"说、司空图"韵味"说和严羽"兴趣"说的继承和发展。他说："余于古人论诗，最喜钟嵘《诗品》、严羽《诗话》、徐祯卿《谈艺录》"④；"表圣论诗，有二十四品，予最喜'不著一字，尽得风流'八字"⑤；"严沧浪论诗，特拈'妙悟'二字，及所云'不涉理路，不落言诠'，又'镜中之象，水中之月，羚羊挂角，无迹可寻'云云，皆发前人未发之秘"⑥，"乃不易

---

①王士禛，著. 带经堂诗话：卷五. 张宗柟，纂集. 夏闳，校点. 北京：人民文学出版社，1963：128.

②王士禛. 渔洋文//王士禛，著. 带经堂诗话：卷五. 张宗柟，纂集. 夏闳，校点. 北京：人民文学出版社，1963：116.

③王士禛. 蚕尾续文//王士禛，著. 带经堂诗话：卷五. 北京：人民文学出版社，1963：131.

④王士禛. 渔洋诗话//王士禛，著. 带经堂诗话：卷二. 张宗柟，纂集. 夏闳，校点. 北京：人民文学出版社，1963：58.

⑤王士禛. 香祖笔记//王士禛，著. 带经堂诗话：卷三. 张宗柟，纂集. 夏闳，校点. 北京：人民文学出版社，1963：72.

⑥王士禛. 分甘余话//王士禛，著. 带经堂诗话：卷二. 张宗柟，纂集. 夏闳，校点. 北京：人民文学出版社，1963：65.

之论"①,"余深契其说"②。他在推崇钟嵘等人的学说时,又加进了自己的见解,把神韵说作为诗歌创作和理论的首要问题,形成了较为系统的文学理论和审美理论,为我国古代审美理论补充了某些内容。

神韵说的产生,是由于清初诗人有鉴于明代诗人学唐诗只是拟古模仿,只学它的某些腔调形式,没有真情实感。王士禛提出神韵说,意在排除以时代和家派论诗的陈腐风气,力图写出自己对景物的真实感受,写作清新可咏的诗歌作品,这对当时的诗坛和文学理论逐渐摆脱明代余风曾产生过很大影响。他也曾高度赞扬和评价杜甫的"即事名篇"③的新体乐府和元稹、白居易、张籍、王建的乐府诗以及元结(漫郎)、杜本的诗歌。他说:"草堂乐府擅惊奇,杜老哀时托兴微。元白张王皆古意,不曾辛苦学妃豨。"④杜甫的新体乐府,广泛而深刻地反映了当时的社会现实,寄托了忧国忧民的深厚感情,他"以雄辞直写时事,以创格而纾鸿文,而新体立焉"⑤。元白张王的乐府诗,也从多方面反映了当时的社会生活。他们的乐府不模拟,不因袭,有寄托,有创造。王士禛能够洞察并指出这一点,是很有见地的。他又说:"漫郎生及开元日,与世聱牙古性情。谁嗣《箧》中冰雪句?《谷音》一卷独铮铮。"⑥ 王氏赞扬元结"与世聱牙"的性情及其所编的《箧中集》,而把杜本所编的《谷音集》看作《箧中集》的嗣响。这两本集子所收的作品,虽然一个是幽人隐士的不平之鸣,一个是宋末遗民的亡国之痛,然而都深刻地反映了现实生活,真实

---

①王士禛. 池北偶谈//王士禛,著. 带经堂诗话:卷二. 张宗柟,纂集. 夏闳,校点. 北京:人民文学出版社,1963:65.

②王士禛. 蚕尾续文//王士禛,著. 带经堂诗话:卷三. 张宗柟,纂集. 夏闳,校点. 北京:人民文学出版社,1963:83.

③元稹,撰. 元稹集:卷二十三. 冀勤,点校. 北京:中华书局,1982:255.

④王士禛. 戏仿元遗山论诗绝句//郭绍虞,等,编. 万首论诗绝句. 第1册. 北京:人民文学出版社,1991:233.

⑤王士禛,等. 师友诗传录//王夫之,等,撰. 清诗话. 上册. 上海:上海古籍出版社,1978:143.

⑥王士禛. 戏仿元遗山论诗绝句//郭绍虞,等,编. 万首论诗绝句. 第1册. 北京:人民文学出版社,1991:232.

地表达了思想感情。王氏以"冰雪句"和"独铮铮"高度评价它们，也是别具眼力的。但是，这些见解跟他提倡神韵说的审美趣味有着很大的距离。

作为官僚诗人代表的王士祯，对明代脱离现实的七子诗风的纠正，只是着眼于艺术形式方面。《四库全书总目提要》说他"论诗主于神韵，故所标举，多流连山水，点染风景之词"。他的神韵说的偏宕之蔽，正如翁方纲所指出的："盖专以冲和淡远为主，不欲以雄鸷奥博为宗。……而其沉思独往者，则独在冲和淡远一派，此固右丞之支裔，而非李、杜之嗣音矣。"① 因此，最终不可避免地陷入模糊的境地。在清初民族斗争十分尖锐的时代，提倡脱离现实斗争的神韵说（他在《香祖笔记》中，提出"羚羊挂角，无迹可求"之说，"不独喻诗，亦可为士君子居身涉世之法"），就从根本上取消了诗歌的现实性与战斗性。这是我们在探讨他的审美理论时必须加以分析批判的。

1982 年 5 月

（原载《四川师范大学学报》1982 年第 3 期）

---

① 翁方纲. 七言诗三昧举隅//王夫之，等，撰. 清诗话. 上册. 上海：上海古籍出版社，1978：291.

方东树《昭昧詹言》中的美学观点

方东树（1772—1851），字植之，别号副墨子，清代文学家、学者。受学于姚鼐，是姚门四大弟子之一，为"桐城文派"作家，以反对汉学为旗帜，极力宣扬程朱理学，[1] 著有《汉学商兑》、《昭昧詹言》、《书林扬觯》、《仪卫轩文集》等。《昭昧詹言》这部诗话，是方氏晚年的作品，他对诗歌的见解，完全遵循"桐城文派"的眼光，是以"古文古法"来评比诗歌的。[2] 但他又采用严羽的某些说法，认为"诗文别有能事在"[3]，"其工妙，又别有能事在"[4]。他思想中的这种矛盾，又常常表现在对诗歌的评论上。"桐城文派"论诗，强调"格调"，这就必然要求在"练字"、"声调"、"章法"等方面下功夫，这完全符合"桐城文派"推尊《史记》的说法。

---

[1] 方东树说："余生平遵信朱子，如天地父母之不敢倍。"（方东树，著. 昭昧詹言：卷十三. 汪绍楹，校点. 北京：人民文学出版社，1961：348.）

[2] 方东树说："故尝谓诗与古文一也，不解文事，必不能当诗家著录。"（方东树，著. 昭昧詹言：卷十四. 汪绍楹，校点. 北京：人民文学出版社，1961：376.）"七律之妙，在讲章法与句法。"（方东树，著. 王绍楹，校点. 昭昧詹言：卷十四. 北京：人民文学出版社，1961：375.）

[3] 方东树，著. 昭昧詹言：卷一. 汪绍楹，校点. 北京：人民文学出版社，1961：39.

[4] 方东树，著. 昭昧詹言：卷一. 汪绍楹，校点. 北京：人民文学出版社，1961：10.

《昭昧詹言》标举的"练字"、"草蛇灰线"、"音响最要紧",等等,完全采自沈德潜的《说诗晬语》的就有六十多条,约占该卷的四分之一。虽然总的说来,该书缺乏完整的体系,理论水平不高,而且充满了封建正统观念;但是,书中的一些关于美、美感和艺术创作与欣赏的论述,具有某些参考价值,是应该加以分析研究的。

一 独赏为美

"美是什么",对于这个十分复杂的问题,如果从古希腊的柏拉图提出这个问题的时候算起,已经争论两千多年了,在漫长的历史长河中,有许多哲学家、美学家、文艺理论家曾经对它做过各种各样的探讨、论证,提出了各种各样的看法,总之,众说纷纭,莫衷一是。直到今天,仍是美学界十分关心和热烈争论的问题。

在中国古代美学史上,思想家对美的本质问题进行系统的、思辨的论证的极少,对美的本质下定义的也不多见。多半是从具体的创作经验、审美经验的总结中来探讨美学问题的。方东树在《昭昧詹言》中,在具体评论诗作的时候,提出了"赏即为美"、"独赏为美"这个近乎给美下定义的命题。他说:

> 凡赏即为美,亦羊枣之独嗜,不必人人之炙,此理可以喻大,凡即诗文道术亦有之。言己之固僻在此,人或以我为蔽,而实昧于独赏为美之理而不能辨。若悟此理,则独往有自适其性,而凡余物众理,纵为人所共趋,而皆可遗可遣,而无容虑矣。①

方氏这一段话说明了什么呢?第一,在审美活动中,客观事物(包括诗文在内的艺术作品)的美与不美,完全取决于欣赏者独特的爱好和感受。这好像有人对于

---

① 方东树,著. 昭昧詹言:卷五. 汪绍楹,校点. 北京:人民文学出版社,1961:148.

"羊枣"有独特的嗜好一样，不是人人都喜欢吃烧肉的，我个人嗜好羊枣，则以羊枣为美。①方氏由此提出"赏即为美"的命题，也就是说，以欣赏者的独特的审美趣味作为确定事物（包括艺术品）美与不美的标准。这样就必然得出以下结论：美不在"物"而在"心"。客观事物是否具有审美属性，要以人的主观的审美感受为转移。第二，在审美活动中，要坚持自己的"固僻"——独特的嗜好，以此作为衡量事物（包括艺术品）美丑的标准，以满足自己的审美需要，"独往自适其性"；一件事物纵然很美，而"为人所共趋"，也当弃而不顾，"皆可遗可遣"。可见，所谓"独赏为美"乃是强调以主观的审美趣味作为审美标准。第三，方氏所讲的"美"实际上是"审美"，是"美感"，他显然混淆了美与美感的界限。他以独嗜"羊枣"而不喜欢"脍炙"来说明审美问题，也混淆了生理快感和美感的界限。"脍炙所同也，羊枣所独也"②，所引起的只是味觉器官的快适而不是美感的愉悦。第四，方氏也在客观上说明了一个问题，在审美活动中，人们对同一审美对象所获得的美感认识是有差异的，由于人们所处的社会地位、生活经历、文化教养、思想情感、审美经验等的不同，其审美趣味也是千差万别的。但必须指出，对于客观事物的美与不美的判断，仍然是一个客观标准；单就人类的整个美感经验来说，是人类的审美意识的历史积累。人类在长期的审美活动中，在长期的审美经验的积累中，进行了无数次的反复比较，从而探索并总结出一些审美主体能够认识并反映审美对象的美的客观性和美的价值的相对稳定的客观尺度。诚然，一个人的审美经验，由于种种原因，不能够成为说明和验证客观事物的美的客观性和美的价值的比较稳定的客观标准，比如社会地位的不同，审美能力高低有异，都会影响对客体的美与不美的认识，正像马克思所说的，"忧心忡忡的穷人甚至对最美丽的景色都无动于衷"，"对于不辨音

---

① "独嗜羊枣"事见《孟子·尽心章句下》。文中讲了"曾晳嗜羊枣，而曾子不忍食羊枣"，公孙丑因而问孟子："脍炙与羊枣孰美？"孟子回答说当然是"脍炙"好吃。公孙丑又问："然则曾子何为食脍炙而不食羊枣？"孟子进一步回答说："脍炙所同也，羊枣所独也。"（孟子集注：卷十四//朱熹. 四书章句集注. 北京：中华书局，1983：374.）
② 孟子集注：卷十四//朱熹. 四书章句集注. 北京：中华书局，1983：374.

律的耳朵说来，最美的音乐也毫无意义"①。方氏的论断，以个人主观的爱好作为审美判断的标准，显然是错误的。

在中外美学史上，一切唯心主义的思想家、美学家，常常都是以属于意识形态的审美感受作为审美标准，而对美的本质做出唯心主义的解释的。我国魏晋玄学唯心主义的主要开创者之一的王弼，就把美学归属于情感的范畴，主张美是人的感情，是人的主观的意识形态。他说："观之为义，以所见为美者也。"② 孔颖达《周易正义》说："观者，王者道德之美有可观也，故谓之观。""以所见为美"表明了王弼对美的本质的看法。王弼又说："王道之可观者，莫盛乎宗庙。宗庙之可观者，莫盛于盥也。"③ 王弼以"宗庙"、"盥"（指祭祀时的一种仪式）为"可观者"，而且是符合"王道"标准的"可观者"，所以是美的。"以所见为美"的另一含义，就是客观事物之所以美，是由于人们能"所见"。或者说，审美客体之所以美离不开审美主体之"所见"（"所见"就是所感），要依赖和取决于审美主体之"所见"，也就是说客观事物之所以美不在事物本身，而在于人们的主观的感受。王弼所说的美实际上是美感，他以主观的感受作为评价客观事物的美的尺度。④ 方东树同王弼的看法如出一辙。英国著名的主观唯心主义哲学家休谟，在关于美的本质问题上，坚决反对美是事物的某种属性的看法，否认美的客观性。他说："美并不是事物本身里的一种性质。它只存在于观赏者的心里，每一个人心见出一种不同的美。这个人觉得丑，另一个人可能觉得美。每个人应该默认他自己的感觉，也应该不要求支配旁人的感觉。"⑤ 方东树同休谟的看法又何其相似。

---

① 〔德〕马克思. 1844 年经济学—哲学手稿. 北京：人民出版社，1979：79—80.
② 王弼. 周易略例·卦略//王弼，著. 王弼集校释. 楼宇烈，校释. 北京：中华书局，1980：618.
③ 王弼. 周易·观卦注//王弼，著. 王弼集校释. 楼宇烈，校释. 北京：中华书局，1980：315.
④ 皮朝纲. 王弼美学思想蠡测. 西南师范大学学报，1982（3）：99.
⑤ 北京大学哲学系美学教研室，编. 西方美学家论美和美感. 北京：商务印书馆，1980：108.

由于方东树有比较丰富的审美经验，所以能对审美中的一些问题，提出有参考价值的看法。他曾指出诗歌可以描写和反映自然之美、风俗之美以及社会生活之美。谢康乐诗能"言山水烟霞邱壑之美"①；杜甫《丽人行》"极言姿态服饰之美，饮食音乐宾从之盛，微指椒房，直言丞相"②；陆游《游山西村》"以游村情事作起，徐言境地之幽，风俗之美"③；杜必简《大酺》"推广皇恩之事，固宜极富赡繁华之美"④。而且他反复强调艺术有着强烈的美感力量，优秀的诗作"诵之令人意满"⑤，"令人心醉"⑥，"令人魂醉"⑦，"令人心神一快"⑧，"令人神采飞越"⑨，"无不感动心脾"⑩，"醒耳餍心"⑪，等等。

他还指出，在审美活动中，在欣赏艺术作品时，应该强调和发挥自己的想象力，去"细意绅绎玩索"作者"用意深曲"处。⑫ "须会之于意言之表"⑬，才能真正领悟艺术作品的意蕴和美感力量，"显出其真情，发露其真味"⑭。他还指出了一种审美现象，就是在艺术欣赏中，如果与作者有相同的生活经历，那么对作品的领会和评价就会是真切的。他分析白乐天《西湖晚归回望孤山寺赠诸客》一诗时说："此题已如画，诗写景工而真，所以为佳。姚先生云：'非至西湖，不知此写景之工。'"⑮

---

① 方东树，著. 昭昧詹言：卷五. 汪绍楹，校点. 北京：人民文学出版社，1961：129.
② 方东树，著. 昭昧詹言：卷十二. 汪绍楹，校点. 北京：人民文学出版社，1961：257.
③ 方东树，著. 昭昧詹言：卷二十. 汪绍楹，校点. 北京：人民文学出版社，1961：460.
④ 方东树，著. 昭昧詹言：卷十五. 汪绍楹，校点. 北京：人民文学出版社，1961：384.
⑤ 方东树，著. 昭昧詹言：卷二. 汪绍楹，校点. 北京：人民文学出版社，1961：68.
⑥ 方东树，著. 昭昧詹言：卷二. 汪绍楹，校点. 北京：人民文学出版社，1961：79.
⑦ 方东树，著. 昭昧詹言：卷七. 汪绍楹，校点. 北京：人民文学出版社，1961：186.
⑧ 方东树，著. 昭昧詹言：卷十二. 汪绍楹，校点. 北京：人民文学出版社，1961：248.
⑨ 方东树，著. 昭昧詹言：卷十一. 汪绍楹，校点. 北京：人民文学出版社，1961：234.
⑩ 方东树，著. 昭昧詹言：卷八. 汪绍楹，校点. 北京：人民文学出版社，1961：213.
⑪ 方东树，著. 昭昧詹言：卷五. 汪绍楹，校点. 北京：人民文学出版社，1961：153.
⑫ 方东树，著. 昭昧詹言：卷五. 汪绍楹，校点. 北京：人民文学出版社，1961：133.
⑬ 方东树，著. 昭昧詹言：卷五. 汪绍楹，校点. 北京：人民文学出版社，1961：139.
⑭ 方东树，著. 昭昧詹言：卷三. 汪绍楹，校点. 北京：人民文学出版社，1961：84.
⑮ 方东树，著. 昭昧詹言：卷十八. 汪绍楹，校点. 北京：人民文学出版社，1961：431.

二 诗文者，生气也

中外文艺史上，许多艺术家的创作实践证明，艺术创造的一条重要原则，就是文艺作品要有生气灌注，才有美感力量。

方东树十分强调艺术作品要有生气，要有精神，而且把生气与精神看作是作品的灵魂。他说："诗文者，生气也。若满纸如剪彩雕刻无生气，乃应试馆阁体耳，于作家无分。"[1] "观于人身及万物动植，皆全是气所鼓荡。气才绝，即腐败臭恶不可近。诗文亦然。"[2] "气之精者为神。必至能神，方能不朽，而衣被后世。彼伪者，非气骨轻浮，即腐败臭秽而无灵气者也。"[3] "凡诗、文、书、画，以精神为主。精神者，气之华也。"[4] "诗贵精神旺为妙。"[5] 总之，没有"神明"，"终是作伪诗死诗而亡"[6]。他盛赞汉、魏人的诗作"无不血脉贯注生气，天成如铸，不容分毫移动"[7]。

关于艺术作品必须灌注生气才能获得生命力的观点，不始于方氏，在我国古代文艺理论和美学理论中源远流长，比如西汉初年的淮南王刘安主编的《淮南子》曾指出："画西施之面，美而不可说；规孟贲之目，大而不可畏；君形者亡焉。"[8] 高诱注："生气者，人形之君。规画人形，无有生气，故曰'君形亡'。"这就是说，文艺作品只有灌注生气，才有精神和灵魂。东晋画家顾恺之提出了"以形写神"[9]、

---

[1] 方东树. 昭昧詹言：卷一. 北京：人民文学出版社，1961：25.
[2] 方东树. 昭昧詹言：卷一. 北京：人民文学出版社，1961：25.
[3] 方东树. 昭昧詹言：卷一. 北京：人民文学出版社，1961：25.
[4] 方东树. 昭昧詹言：卷一. 北京：人民文学出版社，1961：30.
[5] 方东树. 昭昧詹言：卷十二. 北京：人民文学出版社，1961：279.
[6] 方东树. 昭昧詹言：卷七. 北京：人民文学出版社，1961：187.
[7] 方东树. 昭昧詹言：卷一. 北京：人民文学出版社，1961：27.
[8] 刘安，等. 淮南子·说山训//何宁，撰. 淮南子集释：卷十六. 北京：中华书局，1998：1139.
[9] 张彦远. 历代名画记. 上海：上海人民美术出版社，1964：111.

"传神写照"①的绘画主张。南齐画家谢赫把"气韵生动"列为绘画"六法"之首。② 其"神"、"气韵"就是鼓荡在作品中的生气和韵味,就是精神和灵魂。宋人陈善指出:"文章以气韵为主,气韵不足,虽有辞藻,要非佳作也。"③ 明人董其昌说:"文章要得神气,且试看死人活人,生花剪花,活鸡木鸡,若何形状,若何神气。识得真,勘得破,可与论文。"④ 方东树的老师姚鼐也说过:"文字者,犹人之言语也。有气以充之,则观其文也,虽百世而后,如立其人而与言于此,无气则积字焉而已。"⑤ 方东树则用非常明确的语言,强调了生气灌注的重要性,是很有眼力的。他还把"观气韵"作为鉴赏诗歌的一条重要原则。他说:"读古人诗,须观其气韵。气者,气味也;韵者,态度风致也。如对名花,其可爱处,必在形色之外。"⑥

在西方美学史上,德国古典美学家康德、黑格尔都是十分强调艺术作品要有生气灌注的。康德说:

> 某些艺术品,虽然从鉴赏力的角度来看,是无可指责的,然而却没有灵魂。一首诗,可以写得十分漂亮而又优雅,但却没有灵魂。一篇叙事作品,可以写得精确而又井然有序,但却没有灵魂。一篇节日的演说,可以内容充实而又竭尽雕琢的能事,但却没有灵魂。一些谈吐可以不乏风趣而又娓娓动听,但却没有灵魂。甚至一个女人,可以说是长得漂亮、温雅而又优美动人,但却没有灵魂。那么,究竟什么是我们所说的"灵魂"呢?

从美学的意义上来看,所谓"灵魂"(Geist)是指心灵中起灌注生气作用

---

① 刘义庆. 世说新语·巧艺//余嘉锡,撰. 世说新语笺疏. 周祖谟,余淑宜,整理. 北京:中华书局,1983:722.
② 谢赫. 古画品录序//于安澜,编. 画品丛书. 上海:上海人民美术出版社,1982:6.
③ 陈善. 扪虱新话·上集:卷一//丛书集成新编. 第12册. 台湾:台湾新文丰出版公司,1986:247.
④ 董其昌,著. 画禅室随笔校注. 屠友祥,校注. 上海:上海远东出版社,2011:184.
⑤ 姚鼐. 答翁学士书//王镇远,邬国平,编选. 清代文论选. 北京:人民文学出版社,1999:571.
⑥ 方东树. 昭昧詹言:卷一. 北京:人民文学出版社,1961:29.

的那种原则。①

黑格尔说：

> 艺术作品所以真正优于自然界实在事物的并不单靠它的永久性，而且还要靠心灵所灌注给它的生气。②

> 它（引者注：文艺作品）不只是用了某种线条，曲线，面，齿纹，石头浮雕，颜色，音调，文字乃至于其他媒介，就算尽了它的能事，而是要显现出一种内在的生气，情感，灵魂，风骨和精神，这就是我们所说的艺术作品的意蕴。③

可见，方东树的"生气"说与康德、黑格尔的看法是有相似之处的。

通观《昭昧詹言》，方东树非常强调诗文要具有奇气、宏放之气。他说"诗文贵有雄直之气"④，"诗文以豪宕奇伟有气势为上"⑤。他对具有奇气、宏放之气的作家、作品给予充分肯定。他说黄山谷"英笔奇气"⑥，"其神兀傲，其气崛奇"⑦；王

---

① 〔德〕康德. 判断力批判//伍蠡甫，主编. 西方文论选：上卷. 上海：上海译文出版社，1988：424.
② 〔德〕黑格尔. 美学：第一卷. 朱光潜，译. 北京：商务印书馆，1979：37.
③ 〔德〕黑格尔. 美学：第一卷. 朱光潜，译. 北京：商务印书馆，1979：25.
④ 方东树，著. 昭昧詹言：卷九. 汪绍楹，校点. 北京：人民文学出版社，1961：222.
⑤ 方东树，著. 昭昧詹言：卷九. 汪绍楹，校点. 北京：人民文学出版社，1961：221.
⑥ 方东树，著. 昭昧詹言：卷十. 汪绍楹，校点. 北京：人民文学出版社，1961：229.
⑦ 方东树，著. 昭昧詹言：卷十二. 汪绍楹，校点. 北京：人民文学出版社，1961：313.

荆公"健拔奇气胜六一"①；苏轼"有奇气"②，"满纸奇纵之气"③，"奇气一片"④。他说曹植"气格浑雄"⑤；汉魏诗"体格宏放"⑥；鲍明远《拟行路难》一首"气格雄浑"⑦；黄山谷"气更沈雄"⑧；杜甫"气势浩然"⑨，有"沛然浩然之气"⑩。他反对"气骨轻浮"⑪、"气骨凡浅"⑫之作，认为"气骨轻浮"乃是诗中一"丑"。⑬ 方东树所说的奇气、宏放之气，乃是指作品中所表达的思想感情具有一种激动人心的奇特的美感力量。

关于艺术家灌注在作品中的生气（特别是奇气、宏放之气）从何而来呢？方东树指出："文字要奇伟，有精采，有英气奇气……但奇伟出之自然乃妙，若有意如此，又入于客气矜张，伪体假象。此存乎其人读书深，志气伟耳。若专学诗文，不去读圣贤书，培养本源，终费力不长进。"⑭ 又说："如世之俗士，亦非无学不能用典，亦非无笔不能使才，只是胸襟卑，用意浅，故气骨轻浮。"⑮ 可见，方氏是把"读书深，志气伟"也就是胸襟开阔作为创作的"本源"，认为这是作品富有生气的基础。这正像清代诗论家叶燮所说的"诗之基，其人之胸襟是也"⑯。所谓"胸襟"就是指艺术家的气质、人品、思想、情感、学识、才能，等等。艺术创作实践证明，

---

① 方东树，著. 昭昧詹言：卷十二. 汪绍楹，校点. 北京：人民文学出版社，1961：285.
② 方东树，著. 昭昧詹言：卷二十. 汪绍楹，校点. 北京：人民文学出版社，1961：448.
③ 方东树，著. 昭昧詹言：卷十二. 汪绍楹，校点. 北京：人民文学出版社，1961：195.
④ 方东树，著. 昭昧詹言：卷二十. 汪绍楹，校点. 北京：人民文学出版社，1961：449.
⑤ 方东树，著. 昭昧詹言：卷二. 汪绍楹，校点. 北京：人民文学出版社，1961：70.
⑥ 方东树，著. 昭昧詹言：卷三. 汪绍楹，校点. 北京：人民文学出版社，1961：81.
⑦ 方东树，著. 昭昧詹言：卷十三. 汪绍楹，校点. 北京：人民文学出版社，1961：350.
⑧ 方东树，著. 昭昧詹言：卷七. 汪绍楹，校点. 北京：人民文学出版社，1961：197.
⑨ 方东树，著. 昭昧詹言：卷十七. 汪绍楹，校点. 北京：人民文学出版社，1961：408.
⑩ 方东树，著. 昭昧詹言：卷十. 汪绍楹，校点. 北京：人民文学出版社，1961：226.
⑪ 方东树，著. 昭昧詹言：卷十. 汪绍楹，校点. 北京：人民文学出版社，1961：227.
⑫ 方东树，著. 昭昧詹言：卷十二. 汪绍楹，校点. 北京：人民文学出版社，1961：309.
⑬ 方东树，著. 昭昧詹言：卷十. 汪绍楹，校点. 北京：人民文学出版社，1961：225.
⑭ 方东树，著. 昭昧詹言：卷一. 汪绍楹，校点. 北京：人民文学出版社，1961：23.
⑮ 方东树，著. 昭昧詹言：卷十二. 汪绍楹，校点. 北京：人民文学出版社，1961：249.
⑯ 叶燮，著. 原诗·内篇（下）. 霍松林，校注. 北京：人民文学出版社，1979：17.

只要艺术家的胸襟开阔,"读书深,志气伟",而作品又是"从自家胸臆性真流出","说自己本分话"①,那么,作品自然具有奇伟之气,因为"为人志气宏放,其语亦宏放"②,"意境高古雄深,则存乎其人之学问道义胸襟"③。他明确指出,"大家只自吐胸臆"④,"陶公(渊明)则全是胸臆自流出"⑤,"曷尝有意于为诗;内性既充,率其胸臆而发为德音耳"⑥。诚然,方东树是程朱理学的鼓吹者和卫道者,他所赏识的胸襟、志气是封建的伦理道德观念,他所标举的"读书深"是提倡"读圣贤书",这是应该加以批判的。

三 审美应"发露其真味"

在我国古代文艺理论和美学理论中,"味"这个概念,曾被广泛地运用来评价艺术的各个部类的审美特征,是一个具有我国民族特色的审美范畴。关于"味"这个美学概念的历史演变、构成因素以及它的特点等问题,我曾在《"味"——具有我国民族特色的审美范畴》一文中做了探讨,兹不赘述。

方东树处处用"味"来评诗,他使用了"味"、"滋味"、"真味"、"气味"、"韵

---

① 方东树,著. 昭昧詹言:卷一. 汪绍楹,校点. 北京:人民文学出版社,1961:12.
② 方东树,著. 昭昧詹言:卷三. 汪绍楹,校点. 北京:人民文学出版社,1961:82.
③ 方东树,著. 昭昧詹言:卷八. 汪绍楹,校点. 北京:人民文学出版社,1961:214.
④ 方东树,著. 昭昧詹言:卷二十. 汪绍楹,校点. 北京:人民文学出版社,1961:450.
⑤ 方东树,著. 昭昧詹言:卷一. 汪绍楹,校点. 北京:人民文学出版社,1961:35.
⑥ 方东树,著. 昭昧詹言:卷四. 汪绍楹,校点. 北京:人民文学出版社,1961:98.

味"、"风味"、"意味"、"情味"、"余味"①等概念,都是指艺术作品(不只是诗歌)②的美感力量。他明确指出审美(包括创作与欣赏)应"发露其真味"③。"真味"、"滋味"是指艺术形象的意境的各种因素融化在一起所产生的美感力量,"余味"、"韵味"是指"真味"、"滋味"的深永悠长,耐人咀嚼。"情味"、"意味"、"风味"、"气味"的含义是基本相同的,"风情气意,其实一也,而四名之间,又有虚实之分。风虚而气实,风气虚而情意实"④。它们从不同的方面体现着"真味"、"滋味"。

诗歌怎样才具有"味"呢?方东树做了比较全面的论述,提出了很有参考价值的意见。

第一,方氏指出,有情才有味,情真才味长。他说:"诗之为学,性情而已。"⑤"诗道性情,只贵说本分语。如右丞、东川、嘉州、常侍,何必深于义理,动关忠孝;然其言自足有味,说自家话也。"⑥"试观杜公,凡赠寄之作,无不情真意挚,至今读之,犹为感动。无他,诚焉耳。"⑦只要作品中"有作此题诗之人之性情面目

---

① 评陆游《登荔枝楼》"收意亲切有味"(卷二十)。评黄山谷《池口风雨留三日》"此诗别有风味,一洗腥腴"(卷二十)。通论五古:"如《唐书》论韩休之文,如太羹玄酒,有典则而薄滋味";"僻者"之诗"其气骨轻浮而粗硬,其意味短浅而不通。"(卷一)评谢康乐《酬从弟惠连》"一往清绮,真味至情,紧健亲切";《登临海峤初发强中作与从弟惠连见羊何共和之》"情味无穷"(卷五)。评刘文房:"(刘)文房之诗,可以通津杜工,但气味夷犹优柔,不及杜公雄杰耳。"(卷十八)评杜甫《反照》"后半句意,有韵味风格,不同平淡庸熟枯浅"(卷十七)。评欧阳修诗:"如哙橄榄,时有余味。"(卷十二)
② 方氏认为诗文书画的理论是相通的:"大约古文及书、画、诗,四者之理一也。其用法取境亦一。……凡古人所为品藻此四者之语,可聚观而通证之也。"(方东树,著. 昭昧詹言:卷一. 汪绍楹,校点. 北京:人民文学出版社,1961:30.)
③ 方东树,著. 昭昧詹言:卷三. 汪绍楹,校点. 北京:人民文学出版社,1961:84.
④ 刘勰. 文心雕龙·风骨//刘勰,著. 文心雕龙注. 范文澜,注. 北京:人民文学出版社,1958:516.
⑤ 方东树,著. 昭昧詹言:卷一. 汪绍楹,校点. 北京:人民文学出版社,1961:1.
⑥ 方东树,著. 昭昧詹言:卷十一. 汪绍楹,校点. 北京:人民文学出版社,1961:238.
⑦ 方东树,著. 昭昧詹言:卷一. 汪绍楹,校点. 北京:人民文学出版社,1961:3.

流露其中",就会"耐人吟咏"。① 他赞赏《诗经》的许多诗篇"往复情至,令人心醉,所以可贵"②。他还指出,世人如果没有真情实感,无感触而强为诗,作品定然是没有情味的。他说:"无诗而强作之,故不妙。"③ "古人意中有不得不言之隐,借韵语以传之。若胸无感触,漫尔抒词,亦复何味。"④

第二,方氏指出,应该重视意境的塑造,只有做到情景交融,才会趣味盎然。他说:"情景融会,含蓄不尽,意味无穷。"⑤ 诗篇"尤在情景交融,如在目前,使人津咏不置,乃妙"⑥。

第三,方氏指出,艺术形象要逼真、鲜明、生动,才会有韵味,切忌在诗中发议论,否则无味。他说:"叙述情景,须得画意,为最上乘。"⑦ 他强调"性象逼真","凡天地四时万物之情状,可悲可泣,一涉其笔,如见目前"。⑧ 他称赞谢玄晖《之宣城郡出新林浦向板桥》"兴象如画,浑转浏浏"⑨,鲍明远《发后渚》"直书即目,直书即事,兴象甚妙,又亲切不泛"⑩。他反对在诗中发冗长的议论。他说:"作诗切忌议论,此最易近腐,近絮,近学究。"⑪ "凡正发议正用事而又冗衍,无不堕陈腐学究无味钝根者。"⑫

第四,方氏指出,要含蓄蕴藉才有味。他评陶渊明《有会而作》"意深而曲,有

---

① 方东树,著. 昭昧詹言:卷十八. 汪绍楹,校点. 北京:人民文学出版社,1961:425.
② 方东树,著. 昭昧詹言:卷二. 汪绍楹,校点. 北京:人民文学出版社,1961:79.
③ 方东树,著. 昭昧詹言:卷十二. 汪绍楹,校点. 北京:人民文学出版社,1961:336.
④ 方东树,著. 昭昧詹言:卷二十一. 汪绍楹,校点. 北京:人民文学出版社,1961:505.
⑤ 方东树,著. 昭昧詹言:卷三. 汪绍楹,校点. 北京:人民文学出版社,1961:83.
⑥ 方东树,著. 昭昧詹言:卷十四. 汪绍楹,校点. 北京:人民文学出版社,1961:377.
⑦ 方东树,著. 昭昧詹言:卷一. 汪绍楹,校点. 北京:人民文学出版社,1961:21.
⑧ 方东树,著. 昭昧詹言:卷一. 汪绍楹,校点. 北京:人民文学出版社,1961:23.
⑨ 方东树,著. 昭昧詹言:卷七. 汪绍楹,校点. 北京:人民文学出版社,1961:192.
⑩ 方东树,著. 昭昧詹言:卷六. 汪绍楹,校点. 北京:人民文学出版社,1961:176.
⑪ 方东树,著. 昭昧詹言:卷一. 汪绍楹,校点. 北京:人民文学出版社,1961:20.
⑫ 方东树,著. 昭昧詹言:卷一. 汪绍楹,校点. 北京:人民文学出版社,1961:22.

味矣"①，杜甫《将赴成都草堂寄严公》"蕴藉有味"②。他特别强调"兴在象外"。他说："（刘）文房诗多兴在象外，专以此求之，则成句皆有余味不尽之妙矣。"③"刘宾客皆有味，兴在象外也。"④

第五，方氏指出，作品生气盎然、精神旺盛则有味。他说："李太白言他人之语，为春无草木，山无烟霞。可悟西昆诸公之句，即洞山禅所云'十成死句'也。郭景纯云：'林无静树，川无停流。'嵇中散云：'手挥五弦，目送飞鸿。'此皆所谓一喝不作一喝用也。可悟死句之无味。"⑤ 草木是表现春天之精神、烟霞是表现山之精神的，所以刘熙载曾指出："山之精神写不出，以烟霞写之；春之精神写不出，以草树写之。故诗无气象，则精神亦无所寓矣。"⑥ 如果"春无草木，山无烟霞"则春无生气，山无精神，定无动人的力量。总之，方氏认为"味"来源于作品中的神气，"死句之无味"就在于缺乏生气与精神。方氏是姚鼐的弟子，他也是用"神、理、气、味、格、律、声、色"⑦ 来评诗的。姚鼐指出："神、理、气、味者，文之精也。"⑧ 而方氏则指出神为"气之精"⑨、"气之华"⑩。作品的气势宏放、精神旺盛往往与持论正确深刻有关，所谓理直而气壮（诚然，抒情诗一类的作品，其"理"是溶解于情中之"理"，非赤裸裸的抽象之理）。所以方氏说："若气体轻浮，寡要不归，不能持论，是理上事。"⑪ 作品理直而气壮也会表现出一种强烈的意味，具有动

---

① 方东树，著. 昭昧詹言：卷四. 汪绍楹，校点. 北京：人民文学出版社，1961：121.
② 方东树，著. 昭昧詹言：卷十七. 汪绍楹，校点. 北京：人民文学出版社，1961：417.
③ 方东树，著. 昭昧詹言：卷十八. 汪绍楹，校点. 北京：人民文学出版社，1961：419.
④ 方东树，著. 昭昧詹言：卷二十一. 汪绍楹，校点. 北京：人民文学出版社，1961：471.
⑤ 方东树，著. 昭昧詹言：卷一. 汪绍楹，校点. 北京：人民文学出版社，1961：21.
⑥ 刘熙载，撰. 艺概：卷二. 上海：上海古籍出版社，1978：82.
⑦ 姚鼐. 古文辞类纂序目//王镇远，邬国平，编选. 清代文论选. 北京：人民文学出版社，1999：577.
⑧ 姚鼐. 古文辞类纂序目//王镇远，邬国平，编选. 清代文论选. 北京：人民文学出版社，1999：577.
⑨ 方东树，著. 昭昧詹言：卷一. 汪绍楹，校点. 北京：人民文学出版社，1961：30.
⑩ 方东树，著. 昭昧詹言：卷一. 汪绍楹，校点. 北京：人民文学出版社，1961：25.
⑪ 方东树，著. 昭昧詹言：卷一. 汪绍楹，校点. 北京：人民文学出版社，1961：8.

人心弦的力量。总之,作品的生气、精神、意蕴一定会表现为一种情趣韵味。所以方氏极言古诗之妙"全在神来气来……骨肉飞腾,令人神采飞越"①。而且还明确指出"气者,气味也"②,把"气"与"味"紧密联系在一起。方氏在一定程度上揭示了"味"(美感力量)与"气"(作品中的情感表现的状态)这两个美学范畴之间的内在联系,这是很可贵的。

四 诗以豪宕奇姿为贵

方东树用"奇"这个美学概念来评诗,是值得重视的。"奇"的意思就是特殊、罕见、不同寻常。诚然,"奇"的东西可能是美的,也可能是不美的,甚至是丑的。但在中国古代文艺理论和美学理论里,"奇"主要是对艺术美的一种概括。

以"奇"为美的意思,在中国古代美学理论中有很多论述。明代画家李士达说:"'山水有五美:苍也,逸也,奇也,远也,韵也,山水有五恶:嫩也,板也,刻也,生也,痴也'。可谓深得画理。"③ 他非常明确地把"奇"作为中国画的一种美。清代书论家康有为指出南碑、魏碑有"十美",其"五曰意态奇逸"④,也十分明确地把"奇"作为中国书法的一种美。"桐城文派"领袖之一的刘大櫆指出:"文贵奇。所谓'珍爱者必非常物'。然有奇在字句者,有奇在意思者,有奇在笔者,有奇在邱壑者,有奇在气者,有奇在神者。"⑤ 方东树也明确指出:"诗以豪宕奇姿为贵"⑥,

---

① 方东树,著. 昭昧詹言:卷十一. 汪绍楹,校点. 北京:人民文学出版社,1961:234.
② 方东树,著. 昭昧詹言:卷一. 汪绍楹,校点. 北京:人民文学出版社,1961:29.
③ 姜绍书. 无声诗史:卷四//于安澜,编. 画史丛书. 第3册. 上海:上海人民美术出版社,1963:70.
④ 康有为. 广艺舟双楫·十六宗//祝嘉,编. 艺舟双楫疏证·广艺舟双楫疏证. 重庆:巴蜀书社,1989:298.
⑤ 刘大櫆,著. 论文偶记. 北京:人民文学出版社,1959:6.
⑥ 方东树,著. 汪绍楹,校点. 昭昧詹言:卷一. 北京:人民文学出版社,1961:28.

"诗文以瑰怪玮丽为奇"①。他肯定和推崇那种"空旷奇逸"之作为"仙品"②，但同时指出这种"奇品"并"非粗犷伧俗，客气矜张，饾饤句字，而气骨轻浮者，可貌袭也"。③

方氏指出了艺术作品"奇"的各个方面，有奇才、奇思、奇想、奇情、奇气、奇势、奇文、奇词、奇句，等等。

《客从远方来》"奇情奇想"④；古诗《上山采蘼芜》"奇情奇想，奇词奇势"⑤；《四座且莫喧》"奇情奇文"⑥。

岑嘉州《白雪歌送武判官归京》"'忽如'六句，奇才奇气，奇情逸发，令人心神一快"⑦。

黄山谷"入思深，造句奇崛，笔势健"⑧；"奇思、奇句、奇气"⑨。

奇才、奇思、奇想、奇情、奇气、奇势、奇文、奇词、奇句，等等，包括了艺术家的胸襟、才能、气质、情感等方面，也包括了艺术构思、形象、意境、韵味、风格、辞采等方面。

---

①方东树，著. 昭昧詹言：卷一. 汪绍楹，校点. 北京：人民文学出版社，1961：28.
②方东树，著. 昭昧詹言：卷十二. 汪绍楹，校点. 北京：人民文学出版社，1961：299.
③方东树，著. 昭昧詹言：卷一. 汪绍楹，校点. 北京：人民文学出版社，1961：28.
④方东树，著. 昭昧詹言：卷二. 汪绍楹，校点. 北京：人民文学出版社，1961：60.
⑤方东树，著. 昭昧詹言：卷二. 汪绍楹，校点. 北京：人民文学出版社，1961：60.
⑥方东树，著. 昭昧詹言：卷二. 汪绍楹，校点. 北京：人民文学出版社，1961：61.
⑦方东树，著. 昭昧詹言：卷十二. 汪绍楹，校点. 北京：人民文学出版社，1961：248.
⑧方东树，著. 昭昧詹言：卷十二. 汪绍楹，校点. 北京：人民文学出版社，1961：314.
⑨方东树，著. 昭昧詹言：卷十二. 汪绍楹，校点. 北京：人民文学出版社，1961：314.

五代时期的画论家荆浩指出："奇者，荡迹不测，与真景或乖异。"① "乖异"是指经过艺术家进行艺术加工以后的作品，既根源于自然形态的真景，又不同于自然形态的真景，而是比自然形态的真景更概括、更集中因而更奇更美的艺术形象。而且荆浩还把"奇"与神、妙、巧结合成词，用神奇、奇妙、奇巧来形容艺术美所达到的一种境界。方东树在评论苏轼的诗时，认为《游金山寺》一诗是达到了"奇妙"之境界的。②

方东树还指出了艺术作品获得"奇"的一些因素。方氏认为艺术家读书深、志气伟、胸襟高，思想就会丰富，想象容易驰骋，新意容易涌现："思积而满，乃有异观，溢出为奇。"③ 他还认为艺术家敢于创新，也会创造出奇品。他说，黄山谷"以惊创为奇才，其神兀傲，其气崛奇，玄思瑰句，排斥冥筌，自得意表"④；苏轼"下笔，摆脱一切，空诸依傍，直是前无古人，后无来者，所以能为一大宗"⑤。他认为艺术家如果在作品中抒发自己的真情实感，表现自己的个性，就会使作品超出寻常蹊径，达到奇美的境地。他说，苏轼"自以真骨面目与天下相见，随意吐属，自然高妙，奇气崒兀，情景涌见，如在目前"⑥；黄山谷诗"只是真。清新古健……自然超出寻常滑俗蹊径"⑦。

1982 年 12 月

---

① 荆浩．笔法记//俞剑华，编．中国画论类编．上卷．北京：人民美术出版社，1986：606．
② 方东树，著．昭昧詹言：卷十二．汪绍楹，校点．北京：人民文学出版社，1961：294．
③ 方东树，著．昭昧詹言：卷一．汪绍楹，校点．北京：人民文学出版社，1961：1．
④ 方东树，著．昭昧詹言：卷十二．汪绍楹，校点．北京：人民文学出版社，1961：313．
⑤ 方东树，著．昭昧詹言：卷一．汪绍楹，校点．北京：人民文学出版社，1961：43．
⑥ 方东树，著．昭昧詹言：卷二十．汪绍楹，校点．北京：人民文学出版社，1961：444．
⑦ 方东树，著．昭昧詹言：卷二十．汪绍楹，校点．北京：人民文学出版社，1961：452．

附　录

中国近代美学史话

我国古代的美学遗产是十分丰富的。作为一门独立的社会科学的美学，却是在鸦片战争以后，从西方介绍过来的。

1840年爆发的鸦片战争标志着中国近代历史的开端，也标志着中国近代思想史的开端，中国从此由封建社会逐渐沦为半殖民地半封建社会。有一些比较进步的知识分子，感受到了这个时代变化的脉搏，感觉到了封建文化的落后，要求改变古老的中国的面貌，要求向西方学习先进的资产阶级文化（"新学"或"西学"）。美学作为哲学的一个组成部分，是上层建筑中的重要一环，当历史进入一个巨大的变革时代，近代思想一时的震动、觉醒，必然会在美学思想上反映出来。

到了清代末年，随着改革和革命运动的蓬勃兴起，美学思想的变化有了突出的表现，一些思想家、美学家大力介绍和传播西方资产阶级美学思想，其中主要是康德、尼采、叔本华等人的哲学美学著作。他们或者直接利用这些思想为政治斗争服务，或者以这些思想来分析中国的文艺学术。在这些美学思想家中最有影响的是梁启超、王国维、蔡元培等人。他们在接受和传播西方美学思想方面有许多共同之处。

但他们在资产阶级民主革命过程中随着地位、思想的前后变化，他们的美学思想内容和所起的作用又是有差异的。在这个时代的末期，进步的美学思潮则以鲁迅所写的一些重要美学论文为代表，成为旧民主主义革命时期美学思想的一个高峰。

我们在考察和研究中国近代美学思想发展史的时候，就会发现以下的特点：一、一些美学思想家开始比较系统地介绍西方资产阶级美学思想，出现了中西交流的倾向。他们企图把西方的美学思想同中国古典文艺、古典美学糅合在一起。而这种糅合是以中国古典思想和美学思想为主体的，主要体现了中国古典美学的趣味。二、产生了一些由我国美学思想家撰写的系统论述美学问题的著作，对美学中的一些根本问题和重要的美学范畴进行了探索和研究，提出了一些重要的学说和见解。三、一些美学家、思想家大力提倡美育，以适应民主主义革命斗争的需要，在美育理论和美育实践上都做出了贡献。

一

王国维（1877—1927）是最早而又比较自觉、系统地把西方资产阶级思想介绍到中国来的。王氏早年学习哲学、文学，深受德国资产阶级哲学思想和美学思想的影响。他在《红楼梦评论》、《古雅之在美学上之位置》、《叔本华之哲学及其教育学说》、《论教育之宗旨》等文章中，曾经介绍过柏克、康德、席勒、叔本华等人的美学观点，并且用叔本华的观点来研究我国古典文学艺术。由于历史条件和个人的局限，王氏介绍到中国来的，并不是处于上升时期、尚有进步意义的资产阶级美学，而是处于资产阶级走下坡路时期的美学，特别是十九世纪中期叔本华的美学。叔本华（1788—1860）是德国唯心主义哲学家、唯意志论者。他的主要著作就叫做《世界是意志和表象》。王氏早年发表的《红楼梦评论》，就是根据叔本华的唯意志论观点来写的。从中可以看出叔本华的悲观主义思想已成为他世界观中的主导因素。他认为人类的生活本质就是欲，而欲永远没有满足的时候，所以人生永远是痛苦的，要解脱人生痛苦，只有求助于审美和艺术。王国维的《红楼梦评论》、《人间词话》等著作，表现了他的唯心主义美学观点，同时也提出了不少深刻的独到的见解。他的美学观点在中国近代和现代都发生过很大影响。

梁启超（1873—1929）曾介绍了不少西方资产阶级的美学思想和哲学思想（诸如达·芬奇、培根、笛卡尔等），他从资产阶级改良主义的政治立场出发，吸收欧美资产阶级思想写了大量的论述美育、美术与科学、人工美与自然美、悲剧与喜剧艺术与现实艺术与政治的美学方面的文章，诸如《美术与生活》、《中国之美文及其历史》、《美术与科学》、《书法指导》、《中国韵文里头所表现的情感》、《趣味教育与教育趣味》等。他还在《论小说与群治之关系》、《饮冰室诗话》中提倡所谓"诗界革命"、"小说界革命"。必须指出，梁启超的美学思想是建立在唯心主义哲学基础之上的。他认为"一切物境皆虚幻，惟心所造之境为真实"[1]。物境随人的心境不同而不同，心不同而境绝异。他以同一景物在不同艺术家那里的意境的不同表现为例，证明天下没有物境，只有心境，要人明白"三界惟心"、心境之外无真这个基本道理。[2]

蔡元培（1868—1940）是我国近代著名的资产阶级革命家、教育家，著名的美学倡导者和实践者。他于1907年到德国莱比锡大学学习和研究哲学、文学、文化史，尤其注重心理学和美学。对德国的美育实施有深刻的印象，回国后他比较系统地介绍了西方的美学思想。在《美学的进化》中详述了自柏拉图至鲍姆加敦、康德、黑格尔等人的有关美学的论述及其发展。[3] 他不仅赞成康德的观点，而且运用康德的美学理论作为自己美育思想立论的主要基础。1912年，他被任命为教育总长，发表了《对于教育方针之意见》，这是他这一时期的教育纲领。他明确提出了在教育上

---

[1] 梁启超. 惟心. 北京大学哲学系美学教研室，编. 中国美学史资料选编. 下册. 北京：中华书局，1981：415.
[2] 梁启超. 惟心. 北京大学哲学系美学教研室，编. 中国美学史资料选编. 下册. 北京：中华书局，1981：416.
[3] 高叔平，编著. 蔡元培年谱. 北京：中华书局，1980：58.

应特别注重美育的主张。为提倡和实施美育，他任教育总长之始，即邀请鲁迅到教育部工作。1916年，他被任命为北京大学校长之后，对北大进行一系列改革，同时采取具体措施实践他的美育主张。北大建立了书法、画法、音乐等研究团体，开设了美学课和美学史课。① 之后，他发表了美学著作《赖斐尔》(《欧洲美术小史》之一章)，并编写《欧洲美术丛述》，成《康德美学述》一种。② 在"五四运动"前后，他发表了著名的《以美育代宗教说》、《文化运动不要忘了美育》等一系列有关美学与美育的文章和演说，仅《美术的起源》一文，1920年5月就先后发表过三次。③ 1921年2月，他又发表了《美术的进化》、《美学的进化》、《美学的研究法》、《美术与科学的关系》等文章。④ 同年10月在北大讲授美学课，此后十年中讲了十余次美学⑤。编著《美学通论》一书，写出了《美学的倾向》及《美学的对象》两章。⑥ 总之，蔡元培在中国近代美学史上占有重要的地位。

鲁迅是我国新美学的开路先锋，他是在"五四运动"之前又一个向中国认真介绍了西方美学思想的人。他在1907年所著《摩罗诗力说》中介绍了拜伦、雪莱、密茨凯维支、普希金、莱蒙托夫、裴多菲等资产阶级革命诗人的生平、思想和创作。这篇文章是鲁迅早期美学思想的集中表现，是一个充满革命激情的启蒙主义美学思想的战斗纲领，它对鲁迅后来的美学思想的发展有着深刻的影响。1921年，鲁迅到蔡元培所主持的教育部工作，主管图书馆、博物馆、美术馆和美术教育等事项。他十分认真地积极从事文艺的普及宣传教育工作。他除了参与美术教育事业和筹办全国儿童画展等工作之外，还在1912年教育部主办的讲演会上主讲《美术略论》，次年又写了《拟播布美术意见书》，其目的是提倡美育。随着中国革命的发展，鲁迅很

---

① 高叔平，编. 蔡元培教育文选. 北京：人民教育出版社，1980：226—227.
② 高叔平，编著. 蔡元培年谱. 北京：中华书局，1980：35.
③ 高叔平，编著. 蔡元培年谱. 北京：中华书局，1980：55.
④ 高叔平，编著. 蔡元培年谱. 北京：中华书局，1980：58—59.
⑤ 高叔平，编. 蔡元培教育文选. 北京：人民教育出版社，1980：226.
⑥ 高叔平，编著. 蔡元培年谱. 北京：中华书局，1980：63.

快从革命民主主义者发展为马克思主义者。1929年开始，他花了很大精力来从事马克思主义美学著作的介绍和研究工作，鲁迅在美学思想上解决了一系列根本性的问题，他的美学思想在中国人民中产生了广泛而深远的影响。

二

这时期的美学家对美学中的一些根本问题和重要范畴进行了探索和研究，提出了一些重要的学说和见解：

（一）关于美和美感的性质

王国维明确指出，美和美感都是超功利的。他说："美之性质，一言以蔽之，曰：可爱玩而不可利用者是已。虽物之美者，有时亦足供吾人之利用，但人之视为美时，决不计及其可利用之点，其性质如是，故其价值亦存于美之自身而不存乎其外。"① 他并以此来区分优美与宏壮。② 蔡元培也认为美和美感有普遍性和超功利性。他说："美之批评，虽间亦因人而异，然不曰是于我为美，而曰是为美，是亦以普遍性为标准之一证也。美以普遍性之故，不复有人我之关系，遂亦不能有利害之关系。"③ 他认为"美感者，合美丽与尊严而言之，介乎现象世界与实体世界之间，而为津梁"④。美育能使人们脱离"现象世界"中的"离合生死祸福利害"，并忘掉由此而产生的"受恶惊快喜怒悲乐之情"，从而破除"人我之见"、"利害之心"，获

---

① 王国维. 古雅之在美学上之位置//北京大学哲学系美学教研室，编. 中国美学史资料选编. 下册. 北京：中华书局，1981：435.
② 王国维. 古雅之在美学上之位置//北京大学哲学系美学教研室，编. 中国美学史资料选编. 下册. 北京：中华书局，1981：435—439.
③ 蔡元培. 以美育代宗教说//高叔平，编. 蔡元培教育文选. 北京：人民教育出版社，1980：31.
④ 蔡元培. 对教育方针之意见//高叔平，编. 蔡元培教育文选. 北京：人民教育出版社，1980：4—5.

得"浑然之美感","与造物者为友"①,使性灵得养,情操提高。

梁启超明确指出:"我确信'美'是人类生活一要素,或者还是各种要素中之最要者,倘若在生活内容中把'美'的成分抽出,恐怕便活得不自在,甚至活不成。"② 这实际上指出了人类生活中存在着美。他虽然还没指出美的来源,但他指出了"爱美是人类的天性"③,"爱美本来是人生目的的一部分"④。这无疑是正确的,因为人类文化史上的无数事实证明,人类的本性就是喜爱美和追求美的。他主张自然美与人工美的结合:"人类的好美性决不能以天然的自满足。对于自然美加上些人工,又是别一种风味的美,譬如美的璞玉,经琢磨雕饰而更美,美的花卉,经栽植布置而更美。"⑤

鲁迅的《拟播布美术意见书》,集中陈述了他早期的美学思想,是新美术运动的第一篇理论著作(文中的"美术"一词,泛指艺术)。该文除明确指出艺术是现实的"再现"和艺术具有"辅翼道德"的作用外,还对于美感问题提出了符合唯物论、反映论的重要见解。他认为正是由于客观世界有"曙日出海,瑶草作华",因而人类的主观世界才会有所"受",有所"领会感动",有所"作",亦即有艺术的创造。美感是客观存在着的美的反映,而艺术美只是生活美的集中反映,美感的价值和意义,就在于它能使人更深入地反映现实生活的美。他认为审美的能力主要是"想象力"。他指出艺术是"天物"(即外部生活形象)在人类头脑中的反映的产物,这中间必然

---

① 蔡元培. 对教育方针之意见//高叔平,编. 蔡元培教育文选. 北京:人民教育出版社,1980:5.
② 梁启超. 美术与生活//北京大学哲学系美学教研室,编. 中国美学史资料选编. 下册. 北京:中华书局,1981:408.
③ 梁启超. 书法指导//北京大学哲学系美学教研室,编. 中国美学史资料选编. 下册. 北京:中华书局,1981:412.
④ 梁启超. 情圣杜甫//北京大学哲学系美学教研室,编. 中国美学史资料选编. 下册. 北京:中华书局,1981:408.
⑤ 梁启超. 中国之美文及其历史//北京大学哲学系美学教研室,编. 中国美学史资料选编. 下册. 北京:中华书局,1981:409.

经过作家脑力活动的改造制作,这就是"用思理以美化天物"。这里的"思理"就是《文心雕龙》中所说的"神思",是指创造性想象活动。美感的心理基础是感知和想象,美感认识离不开想象力与理解力的和谐而自由的活动,鲁迅是抓住了美感的主要特征的。①

(二) 关于艺术的功能和作用

王国维把美和艺术作为解除人生痛苦的工具和手段。他说:"美术之务,在描写人生之痛苦与其解脱之道,而使吾侪冯生之徒,于此桎梏之世界中,离此生活之欲之争斗,而得其暂时之平和,此一切美术之目的也。"② 梁启超特别重视文艺的巨大的教育作用。他指出文艺"易入人"、"易感人",具有巨大的"移人"作用。③ 他有意识地把小说和当时的政治运动密切地联系起来,要求小说为改良主义政治服务。他把小说的基本特点和对读者的感染作用归纳为"薰"(熏染)、"浸"(浸染,"薰以空间言","浸以时间言")、"刺"("刺激")、"提"(提高)四点,并说"有此四力而用之于善,则可以福亿兆人;有此四力而用之于恶,则可以毒万千载"④。他明确地感觉到了文艺的社会作用和社会责任,指出"小说是国民之魂","故今日欲改良群治,必自小说界革命始;欲新民,必自新小说始"。⑤

鲁迅在《摩罗诗力说》中,把美和艺术问题同中国社会的改造,同启发中国人民的觉悟、鼓舞中国人民的革命斗争紧密结合起来。他为了使文学成为改造社会人生、拯救祖国命运的政治斗争的武器,极力提倡反抗的、积极浪漫主义文学潮流,

---

① 鲁迅. 拟播布美术意见书//郭绍虞,主编. 中国历代文论选. 第四册. 上海:上海古籍出版社,1980:495—498.
② 王国维. 红楼梦评论//舒芜,陈迩东,等,编选. 中国近代文论选. 下册. 北京:人民文学出版社,1981:751.
③ 梁启超. 论小说与群治之关系//舒芜,陈迩东,等,编选. 中国近代文论选. 上册. 北京:人民文学出版社,1981:160、158.
④ 梁启超. 论小说与群治之关系//舒芜,陈迩东,等,编选. 中国近代文论选. 上册. 北京:人民文学出版社,1981:158—160.
⑤ 梁启超. 论小说与群治之关系//舒芜,陈迩东,等,编选. 中国近代文论选. 上册. 北京:人民文学出版社,1981:160—161.

即所谓"摩罗诗派"。他主张用"最雄杰伟美"的声音，去唤起中国的新生，要像"恶魔"那样敢于勇猛反抗，去为"独立、自由、人道"而进行不倦的战斗。①

（三）关于一些重要美学范畴的探讨

王国维提出了"古雅"这个美学范畴，这是他对康德的美的分类增添的新的项目。王氏认为，一切所谓美的东西，无论是优美还是壮美，都是形式的美。这"形式的美"是美的第一形式，但一切"形式的美"，又需要其他形式去表现它。这个表现"形式的美"的"其他形式的美"，是美的第二形式。这种第二形式就是"古雅"。"古雅"不存在于自然美之中，只存在于艺术美之中，因自然美是美的第一形式，艺术美是依据自然美所固有的某种形式或自创一种新形式（即第一形式）而以第二形式去表现自己的。"古雅"的价值存在于第二形式中，是优美和宏壮所不可缺少的原质。但它可以离优美和宏壮而独立存在，它与优美、宏壮之不同，在于它只存在于艺术中，不存在于自然中。② "古雅"这一美学范畴是与"今"、"俗"相对立的。"今"、"俗"都带有利害感，但"古"不与现实接触，"雅"与通俗隔离，所以"古雅"是与当前的利害、大众的利害无关的。"古雅"说是王国维美学思想的重要组成部分，其核心思想就是逃离现实生活。但是，也得承认，王氏把"古雅"作为一个美学范畴是他的创论。在我国古代美学理论中，常以"神韵"、"韵味"来论述艺术作品的美感力量，无论是偏于优美还是偏于宏壮的艺术品，都包孕着一种"韵味"，而"古雅"实际上是一种"韵味"，一种美感力量。这有某些可取之处。

王国维的《人间词话》中，有不少有关艺术创作和鉴赏方面的深刻见解，"境界"说是其代表。"境界"说是王氏美学理论中最重要的部分，也最少叔本华的气味，是他根据自己长期的创作实践经验和前人的美学理论总结出来的，成为他美学理论中的精华。"境界"说中关于"有我之境"与"无我之境"，"隔与不隔"，"景

---

① 鲁迅. 摩罗诗力说//舒芜，陈迩东，等，编选. 中国近代文论选. 下册. 北京：人民文学出版社，1981：790—791.
② 王国维. 古雅之在美学上之位置//北京大学哲学系美学教研室，编. 中国美学史资料选编. 下册. 北京：中华书局，1981：435—439.

语"与"情语","诗人之境"与"常人之境","写境"与"造境","入乎其内"与"出乎其外"等论述,都有不少精辟的见解,接触到了"心"与"物"、审美主体和客体的关系问题。王氏的"境界"说在当时和后来的文学界,曾产生过较大的影响。

三

一些美学思想家大力提倡美育,在理论和实践上都做出了贡献。

梁启超是很重视美育的。他特别指出:"古来大宗教家大教育家,都最注意情感的陶养。……是把美感教育放在第一位。情感教育的目的,不外将情感善的美的方面尽量发挥,把那恶的丑的方面渐渐压伏淘汰下去。这种工夫做得一分,便是人类一分的进步。"而"情感教育最大的利器,就是艺术。音乐、美术、文学这三件法宝,把'情感秘密'的钥匙都掌住了"[①]。王国维也提倡美育。他主张教育的宗旨"在使人为完全之人物",即"人之能力无不发达且调和"。人的能力分内外两者:一是身体,二是精神。精神之中又分三个部分,知力、感情、意志,因此,"教育之事亦分为三部:智育、德育(即意志)、美育(即情育)"。他特别指出,美"使人忘一己之利害而入高尚纯洁之域,此最纯粹之快乐也"。他还论述了智、德、美三者的关系,指出人心之知、情、意三者,非各自独立,而是相互交错的。因此,在教育上"有一科而兼德育智育者,有一科而兼美育德育者,又有一科而兼此三者。三者并行而得渐达到真善美之理想,又加以身体之训练,斯得为完全之人物,而教育之能事毕矣"[②]。

但是在中国近代美学史上,大力提倡并推行美育而做出显著贡献的是蔡元培。他的美育思想的内容相当丰富,其在理论上的贡献,主要有以下几点:

[①] 梁启超. 中国韵文里头所表现的情感//北京大学哲学系美学教研室,编. 中国美学史资料选编. 下册. 北京:中华书局,1981:417.
[②] 王国维. 论教育之宗旨//舒新城,编. 中国近代教育史资料. 下册. 北京:人民教育出版社,1981:998—999.

关于美育的定义，他说："美育者，应用美学之理论于教育，以陶养感情为目的者也。"① 这个定义把美学理论同教育联系起来，有一定的科学性，反映了"美育"这个概念的含义与历史。"美育"这个词是德国诗人席勒（1759—1805）在《美育书简》里提出来的，是在鲍姆嘉通给予研究"感性知识"的科学以"美学"的名称之后创造出来并加以评述的。"美育"是"美学"的派生词，是"美学"（审美）与"教育"的合称。因此，蔡元培把美学理论和教育相联系，有理论上的依据。

关于美育同德育、智育、体育的关系，他在许多文章和讲演中，都把美育和德育、智育、体育并列，作为教育方针的重要内容。他特别指出了美育的目的在于使受教育者通过美的感染与熏陶，树立高尚的道德，养成健全的人格。他说："故教育之目的，在使人人有适当的行为，即以德育为中心是也。"而欲求行为之适当，一方面"赖智育之助"，以养成"与人同乐，舍己为群德"，因此，"美育者，与智育相辅而行，以图德育之完成者也"。

关于美育的内容和实施方法，他在《美育的实施方法》一文中作了详细论述，大致包括家庭、学校、社会三个方面，"一直从未生以前，说到既死以后"，是相当全面的。

对于蔡元培在中国近代教育史和美学史上的地位和作用，中国共产党中央委员会和毛泽东同志曾给予很高的评价，说他"为革命奋斗四十余年，为发展中国教育文化事业勋劳卓著"，是"学界泰斗，人世楷模"②。

1983年1月

（原载《大众美学》丛刊1983年第1期，四川社会科学院出版社1983年版）

---

① 蔡元培. 教育大辞书·美育//高叔平，编. 蔡元培教育文选. 北京：人民教育出版社，1980：195.
② 转引自：梁柱，著. 蔡元培与北京大学. 银川：宁夏人民出版社，1983：14.

主要参考文献

庄子集释. 〔清〕郭庆藩,集释. 王孝鱼,点校. 北京:中华书局,1961.

老子校释. 朱谦之,校释. 北京:中华书局,1963.

〔先秦〕韩非子,撰. 韩非子集解. 〔清〕王先慎,集释. 钟哲,点校. 北京:中华书局,1998.

荀子集解. 〔清〕王先谦,集解. 北京:中华书局,1988.

尚书正义. 〔汉〕孔安国,传. 〔唐〕孔颖达,等,正义//〔清〕阮元,校刻. 十三经注疏. 北京:中华书局,1980.

周易正义. 〔魏〕王弼,撰. 〔晋〕韩康伯,注. 〔唐〕孔颖达,等,正义//〔清〕阮元,校刻. 十三经注疏. 北京:中华书局,1980.

春秋左传正义. 〔晋〕杜预,集解. 〔唐〕孔颖达,等,正义//阮元,校刻. 十三经注疏. 北京:中华书局,1980.

吕不韦,等,撰. 吕氏春秋. 高诱,注. 毕沅,校正. 上海:上海古籍出版社,1996.

吕氏春秋集释. 许维遹,集释. 北京:中华书局,2009.

〔西汉〕王褒,撰. 洞箫赋//〔梁〕萧统,编. 六臣注文选.〔唐〕李善,吕延济,等,注. 北京:中华书局,1987.

〔西汉〕刘安,撰. 淮南子集释. 何宁,集释. 北京:中华书局,1998.

〔西汉〕司马相如,撰. 上林赋//〔梁〕萧统,编. 六臣注文选.〔唐〕李善,等,注. 北京:中华书局,1987.

〔东汉〕班固,纂. 白虎通//〔清〕陈立,撰. 白虎通疏证. 吴则虞,点校. 北京:中华书局,1994.

〔东汉〕王充,撰. 论衡校释. 黄晖,校释. 北京:中华书局,1990.

〔东汉〕蔡邕. 笔论//上海书画出版社,华东师范大学古籍整理研究室,选编、校点. 历代书法论文选. 上册. 上海:上海书画出版社,1979.

〔东汉〕许慎,撰. 说文解字. 北京:中华书局,1963.

〔东汉〕许慎,撰. 说文解字注.〔清〕段玉裁,注. 上海:上海古籍出版社,1981.

〔东汉〕张衡. 东京赋//全后汉文:卷五十二//〔清〕严可均,校辑. 全上古三代秦汉三国六朝文. 北京:中华书局,1958.

〔东汉〕桓谭. 新论//全后汉文:卷十五//〔清〕严可均,校辑. 全上古三代秦汉三国六朝文. 北京:中华书局,1958.

〔魏〕王弼,著. 王弼集校释. 楼宇烈,校释. 北京:中华书局,1980.

〔魏〕嵇康. 赠秀才入军五首//〔梁〕萧统,编. 六臣注文选.〔唐〕李善,吕延济,等,注. 北京:中华书局,1987.

〔魏〕曹丕. 典论//〔梁〕萧统,编. 六臣注文选.〔唐〕李善,吕延济,等,注. 北京:中华书局,1977.

〔晋〕葛洪,撰. 抱朴子外篇校笺. 杨明照,校勘. 北京:中华书局,1991.

〔晋〕葛洪,著. 抱朴子内篇校释. 杨明照,校勘. 北京:中华书局,1985.

〔晋〕陆机,著. 文赋集释. 张少康,集释. 上海:上海古籍出版社,1984.

〔晋〕陆机. 文赋//〔梁〕萧统, 编. 六臣注文选. 〔唐〕李善, 吕延济, 等, 注. 北京: 中华书局, 1987.

〔晋〕谢叔源. 游西池//〔梁〕萧统, 编. 六臣注文选. 〔唐〕李善, 吕延济, 等, 注. 北京: 中华书局, 1987.

〔唐〕谢灵运. 山居赋//全宋文: 卷三十一//〔清〕严可均, 校辑. 全上古三代秦汉三国六朝文. 北京: 中华书局, 1958.

〔晋〕谢灵运. 辨宗论//全宋文: 卷三十二//〔清〕严可均, 校辑. 全上古三代秦汉三国六朝文. 北京: 中华书局, 1958.

〔晋〕谢灵运. 游名山志序//全宋文: 卷三十三//〔清〕严可均, 校辑. 全上古三代秦汉三国六朝文. 北京: 中华书局, 1958.

〔晋〕谢灵运. 答僧维问//全宋文: 卷三十二//〔清〕严可均, 校辑. 全上古三代秦汉三国六朝文. 北京: 中华书局, 1958.

〔晋〕谢灵运. 答僧维问//〔唐〕释道宣. 广弘明集: 卷十八//大正藏. 第52册. 第2103号. 台北: 台湾新文丰出版公司, 1983.

〔晋〕谢灵运. 昙隆法师诔//全宋文: 卷三十三//〔清〕严可均, 校辑. 全上古三代秦汉三国六朝文. 北京: 中华书局, 1958.

〔晋〕谢灵运. 从斤竹涧越岭溪行//黄节注汉魏六朝诗六种. 黄节, 注. 北京: 人民文学出版社, 2008.

〔晋〕谢灵运. 石壁精舍还湖中作//黄节注汉魏六朝诗六种. 黄节, 注. 北京: 人民文学出版社, 2008.

〔晋〕谢灵运. 初往新安桐庐口//黄节注汉魏六朝诗六种. 黄节, 注. 北京: 人民文学出版社, 2008.

〔晋〕谢灵运. 初发入南城//黄节注汉魏六朝诗六种. 黄节, 注. 北京: 人民文学出版社, 2008.

〔晋〕谢灵运. 拟魏太子邺中集诗八首//黄节注汉魏六朝诗六种. 黄节, 注. 北京：人民文学出版社，2008.

〔晋〕谢灵运. 述祖德//黄节注汉魏六朝诗六种. 黄节，注. 北京：人民文学出版社，2008.

〔晋〕谢灵运. 石壁立招提精舍//黄节注汉魏六朝诗六种. 黄节，注. 北京：人民文学出版社，2008.

〔晋〕谢灵运. 庐陵王墓下作//黄节注汉魏六朝诗六种. 黄节，注. 北京：人民文学出版社，2008.

〔晋〕谢灵运. 石门新营所住四面高山回溪石濑茂林修竹//黄节注汉魏六朝诗六种. 黄节，注. 北京：人民文学出版社，2008.

〔晋〕谢灵运. 过始宁墅//黄节注汉魏六朝诗六种. 黄节，注. 北京：人民文学出版社，2008.

〔晋〕谢灵运. 初去郡//黄节注汉魏六朝诗六种. 黄节，注. 北京：人民文学出版社，2008.

〔晋〕谢灵运. 登池上楼//黄节注汉魏六朝诗六种. 黄节，注. 北京：人民文学出版社，2008.

〔晋〕谢灵运. 过白岸亭//黄节注汉魏六朝诗六种. 黄节，注. 北京：人民文学出版社，2008.

〔明〕焦竑. 谢康乐集题辞//黄节注汉魏六朝诗六种. 黄节，注. 北京：人民文学出版社，2008.

〔明〕张溥. 谢康乐集题辞//黄节注汉魏六朝诗六种. 黄节，注. 北京：人民文学出版社，2008.

〔梁〕沈约，撰. 宋书. 北京：中华书局，1974.

〔晋〕王献之. 杂帖//全晋文：卷二十七//〔清〕严可均，校辑. 全上古三代秦汉三国六朝文. 北京：中华书局，1958.

黄节. 谢康乐诗注序//黄节注汉魏六朝诗六种. 黄节，注. 北京：人民文学出版社，2008.

〔北齐〕颜之推，撰. 颜氏家训集解（增补本）. 王利器，集释. 北京：中华书局，1993.

〔北齐〕刘昼，著. 刘子校释. 傅亚庶，校释. 北京：中华书局，1998.

杨明照. 刘子理感//增订刘子校注. 陈应鸾，增订. 杨明照，校注. 成都：巴蜀书社，2008.

〔南宋〕刘义庆，撰. 世说新语笺疏. 余嘉锡，疏. 周祖谟，余淑宜，整理. 北京：中华书局，1983.

〔南朝宋〕鲍照. 河清颂并序//〔南朝宋〕鲍照，著. 鲍参军集注：卷二. 钱仲联，增补集说校. 上海：上海古籍出版社，1980.

〔南朝宋〕宗炳. 画山水序//沈子丞，编. 历代论画名著汇编. 北京：文物出版社，1982.

〔南齐〕谢赫. 古画品录//于安澜，编. 画品丛书. 上海：上海人民美术出版社，1982.

〔梁〕刘勰，著. 文心雕龙注. 范文澜，注. 北京：人民文学出版社，1958.

〔梁〕刘勰，著. 文心雕龙注. 周振甫，注. 北京：人民文学出版社，1981.

黄霖，编著. 文心雕龙汇评. 上海：上海古籍出版社，2005.

黄侃，撰. 文心雕龙札记. 上海：上海古籍出版社，2000.

〔梁〕钟嵘，著. 诗品注. 陈延杰，注. 北京：人民文学出版社，1961.

〔梁〕萧绎. 内典碑铭集林序//全梁文：卷十七//〔清〕严可均，校辑. 全上古三代秦汉三国六朝文. 北京：中华书局，1958.

〔梁〕姚最. 续画品并序//于安澜，编. 画品丛书. 上海：上海人民美术出版社，1982.

〔梁〕陶弘景. 与梁武帝论书启//上海书画出版社，华东师范大学古籍整理研究室，选编、校点. 历代书法论文选. 上册. 上海：上海书画出版社，1979.

主要参考文献

〔隋〕李谔. 上书正文体//全隋文：卷二十//〔清〕严可均,校辑. 全上古三代秦汉三国六朝文. 北京：中华书局,1958.

〔唐〕皎然. 诗式//〔清〕何文焕,辑. 历代诗话. 上册. 北京：中华书局,1981.

〔唐〕李延寿,撰. 南史. 北京：中华书局,1975.

〔唐〕李白,著. 李太白全集.〔清〕王琦,注. 北京：中华书局,1977.

〔唐〕刘禹锡. 董氏武陵集纪//〔唐〕刘禹锡,撰. 刘禹锡集：卷十九. 卞孝萱,校订. 北京：中华书局,1990.

〔唐〕窦蒙.《述书赋》语例字格//上海书画出版社,华东师范大学古籍整理研究室,选编、校点. 历代书法论文选. 上册. 上海：上海书画出版社,1979.

〔唐〕司空图. 诗品//〔唐〕司空图,著. 诗品集解. 郭绍虞,集解. 北京：人民文学出版社,1963.

〔唐〕司空图. 与李生论诗书//〔唐〕司空图,著. 诗品集解. 郭绍虞,集解. 北京：人民文学出版社,1963.

〔唐〕司空图. 与王驾评诗书//〔唐〕司空图,著. 诗品集解. 郭绍虞,集解. 北京：人民文学出版社,1963.

〔唐〕司空图. 与极浦谈诗书//〔唐〕司空图,著. 诗品集解. 郭绍虞,集解. 北京：人民文学出版社,1963.

〔清〕许印芳. 与王驾评诗书跋//〔唐〕司空图,著. 诗品集解. 郭绍虞,集解. 北京：人民文学出版社,1963.

〔清〕许印芳. 与李生论诗书跋//〔唐〕司空图,著. 诗品集解. 郭绍虞,集解. 北京：人民文学出版社,1963.

〔清〕孙联奎. 诗品臆说//〔清〕孙联奎,杨廷芝,著. 司空图《诗品》解说二种. 孙昌熙,刘淦,校点. 济南：齐鲁书社,1980.

〔清〕杨廷芝. 廿四诗品浅解//〔清〕孙联奎,杨廷芝,著. 司空图《诗品》解说二种. 孙昌熙，刘淦，校点. 济南：齐鲁书社，1980.

〔唐〕元稹. 乐府古题序//〔唐〕元稹，撰. 元稹集：卷二十三. 冀勤，点校. 北京：中华书局，1982.

〔日〕弘法大师，原撰. 文镜秘府论校注. 王利器，校注. 北京：中国社会科学出版社，1983.

〔唐〕张彦远，著. 历代名画记. 上海：上海人民美术出版社，1964.

〔唐〕虞世南. 笔髓论//上海书画出版社，华东师范大学古籍整理研究室，选编、校点. 历代书法论文选. 上册. 上海：上海书画出版社，1979.

〔唐〕张怀瓘. 书议//上海书画出版社，华东师范大学古籍整理研究室，选编、校点. 历代书法论文选. 上册. 上海：上海书画出版社，1979.

八正神明论//黄帝内经·素问：卷八. 〔唐〕王冰次，注. 林亿，等，校正. //影印《文渊阁四库全书》. 第1344册. 台北：台湾商务印书馆，1986.

〔五代〕荆浩. 笔法论//俞剑华，编著. 中国画论类编. 上卷. 北京：人民美术出版社，1986.

〔宋〕苏轼，撰. 苏轼文集. 孔凡礼，点校. 北京：中华书局，1986.

〔宋〕苏轼，撰. 苏轼诗集. 孔凡礼，点校. 王文诰，辑注. 北京：中华书局，1982.

西昆酬唱集序//〔宋〕杨亿，编. 西昆酬唱集//影印《文渊阁四库全书》. 第1344册. 台北：台湾商务印书馆，1986.

〔宋〕张戒. 岁寒堂诗话//丁福保，辑. 历代诗话续编. 上册. 北京：中华书局，1983.

〔宋〕姜夔. 白石道人诗说//何文焕，辑. 历代诗话. 下册. 北京：中华书局，1981.

〔宋〕欧阳修，著. 六一诗话. 郑文，校点. 北京：人民文学出版社，1962.

〔宋〕欧阳修，著. 欧阳修全集. 李逸安，点校. 北京：中华书局，2001.

〔宋〕朱熹,撰. 四书章句集注. 北京:中华书局,1983.

〔宋〕黄庭坚. 大雅堂记//陈望衡,成立,樊维纲,主编. 中国历代美学文库:宋辽金卷(上). 北京:高等教育出版社,2003.

〔宋〕杨万里. 习斋论语讲义序//〔宋〕杨万里,撰. 杨万里集笺校. 辛更儒,笺校. 北京:中华书局,2007.

〔宋〕严羽,著. 沧浪诗话校释. 郭绍虞,校释. 北京:人民文学出版社,1961.

答出继叔临安吴景仙书//〔宋〕严羽,著. 沧浪诗话校释. 郭绍虞,校释. 北京:人民文学出版社,1961.

陶明濬. 诗说杂记//〔宋〕严羽,著. 沧浪诗话校释. 郭绍虞,校释. 北京:人民文学出版社,1961.

〔宋〕范晔,撰. 后汉书. 〔唐〕李贤,等,注. 北京:中华书局,1965.

〔宋〕张镃. 诗学规范//郭绍虞,辑. 宋诗话辑佚. 北京:中华书局,1980.

〔宋〕张炎. 词源:卷下//唐圭璋,编. 词话丛编. 北京:中华书局,1986.

〔宋〕范晞文. 对床夜语//丁福保,辑. 历代诗话续编. 上册. 北京:中华书局,1983.

〔宋〕叶梦得. 石林诗话//〔清〕何文焕,辑. 历代诗话. 上册. 北京:中华书局,1981.

〔宋〕魏泰. 临汉隐居诗话//〔清〕何文焕,辑. 历代诗话. 上册. 北京:中华书局,1981.

〔宋〕惠洪. 冷斋夜话//〔宋〕惠洪,朱弁,吴沆,撰. 冷斋夜话·风月堂诗话·环溪诗话. 陈新,点校. 北京:中华书局,1988.

〔宋〕魏庆之,编. 诗人玉屑. 上册. 上海:上海古籍出版社,1982.

〔宋〕罗大经,撰. 鹤林玉露. 王瑞来,点校. 北京:中华书局,1983.

〔宋〕陈师道. 论画马虎//俞剑华,编著. 中国画论类编. 下卷. 北京:人民美术出版社，1986.

〔宋〕董逌. 广川画跋. 上海：上海人民美术出版社，1982.

〔宋〕刘道醇. 圣朝名画评//于安澜，编. 画品丛书. 上海：上海人民美术出版社，1982.

〔宋〕韩拙. 山水纯全集//于安澜，编. 画论丛刊. 上卷. 香港：中华书局香港分局，1977.

〔宋〕郭若虚，著. 图画见闻志. 黄苗子，点校. 北京：人民美术出版社，1963.

〔宋〕朱长文. 续书断//上海书画出版社，华东师范大学古籍整理研究室，选编、校点. 历代书法论文选. 上册. 上海：上海书画出版社，1979.

〔宋〕成玉磵. 琴论//文化部文学艺术研究院音乐研究所，编. 中国古代乐论选辑. 北京：人民音乐出版社，1981.

〔宋〕戴复古. 昭武太守王子文曰与李贾严羽共观前辈一两家诗及晚唐诗因有论诗十绝子文见之谓无甚高论亦可作诗家小学须知//郭绍虞，等，编. 万首论诗绝句. 第1册. 北京：人民文学出版社，1991.

越州大珠慧海禅师//〔宋〕道原，撰. 景德传灯录：卷六//大正藏. 第51册. 第2076号. 台北：台湾新文丰出版公司，1983.

〔宋〕陈槱. 负暄野录//上海书画出版社，华东师范大学古籍整理研究室，选编、校点. 历代书法论文选. 上册. 上海：上海书画出版社，1979.

〔宋〕包恢. 答傅当可论诗//陶秋英，编选. 宋金元文论选. 虞行，校订. 北京：人民文学出版社，1984.

〔宋〕吕本中. 童蒙特训//郭绍虞，辑. 宋诗话辑佚. 北京：中华书局，1980.

〔宋〕胡仔，纂集. 苕溪渔隐丛话（前集）. 廖德明，校点. 北京：人民文学出版社，1962.

〔宋〕张某. 汉皋诗话//郭绍虞，辑. 宋诗话辑佚. 北京：中华书局，1980.

主要参考文献

〔宋〕王直方. 王直方诗话//郭绍虞,辑. 宋诗话辑佚. 北京:中华书局,1980.

〔宋〕黄伯思. 跋滕子济所藏唐人出游图//东观余录//卢辅圣,主编. 中国书画全书. 第1册. 上海:上海书画出版社,1993.

〔宋〕周紫芝. 竹坡诗话//〔清〕何文焕,辑. 历代诗话. 上册. 北京:中华书局,1981.

〔宋〕葛立方. 韵语阳秋//〔清〕何文焕,辑. 历代诗话. 下册. 北京:中华书局,1981.

〔宋〕范温. 潜溪诗眼//郭绍虞,辑. 宋诗话辑佚. 北京:中华书局,1980.

〔宋〕陈善. 扪虱新话(上集)//丛书集成新编. 第12册. 台北:台湾新文丰出版公司,1986.

〔元〕李澄叟. 画说//沈子丞,编. 历代论画名著汇编. 北京:文物出版社,1982.

〔元〕戴表元. 许长卿诗序//郭绍虞,主编. 中国历代文论选. 第2册. 上海:上海古籍出版社,1979.

〔元〕杨载. 诗法家数//何文焕,辑. 历代诗话. 下册. 北京:中华书局,1981.

〔元〕刘壎. 隐居通议//影印《文渊阁四库全书》. 第866册. 台北:台湾商务印书馆,1986.

〔元〕宗宝,编. 六祖大师法宝坛经//大正藏. 第48册. 第2008号. 台北:台湾新文丰出版公司,1983.

〔元〕郑杓. 衍极//上海书画出版社,华东师范大学古籍整理研究室,选编、校点. 历代书法论文选. 上册. 上海:上海书画出版社,1979.

〔元〕汤垕,撰. 画鉴. 马采,标点、注译. 邓以蛰,校阅. 北京:人民美术出版社,1959.

〔明〕董其昌. 画禅室随笔//上海书画出版社,华东师范大学古籍整理研究室,选编、校点. 历代书法论文选. 上册. 上海：上海书画出版社，1979.

〔明〕董其昌. 画禅室随笔//沈子丞，编. 历代论画名著汇编. 北京：文物出版社，1982.

〔明〕董其昌，撰. 画禅室随笔. 屠友祥，校注. 上海：上海远东出版社，2011.

〔明〕董其昌. 画禅室随笔//艺林名著丛刊. 第1种. 北京：北京市中国书店，1983.

〔明〕胡应麟，撰. 诗薮. 上海：上海古籍出版社，1979.

〔明〕谢榛. 四溟诗话//丁福保，辑. 历代诗话续编. 下册. 北京：中华书局，1983.

〔明〕朱存爵. 存余堂诗话//〔清〕何文焕，辑. 历代诗话. 下册. 北京：中华书局，1981.

〔明〕唐志契. 绘事微言//于安澜，编. 画论丛刊. 上卷. 香港：中华书局香港分局，1977.

〔明〕陆时雍. 诗境总论//丁福保，辑. 历代诗话续编. 下册. 北京：中华书局，1983.

〔明〕王世贞. 艺苑卮言//丁福保，辑. 历代诗话续编. 中册. 北京：中华书局，1983.

〔明〕李贽，著. 焚书·续焚书. 北京：中华书局，1975.

〔明〕宋濂. 答章秀才论诗书//蔡景康，编选. 明代文论选. 北京：人民文学出版社，1993.

〔明〕李梦阳. 驳何氏论文书//蔡景康，编选. 明代文论选. 北京：人民文学出版社，1993.

〔明〕袁宏道，著. 袁宏道集笺校. 钱伯城，笺校. 上海：上海古籍出版社，1981.

〔明〕江盈科. 敝箧集叙//〔明〕袁宏道,著. 袁宏道集笺校·附录三. 钱伯城,笺校. 上海:上海古籍出版社,1981.

〔明〕江盈科. 解脱集序二//〔明〕袁宏道,著. 袁宏道集笺校·附录三. 钱伯城,笺校. 上海:上海古籍出版社,1981.

〔明〕陆云龙. 叙袁中郎先生小品//〔明〕袁宏道,著. 袁宏道集笺校·附录三. 钱伯城,笺校. 上海:上海古籍出版社,1981.

〔明〕焦竑. 雅娱阁集序(节录)//蔡景康,编选. 明代文论选. 北京:人民文学出版社,1993.

〔明〕王世懋. 艺圃撷余//〔清〕何文焕,辑. 历代诗话. 下册. 北京:中华书局,1981.

〔明〕李东阳. 麓堂诗话//丁福保,辑. 历代诗话续编. 下册. 北京:中华书局,1983.

〔明〕沈颢. 画麈//于安澜,编. 画论丛刊. 上卷. 香港:中华书局香港分局,1977.

〔明〕汤显祖,著. 汤显祖全集. 徐朔方,笺校. 北京:北京古籍出版社,1999.

〔明〕祝允明. 枝山文集. 清同治甲戌开雕元和祝氏藏版.

〔明〕王绂. 书画传习录//李来源,林木,编. 中国古代画论发展史实. 上海:上海人民美术出版社,1997.

〔明〕岳正. 画葡萄说//〔明〕李东阳,编. 类博稿:卷八//影印《文渊阁四库全书》. 第1246册. 台北:台湾商务印书馆,1986.

〔明〕徐渭. 南词叙录//中国戏曲研究院,编. 中国古典戏曲论著集成. 第3集. 北京:中国戏剧出版社,1959.

〔明〕项穆. 书法雅言//上海书画出版社,华东师范大学古籍整理研究室,选编、校点. 历代书法论文选. 下册. 上海:上海书画出版社,1979.

〔明〕屠隆. 论诗文（选录）//蔡景康，编选. 明代文论选. 北京：人民文学出版社，1993.

〔明〕黄龙山. 新刊发明琴谱序//文化部文学艺术研究院音乐研究所，编. 中国古代乐论选辑. 北京：人民音乐出版社，1981.

〔明〕李开先.《西野春游词》序//吴毓华，编著. 中国古代戏曲序跋集. 北京：中国戏剧出版社，1990.

〔明〕李开先.《改定元贤传奇》后序//吴毓华，编著. 中国古代戏曲序跋集. 北京：中国戏剧出版社，1990.

〔明〕胡震亨，著. 唐音癸签. 上海：上海古籍出版社，1981.

〔明〕李日华. 竹嬾论画//俞剑华，编著. 中国画论类编. 上卷. 北京：人民美术出版社，1986.

〔明〕李日华. 竹嬾画滕//黄宾虹，邓实，编. 美术丛书. 第1册. 南京：江苏古籍出版社，1986.

〔明〕何景明. 与李空同论诗书//蔡景康，编选. 明代文论选. 北京：人民文学出版社，1993.

〔明〕杨慎. 升庵诗话//丁福保，辑. 历代诗话续编. 中册. 北京：中华书局，1983.

〔清〕包世臣. 艺舟双楫//祝嘉，编. 艺舟双楫·广艺舟双楫疏证. 成都：巴蜀书社，1989.

〔清〕包世臣. 艺舟双楫//艺林名著丛刊. 第1种. 北京：北京市中国书店，1983.

〔清〕康有为. 广艺舟双楫//祝嘉，编. 艺舟双楫·广艺舟双楫疏证. 成都：巴蜀书社，1989.

〔清〕刘熙载，撰. 艺概. 上海：上海古籍出版社，1978.

〔清〕叶燮，著. 原诗. 霍松林，校注. 北京：人民文学出版社，1979.

〔清〕潘德舆. 养一斋诗话//郭绍虞，编选. 清诗话续编. 第 4 册. 富寿荪，校点. 上海：上海古籍出版社，1983.

〔清〕翁方纲. 石洲诗话//郭绍虞，编选. 清诗话续编. 第 4 册. 富寿荪，校点. 上海：上海古籍出版社，1983.

〔清〕翁方纲，撰. 石洲诗话. 陈迩东，校点. 北京：人民文学出版社，1981.

〔清〕翁方纲. 七言诗三昧举隅//〔清〕王夫之，等，撰. 清诗话. 上册. 上海：上海古籍出版社，1978.

〔清〕黄遵宪，著. 人境庐诗草笺注. 钱仲联，笺注. 上海：上海古籍出版社，1981.

〔清〕王士禛，著. 带经堂诗话. 张宗柟，纂集. 夏闳，校点. 北京：人民文学出版社，1963.

〔清〕王士禛. 渔洋诗话//〔清〕王夫之，等，撰. 清诗话. 上册. 上海：上海古籍出版社，1978.

〔清〕王士禛. 戏仿元遗山论诗绝句//郭绍虞，等，编. 万首论诗绝句. 第 1 册. 北京：人民文学出版社，1991.

〔清〕王士禛，等，撰. 师友诗传录//〔清〕王夫之，等，撰. 清诗话. 上册. 上海：上海古籍出版社，1978.

〔清〕方东树，著. 昭昧詹言. 汪绍楹，校点. 北京：人民文学出版社，1961.

渔洋夫子，口授. 何世璂，述. 然灯记闻//〔清〕王夫之，等，撰. 清诗话. 上册. 上海：上海古籍出版社，1978.

〔清〕沈德潜，著. 说诗晬语. 霍松林，校注. 北京：人民文学出版社，1979.

〔清〕袁枚，著. 随园诗话. 顾学颉，校点. 北京：人民文学出版社，1982.

〔清〕袁枚，著. 续诗品注. 郭绍虞，辑注. 北京：人民文学出版社，1963.

〔清〕袁枚，著. 小仓山房文集：卷十九//〔清〕袁枚，著. 袁枚全集. 第 2 集. 王英志，校点. 南京：江苏古籍出版社，1993.

〔清〕黄宗羲. 马雪航诗序//王镇远, 邬国平, 编选. 清代文论选. 北京: 人民文学出版社, 1999.

〔清〕黄宗羲. 陈苇庵年伯诗序//王镇远, 邬国平, 编选. 清代文论选. 北京: 人民文学出版社, 1999.

〔清〕永瑢, 等, 撰. 四库全书总目. 北京: 中华书局, 1965.

〔清〕谢章铤. 赌棋山庄词话//唐圭璋, 编. 词话丛编. 北京: 中华书局, 1986.

〔清〕刘鹗. 老残游记自叙//丁锡根, 编著. 中国历代小说序跋集. 下册. 北京: 人民文学出版社, 1996.

〔清〕冯金伯, 辑. 词苑萃编//唐圭璋, 编. 词话丛编. 北京: 中华书局, 1986.

〔清〕狄葆贤. 论文学上小说之位置//郭绍虞, 主编. 中国历代文论选. 第4册. 上海: 上海古籍出版社, 1980.

〔清〕沈祥龙. 论词随笔//唐圭璋, 编. 词话丛编. 北京: 中华书局, 1986.

〔清〕谭献. 复堂词话//唐圭璋, 编. 词话丛编. 北京: 中华书局, 1986.

〔清〕陈廷焯, 著. 白雨斋词话. 杜维沫, 校点. 北京: 人民文学出版社, 1959.

〔清〕王夫之, 撰. 姜斋诗话笺注. 戴鸿森, 笺注. 北京: 人民文学出版社, 1981.

〔清〕王夫之. 古诗评选//北京大学哲学系美学教研室, 编. 中国美学史资料选编. 下册. 北京: 中华书局, 1980.

〔清〕王夫之. 姜斋诗话//王夫之, 等, 撰. 清诗话. 上册. 上海: 上海古籍出版社, 1978.

〔清〕姚鼐. 古文辞类纂序目//王镇远, 邬国平, 编选. 清代文论选. 北京: 人民文学出版社, 1999.

钱振锽. 词话//郭绍虞，主编. 中国历代文论选. 第 4 册. 上海：上海古籍出版社，1980.

陈衍. 瘿唵诗序//石遗室诗话·附录. 郑朝宗，石文英，校点. 北京：人民文学出版社，2004.

王国维，著. 人间词话. 徐调孚，注. 北京：人民文学出版社，1960.

樊志厚. 人间词乙稿序//郭绍虞，主编. 中国历代文论选. 第 4 册. 上海：上海古籍出版社，1980.

王国维. 古雅之在美学上之位置//北京大学哲学系美学教研室，编. 中国美学史资料选编. 下册. 北京：中华书局，1981.

王国维. 红楼梦评论//舒芜，陈迩东，等，编选. 中国近代文论选. 下册. 北京：人民文学出版社，1981.

王国维. 论教育之宗旨//舒新城，编. 中国近代教育史资料. 下册. 北京：人民教育出版社，1981.

梁启超. 中国地理大势论//北京大学哲学系美学教研室，编. 中国美学史资料选编. 下册. 北京：中华书局，1981.

梁启超. 惟心//北京大学哲学系美学教研室，编. 中国美学史资料选编. 下册. 北京：中华书局，1981.

梁启超. 美术与生活//北京大学哲学系美学教研室，编. 中国美学史资料选编. 下册. 北京：中华书局，1981.

梁启超. 书法指导//北京大学哲学系美学教研室，编. 中国美学史资料选编. 下册. 北京：中华书局，1981.

梁启超. 情圣杜甫//北京大学哲学系美学教研室，编. 中国美学史资料选编. 下册. 北京：中华书局，1981.

梁启超. 中国之美文及其历史//北京大学哲学系美学教研室，编. 中国美学史资料选编. 下册. 北京：中华书局，1981.

梁启超. 中国韵文里头所表现的情感//北京大学哲学系美学教研室，编. 中国美学史资料选编. 下册. 北京：中华书局，1981.

梁启超. 论小说与群治之关系//舒芜，陈迩冬，等，编选. 中国近代文论选. 下册. 北京：人民文学出版社，1981.

鲁迅. 魏晋风度及文章与药及酒之关系//鲁迅，撰. 魏晋风度及其他. 上海：上海古籍出版社，2000.

鲁迅. 《艺术论》译本序//鲁迅全集. 第4卷. 北京：人民文学出版社，1981.

鲁迅. 摩罗诗力说//舒芜，陈迩冬，等，编选. 中国近代文论选. 下册. 北京：人民文学出版社，1981.

鲁迅. 拟播布美术意见书//郭绍虞，主编. 中国历代文论选. 第4册. 上海：上海古籍出版社，1980.

闻一多全集. 第2卷. 上海：开明书店，1948.

孔党伯，袁謇正，主编. 闻一多全集. 第9册. 武汉：湖北人民出版社，1994.

王康，著. 闻一多传. 武汉：湖北人民出版社，1979.

郭沫若. 庄子的批判//十批判书. 北京：人民出版社，1954.

郭沫若. 庄子的批判//郭沫若著作编辑出版委员会，编. 郭沫若全集（历史篇）：第八卷. 北京：人民出版社，1982.

郭沫若. 关于大规模收集民歌问题//雄鸡集. 北京：北京出版社，1959.

茅盾. 漫谈文艺创作. 红旗，1978（5）.

高叔平，编著. 蔡元培年谱. 北京：中华书局，1980.

高叔平，编著.. 蔡元培教育文选. 北京：人民教育出版社，1980.

任继愈，主编. 中国哲学史. 第2册. 北京：人民出版社，1979.

钱锺书，著. 谈艺录（补订本）. 北京：中华书局，1984.

钱锺书，著. 管锥编. 第3册. 北京：中华书局，1979.

钱锺书，著. 管锥编. 第4册. 北京：中华书局，1979.

郭绍虞，编著. 中国文学批评史. 上海：上海古籍出版社，1979.

罗根泽，编著. 中国文学批评史. 上海：上海古籍出版社，1984.

余嘉锡，著. 四库提要辨证. 第2册. 北京：中华书局，1980.

朱光潜. 文艺心理学//朱光潜美学文集. 第1卷. 上海：上海文艺出版社，1982.

李泽厚，著. 批判哲学的批判——康德述评（修订本）. 北京：人民出版社，1984.

李泽厚. 美的历程. 北京：文物出版社，1981.

李泽厚. 虚实隐显之间——艺术形象的直接性与间接性//李泽厚，著. 美学论集. 上海：上海文艺出版社，1980.

蒋孔阳，著. 德国古典美学. 北京：商务印书馆，1980.

施昌东. 论汉代的神学与美学//古代文学理论研究编委会，编. 古代文学理论研究. 第2辑. 上海：上海古籍出版社，1980.

周来祥. 东方与西方古典美学理论的比较. 江汉论坛，1981（2）.

高亨，著. 周易大传今注. 济南：齐鲁书社，1979.

曹日昌，主编. 普通心理学. 北京：人民教育出版社，1980.

任继愈，主编. 中国哲学史. 北京：人民出版社，1979.

侯外庐，赵纪彬，等. 中国思想通史. 北京：人民出版社，1957.

吕澂，著. 中国佛学源流略讲. 北京：中华书局，1979.

〔古希腊〕柏拉图，著. 柏拉图文艺对话集. 朱光潜，译. 北京：人民文学出版社，1963.

〔德〕康德，著. 判断力批判：上卷. 宗白华，译. 北京：商务印书馆，1964.

〔德〕康德，著. 判断力批判：上卷. 伍蠡甫，主编. 西方文论选：上卷. 上海：上海译文出版社，1988.

〔德〕黑格尔，著. 美学：第1卷. 朱光潜，译. 北京：商务印书馆，1979.

〔德〕马克思.《政治经济学批判》导言//中共中央马克思恩格斯列宁斯大林著作编译局,编译.马克思恩格斯选集:第2卷.北京:人民出版社,1972.

〔德〕马克思,著.1844年经济学—哲学手稿.刘丕坤,译.北京:人民出版社,1979.

〔苏联〕列宁,著.哲学笔记.中共中央马克思恩格斯列宁斯大林著作编译局,译.北京:人民出版社,1974.

中共中央马克思恩格斯列宁斯大林著作编译局,编译.列宁全集.第2卷.北京:人民出版社,1959.

〔俄〕普列汉诺夫,著.论艺术(没有地址的信).曹葆华,译.北京:生活·读书·新知三联书店,1973.

〔苏联〕高尔基.论"渺小的"人及其伟大的工作//文学论文选.孟昌,曹葆华,译.北京:人民文学出版社,1958.

〔苏联〕高尔基.和青年作家谈话//高尔基,著.论文学.孟昌,曹葆华,等,译.北京:人民文学出版社,1978.

〔苏联〕高尔基.谈谈我们怎样学习写字//论文学.孟昌,曹葆华,等,译.北京:人民文学出版社,1978.

〔英〕休谟.论人性//北京大学哲学系美学教研室,编.西方美学家论美和美感.北京:商务印书馆,1980.

〔法〕狄德罗.美之根源及性质的哲学的研究//北京大学哲学系美学教研室,编.西方美学家论美和美感.北京:商务印书馆,1980.

后 记

收进这本小册子里的文章,是我近几年来在学习中国古典美学时所写下的一些体会。1954年我从四川师院毕业留校以来,就一直从事思想政治工作和行政管理工作。在实际工作中,我深感自己的知识水平远远不能适应工作的需要,形势强迫我努力学习,我利用业余时间学习文艺理论特别是中国古代文论和中国古典美学。近几年来,我又兼搞教学工作,并进行科学研究,承担起"双肩挑"的任务。我能把业余学习坚持下来,主要是靠党组织的教育、领导的关心、老师和同志们的帮助,如果没有他们的支持和鼓励,我将会是寸步难行的。在党的生日即将到来之际,我谨以这本小册子,向党汇报,向一切关心、支持和帮助过我的老师、同志汇报。

对于中国古典美学的研究,我尚处于学步阶段,才疏学浅,识在瓶管,对于许多问题都缺乏深入的研究,文章中的缺点、错误一定不少,敬请读者批评指正。

皮朝纲
1985年6月15日

修订本赘语

《中国古典美学探索》（以下简称《探索》）所收录的文章，是我在1978年7月至1984年1月所写的学习中国古典美学的心得体会。这正是我学习和研究中国古代美学的第一个阶段，即从文艺理论、中国古代文论的角度，转向、切入中国古代美学的学习与研究。在从事思想政治工作的同时，我喜欢文艺理论这门课程，还参加过一些教学活动，后来又喜欢读中国古代文论的书籍。20世纪70年代末，我开始学习和研究中国古代美学。

我现在回过头来翻检这些文章，感到它们很不成熟，有的提法，还不准确，还有当时历史文化语境下留下的痕迹。虽然如此，但也记录和反映了我在学习和研究中国古典美学道路上学步的脚印和轨迹，那就是：走务实之路——学习老一辈学者的治学精神与学风，在务实中跋涉。我自1954年从四川师范大学毕业留校工作以来，有很长一段时间是在中文系工作，在学习专业知识、进行科研实践过程中，曾得到过一批德高望重的老专家的教诲与帮助，这使我终身受益。四川师范大学中文系的一批老前辈，诸如屈守元、王仲镛、王文才、徐仁甫、汤炳正等知名教授，他们在学术研究上，造诣很深，成就斐然。他们的学术研究，共同体现出一种重实证、材料先行、言必有据的治学精神，形成了一种重文献、求实证的学术氛围。这就是人们常说的"蜀学"——大致可以理解为近代以来的人文学术。我从这一批老前辈身上，看到了一种精神、一种特质，如果用一个字来概括的话，那就是"实"：他们做人的准则，是诚实；他们治学的态度，是踏实；他们研究的风格，是扎实。我当时鉴于自己的局限，一是对于学术研究，我是半路出家的；二是对于学术研究，我是先天不足的，从知识的积累上说，无论是广度还是深度，我都知之甚少。加上我只能利用业余时间读书和写作——利用工作日的中午和晚上，以及节假日等一切可以利用的时间。因此，我的学步，是从个案研究开始的。我之所以重视个案研究，是由于两个原因：第一，是从我的实际出发，过去在担任行政领导职务的时候，读书和研究的时间有限，在有限的时间里进行个案研究，能够坚持到底，见到结果；加之我的知识积累不多，重视个案研究，可以边学习、边研究，在读书中思考，在研究中进一步学习。第二，是我从老前辈那里受到了很深刻的教育，得到了很大的启发。许多老前辈的专著，花费了他们一生的精力，凝聚了他们一生的心血。其资料之翔实、论据之充分、见解之精当，令人叹为观止，充分体现了务实严谨、一丝不苟的治学精神。我想，做个案研究，可以训练和培养自己务实严谨的学风。而这本《中国古典美学探索》就是从个案研究中产生的。

当我对这本《探索》进行整理的时候，一次一次地勾起了我对已仙去的恩师、挚友的回忆和思念。《探索》的文章写成于我在校党委办公室工作期间。我利用业余时间读书写作，得到了时任中国古代文学研究所所长屈守元教授的支持和鼓励。在四川师范大学于1979年获得招收中国古代文学专业的硕士学位授予权后，屈先生让我给80级的中国古代文学专业的硕士生讲授美学课，这给我提供了学习和研究美学的机会和场地。当我把《庄子美学思想管窥》一文的草稿送请他提意见时，他老人家用红色圆珠笔给我写了整整一页的意见，每当凝视这一珍贵之物，就会想起他老人家的音容笑貌，体会他的教诲与恩情。我在校党委办公室工作期间，苏恒教授时任中文系主任，他是我的学长，也非常支持我利用业余时间学习与写作。我也曾把

《庄子美学思想管窥》一文的草稿送请他审阅，他也给我写了两页修改意见，我把这一凝聚着挚友情谊之物珍藏至今。我这篇《庄子美学思想管窥》曾于1984年获得四川省政府颁发的哲学社会科学优秀科研成果二等奖，这与屈先生和苏学长的具体帮助是分不开的。

因安徽教育出版社的学术关怀，《中国古典美学探索》与《中国古代文艺美学概要》、《中国美学沉思录》、《禅宗美学史稿》、《禅宗美学思想的嬗变轨迹》等书得以再版。其中多数在当年出版时，是手工铅字排版，没有电子文本，这次再版，必须重新录制电子文档，增加了一些新的脚注，参考文献尽可能采用一手资料，比较权威的版本，故有些引文出处日期在文章发表日期之后。何清教授热心帮助，组织人员录制了这五本书的电子文本，并把原书的尾注改为脚注；张骏翚副教授、吴晓文副研究员主动协助我进行《中国古典美学探索》、《中国古代文艺美学概要》、《中国美学沉思录》三本书的注释的整理、补充工作，我衷心感谢他们的支持、帮助！

皮朝纲

2018年11月13日